全国水利行业规划教材　高职高专水利水电类
中国水利教育协会策划组织

建筑工程概论

（第2版）

主　编　李万渠　陈卫东　黄百顺
副主编　刘天林　冯金钰
主　审　谷云香

黄河水利出版社
·郑州·

内容提要

本书是全国水利行业规划教材，是根据中国水利教育协会职业技术教育分会高等职业教育教学研究会组织制定的建筑工程概论课程标准编写完成的。本书共分为六章，内容包括建筑工程概述、民用建筑构造、民用建筑识图、单层厂房构造、建筑设计概述、高层建筑及新型建筑。

本书可作为高等职业技术学院、高等专科学校的水利水电建筑工程、水利工程施工、水利工程建设监理、水利工程造价、道路与桥梁工程、市政工程等非房屋建筑专业的教材，也可供建筑安装企业、设计单位、房地产及审计部门的工程技术和管理人员参考使用。

图书在版编目(CIP)数据

建筑工程概论/李万渠，陈卫东，黄百顺主编．—2版．郑州：黄河水利出版社，2017.6

全国水利行业规划教材

ISBN 978-7-5509-1781-1

Ⅰ．①建…　Ⅱ．①李…②陈…③黄…　Ⅲ．①建筑工程-高等职业教育-教材　Ⅳ．①TU

中国版本图书馆CIP数据核字(2017)第152804号

组稿编辑：王路平　电话：0371-66022212　E-mail：hhslwlp@163.com

出 版 社：黄河水利出版社　网址：www.yrcp.com

地址：河南省郑州市顺河路黄委会综合楼14层　邮政编码：450003

发行单位：黄河水利出版社

发行部电话：0371-66026940、66020550、66028024、66022620(传真)

E-mail：hhslcbs@126.com

承印单位：河南日报报业集团彩印厂

开本：787 mm×1 092 mm　1/16

印张：12.25

字数：280千字

版次：2010年7月第1版　印数：1—4 100

2017年6月第2版　印次：2017年6月第1次印刷

定价：27.00元

第2版前言

本书是贯彻落实《国家中长期教育改革和发展规划纲要(2010~2020年)》、《国务院关于加快发展现代职业教育的决定》(国发〔2014〕19号)、《现代职业教育体系建设规划(2014~2020年)》和《水利部教育部关于进一步推进水利职业教育改革发展的意见》(水人事〔2013〕121号)等文件精神,在中国水利教育协会指导下,由中国水利教育协会职业技术教育分会高等职业教育教学研究会组织编写的第三轮水利水电类专业规划教材。第三轮教材以学生能力培养为主线,体现出实用性、实践性、创新性的教材特色,是一套理论联系实际、教学面向生产的高职教育精品规划教材。

本书第1版自2010年7月出版以来,因其通俗易懂、全面系统、应用性知识突出、可操作性强等特点,受到全国高职高专院校水利类、道路与桥梁工程及市政工程等非房屋建筑专业师生及广大水利、土建从业人员的喜爱。随着我国建筑行业的不断发展和规范、图集的更新,为进一步满足教学需要,应广大读者的要求,编者在第1版的基础上对原教材内容进行了全面修订、补充和完善。

本次再版,根据本课程的培养目标和当前建筑行业的发展状况,力求拓宽专业面,扩大知识面,反映先进的理论水平以适应发展的需要;在编写过程中,力求选用新技术、新构造、新规范,并兼顾我国南北方地区的不同特点,内容精练,条理清晰,图文结合,具有较强的实用性,便于自学。

建筑工程是指为新建、改建或扩建房屋建筑物和附属构筑物设施所进行的规划、勘察、设计和施工、竣工等工作的总称。建筑工程在任何一个国家的国民经济发展中都占有重要地位。作为与建筑工程相关的专业,学习掌握有关知识十分必要。

本课程的目的在于阐述建筑工程的基本概念,讲解一般工业与民用建筑各组成部分的基本构造,说明建筑识图的基本方法,并概括地介绍建筑设计的基本原理和方法,适当介绍建筑工程的新技术与发展。本书共分为六章,内容包括建筑工程概述、民用建筑构造、民用建筑识图、单层厂房构造、建筑设计概述、高层建筑及新型建筑等。其中,以第二章民用建筑构造、第三章民用建筑识图和第四章单层厂房构造为主要内容。在编写中,力求简而精,并附有大量插图,每章配有小结、复习思考与练习题,以便读者理解和掌握。

本书由四川水利职业技术学院李万渠担任第一主编并负责全书统稿;山西水利职业技术学院陈卫东和安徽水利水电职业技术学院黄百顺担任第二、三主编;由湖南水利水电职业技术学院刘天林和四川水利职业技术学院冯金钰担任副主编;由辽宁水利职业学院谷云香担任主审。

本书在编写过程中,参考了已有的同类教材,并参考和引用了有关文献和资料,在此谨向该教材文献的作者表示深深的谢意,也向关心、支持本书编写工作的所有同志们表示衷心的感谢!

由于编者水平及高等职业技术教育的经验有限,书中难免存在缺点及不妥之处,恳请广大师生及读者批评指正。

编　者

2017 年 5 月

目 录

第一章 建筑工程概述

学习目标

了解建筑工程的概念和基本属性及构成要素;熟悉工程建设的程序;掌握建筑的分类与分级,掌握建筑标准化和建筑模数协调的意义。

第一节 建筑及建筑工程的概念

一、建筑的概念

建筑是人类为满足日常生活和社会活动而建造的,也是世界上体量最大、使用年限最长、与人们生产生活和社会活动关系十分密切的人工产品。建筑既表示建筑工程的建造活动,同时又表示这种活动的成果——建筑物。建筑又是建筑物与构筑物的通称。建筑物是供人们在其中生产、生活或从事其他活动的房屋或场所,如厂房、住宅、教学楼、体育馆、影剧院等。构筑物是人们不在其中生产、生活的建筑,如水塔、烟囱、桥梁、电塔、堤坝等。

建筑是一种人为的环境。它的产生和发展与社会的生产方式、思想意识、民族的文化传统、风俗习惯等密切相关,又被地理气候等自然条件所制约。自有人类以来,为了满足生产、生活的需要,从构木为巢、掘土为穴的原始操作开始,到今天能建造摩天大厦、万米长桥,以至移山填海的宏伟工程,经历了漫长的发展过程。

建筑的形成主要涉及建筑学、结构学、给排水、供暖通风、空调技术、电气、消防、自动控制、建筑声学、建筑热工学、建筑材料、建筑施工技术等方面的知识和技术。同时,建筑也受到政治制度、自然条件、经济基础、社会需要以及人工技巧等因素影响。建筑在一定程度上反映了某个时期的建筑风格与艺术,也反映了当时的社会活动和工程技术水平。因此,建筑是一门社会、工程技术和文化艺术于一体的综合性学科,是一个时代物质文明、精神文明和政治文明的产物。

二、建筑的基本构成要素

尽管各类建筑物和构筑物有着许多的差别,但其共同点都是为满足人类社会活动的需要,利用物质技术条件,按照科学法则和审美要求建造的相对稳定的人为空间。由此可以看出,无论是建筑物还是构筑物,都是由三个基本要素构成的,即建筑功能、建筑的物质技术条件和建筑形象。

(一)建筑功能

所谓建筑功能,是指建筑在物质方面和精神方面的具体使用要求,也是人们建造房屋的目的。不同的功能要求产生了不同的建筑类型,如工厂为了生产,住宅为了居住、生活和休息,学校为了学习,影剧院为了文化娱乐,商店为了买卖交易等。随着社会的不断发展和物质文化生活水平的提高,建筑功能将日益复杂化、多样化。

(二)建筑的物质技术条件

建筑的物质技术条件是实现建筑功能的物质基础和技术手段。物质基础包括建筑材料和结构、建筑设备和施工机具等;技术手段包括建筑设计理论、工程计算理论、建筑施工技术和管理理论等。其中建筑材料和结构是构成建筑空间环境的骨架,建筑设备是保证建筑达到某种要求的技术条件,而建筑施工技术则是实现建筑生产的过程和方法。例如,钢材、水泥和钢筋混凝土的出现,解决了现代建筑中的大跨度和高层建筑的结构问题。由于现代各种新材料、新结构、新设备的不断出现,使得多功能大厅、超高层建筑、薄壳、悬索等大空间结构的建筑功能和建筑形象得以实现。

(三)建筑形象

建筑形象是建筑体型、立面式样、建筑色彩、材料质感、细部装饰等的综合反映。好的建筑形象具有一定的感染力,给人以精神上的满足和享受,如雄伟庄严、朴素大方、简洁明快、生动活泼、绚丽多姿等。建筑形象并不单纯是一个美观的问题,它还应该反映时代的生产力水平、文化生活水平和社会精神面貌,反映民族特点和地方特征等。

上述三个基本构成要素中,建筑功能是主导因素,它对建筑的物质技术条件和建筑形象起决定作用;建筑的物质技术条件是实现建筑功能的手段,它对建筑功能起制约或促进的作用;建筑形象则是建筑功能、技术和艺术内容的综合表现。在优秀的建筑作品中,这三者是辩证统一的。

三、建筑工程的概念及其基本属性

(一)建筑工程的概念

建筑工程是指为新建、改建或扩建房屋建筑物和附属构筑物设施所进行的规划、勘察、设计和施工、竣工等各项技术工作和完成的工程实体,是指各种房屋、建筑物的建造工程,又称建筑工作量。这部分投资额必须兴工动料,通过施工活动才能实现。

(二)建筑工程的基本属性

建筑工程是土木工程学科的重要分支,从广义上讲,建筑工程和土木工程应属于同一意义上的概念。因此,建筑工程的基本属性与土木工程的基本属性大体一致,包括以下几个方面。

1. 综合性

建造一项工程设施一般要经过勘察、设计和施工三个阶段,需要运用工程地质勘察、水文地质勘察、工程测量、土力学、工程力学、工程设计、建筑材料、建筑设备、工程机械、建筑经济等学科和施工技术、施工组织等领域的知识,以及电子计算机和力学测试等技术。因而,建筑工程是一门范围广阔的综合性学科。

2. 社会性

建筑工程是伴随着人类社会的发展而发展起来的。所建造的工程设施反映出各个历史时期社会经济、文化、科学、技术发展的面貌,因而建筑工程也就成为社会历史发展的见证之一。

3. 实践性

建筑工程涉及的领域非常广泛，因此影响建筑工程的因素必然众多且复杂，使得建筑工程对实践的依赖性很强。

4. 统一性

建筑工程是为人类需要服务的，所以它必然是集一定历史时期社会经济、技术和文化艺术于一体的产物，是技术、经济和艺术统一的结果。

第二节 工程建设程序

一、工程建设程序概述

工程建设程序是在认识工程建设客观规律的基础上总结出来的，是工程建设全过程中各项工作都必须遵循的先后顺序，也是工程建设各个环节相互衔接的顺序。

建筑工程作为一个国家的工业、农业、文教卫生、科技和经济发展的基础和外部表现，它属于基本建设。由于建筑工程涉及的面广、内外协作配合环节多、关系错综复杂，因此一幢建筑物或者房屋的建造从开始拟订计划到建成投入使用必须按照一定的程序才能有条不紊地完成。

建筑工程的建设程序一般包括以下几个方面的内容。

（一）工程建设前期工作阶段

1. 立项和报建

立项和报建是一项建筑工程项目建设程序的第一步。其主要内容是建设单位（或业主）对拟建项目的目的、必要性、依据、建设设想、建设条件以及可能进行初步分析，对投资估算和资金筹措、项目的进度安排、经济效益和社会效益进行估价等，并将上述内容以书面的形式（项目建议书）报请上级主管部门批准后兴建。

2. 可行性研究

可行性研究是上级主管部门对拟建的工程项目批准立项之后，即可着手进行可行性研究，建设单位（或业主）组织有关人员或委托有关咨询机构对建设项目在决策之前，通过调查、试验、研究、分析与项目有关的工程、技术、经济等方面的条件和情况，对可能的多个方案进行比较，同时对项目建成后的经济效益进行预测和评价的一种投资决策分析研究方法和科学分析活动。可行性研究为建设项目投资提供决策依据，也为项目设计、申请开工建设、项目评估、科学研究、设备制造等提供依据。

3. 编制设计任务书

在建设项目和可行性报告获得批准后，由建设单位（或业主）组织编写工程地质勘察任务书。

4. 选址

按照建设布局需要和经济合理、节约用地的原则，考虑环境保护等方面的要求，调查原材料、能源、交通、地质水文等建设条件，在综合研究和进行多方案比较的基础上，提出

选址报告,并得到城市规划部门和上级主管部门同意批准后,才能最后确定建设地点。

5. 编制设计文件

在建设项目和可行性报告获得批准后,由建设单位(或业主)组织编写设计任务书,并以此设计任务书通过招标的方式选择设计单位。中标的设计单位按照设计任务书的要求编写设计文件。

设计单位交付建设单位(或业主)的设计文件一般有:全套的建筑、结构、给排水、供热制冷通风、电气等施工图纸以及必要的设计说明和计算书,工程概预算,协助建设单位(或业主)编制的施工招标标底,主要结构、材料、半成品、建筑构配件品种和数量以及需用的设备等。

设计时,可分为方案设计、初步设计和施工图设计三个阶段,最终使设计结果都落实到施工图设计阶段中去。

(二)施工阶段

1. 施工准备

一般工程的准备工作内容可归纳为六个部分:调查研究收集资料、技术资料准备、施工现场准备、物资准备、施工人员准备和季节性施工准备。

(1)调查研究收集资料。调查收集工程项目的情况、项目建设地区的自然条件和经济条件等。

(2)技术资料准备。包括熟悉图纸、参加施工图会审、编制施工组织设计、编制施工预算等。

(3)施工现场准备。施工前要拆除施工现场的障碍物,做好"四通一平",测量放线,搭建临时设施等。

(4)物资准备。要做好建筑材料的估算、供应和储备,施工机械及机具能满足连续施工的要求。

(5)施工人员准备。要组建好施工组织机构,确定分包单位和各工种人员等。

(6)季节性施工准备。要确定冬、雨季施工措施,做好各项准备工作。

2. 组织施工

一个建设项目,从整个施工现场全局来说,一般应坚持先全面后个别、先整体后局部、先场外后场内、先地下后地上的施工步骤;从一个单项(单位)工程的全局来说,除按总的全局指导和安排外,应坚持土建、安装密切配合,按照拟订的施工组织设计精心组织施工。加强各单位、各部门的配合与协作,协调解决各方面问题,使施工活动顺利进行开展。

同时在施工过程中,应加强技术、材料、质量、安全、进度及施工现场等各方面管理工作。落实施工单位内部承包经济责任制,全面做好各项经济核算与管理工作,严格执行各项技术、质量检查制度,抓紧工程收尾和竣工。

(三)竣工投产阶段

1. 生产准备

生产准备是项目投产前由建设单位(或业主)进行的一项重要工作,它是衔接建设和生产的桥梁,是建设阶段转入生产经营的必要条件。生产准备工作包括如下内容:

(1)组织管理机构,制定管理制度和有关规定。

(2)招收并培训生产人员,组织生产人员参加设备的安装、调试和工程验收。

(3)签订原料、材料、协作产品、燃料、水、电等供应及运输的协议。

(4)进行工具、器具、备品备件等的制造或订货。

(5)其他必须的生产准备。

2. 竣工验收和交付使用

竣工验收是工程项目建设程序中最后的环节,是全面考核工程项目建设成果,检验设计和施工质量,实施建设过程事后控制的重要步骤。同时,也是确认建设项目能否动用的关键步骤。所有建设项目在按照批准的设计文件所规定的内容建成后,都必须组织竣工验收。竣工验收时,施工企业应向建设单位(或业主)提交竣工图(按照实际施工做法修改的施工图)、隐蔽工程记录、竣工决算以及其他有关技术文件。另外,施工企业还要提出竣工后在一定时间内保修的保证(缺陷责任期)。

竣工验收一般以建设单位(或业主)为主,组织使用单位、施工企业、设计单位、勘察单位、监理企业和质量监督机构共同进行。竣工验收后都要平定工程质量的等级。验收合格后办理移交手续。

交付使用是工程项目实现建设的过程。在使用过程的法定保修期限内,一旦出现质量问题,应通知施工单位或安装单位进行维修,因质量问题造成的损失由承包单位负责。

二、与工程建设相关的机构

根据我国现行法规,除政府的管理部门(行政管理、质量监督等部门)和建设单位(或业主)以及建筑材料、设备供应商外,在我国从事建筑工程活动的单位主要还有房地产开发企业、工程总承包企业、工程勘察设计单位、工程监理单位、建筑企业以及工程咨询服务单位等。

第三节　建筑物的分类与分级

一、建筑物的分类

(一)按使用功能分类

1. 民用建筑

民用建筑是指供人们居住和进行公共活动的建筑的总称。它一般可分为居住建筑和公共建筑。居住建筑是供人们生活起居的建筑物,如住宅、公寓、宿舍等。公共建筑是供人们进行各项社会活动的建筑物,如办公、科教、文体、商业、医疗、邮电、广播、交通和其他建筑等。

2. 工业建筑

工业建筑是指供人们从事各类生产活动的建筑。它一般包括生产用建筑及辅助生产、动力、运输、仓储用建筑,如机械加工车间、机修车间、锅炉房、车库、仓库等。

3. 农业建筑

农业建筑是供农业、牧业生产和加工用的建筑,如温室、畜禽饲养场、种子库等。

(二)按层数分类

1. 住宅建筑按层数分类

(1)1~3层为低层住宅。

(2)4~6层为多层住宅。

(3)7~9层(高度不大于27 m)为中高层住宅。

(4)高度大于27 m为高层住宅。

2. 公共建筑及综合性建筑按高度分类

《建筑设计防火规范》(GB 50016—2014)规定高层建筑是指建筑高度大于27 m的住宅和建筑高度大于24 m的非单层厂房、仓库和其他民用建筑。另外,《高层建筑混凝土结构技术规程》(JGJ 3—2010)规定高层建筑是指房屋高度大于28 m的住宅建筑和房屋高度大于24 m的其他高层民用建筑,其他为非高层建筑。

3. 超高层建筑

建筑高度大于100 m的民用建筑为超高层建筑。

(三)按主要承重结构的材料分类

1. 木结构建筑

木结构建筑是用木材作为主要承重构件的建筑,是我国古建筑中广泛采用的结构形式。目前这种结构形式已较少采用。

2. 混合结构建筑

混合结构建筑是用两种或两种以上材料作为主要承重构件的建筑。例如,砖墙和木楼板为砖木结构,砖墙和钢筋混凝土楼板为砖混结构,钢筋混凝土墙或柱和钢屋架为钢混结构。我国目前在居住建筑和一般公共建筑中采用这种形式较多。

3. 钢筋混凝土结构建筑

钢筋混凝土结构建筑是主要承重构件全部采用钢筋混凝土的建筑。这类结构广泛用于大中型公共建筑、高层建筑和工业建筑。

4. 钢结构建筑

钢结构建筑是主要承重构件全部采用钢材制作的建筑。钢结构具有自重轻、强度高的特点。大型公共建筑和工业建筑、大跨度和高层建筑经常采用这种结构形式。

(四)按结构的承重方式分类

1. 砌体结构建筑

砌体结构建筑是用叠砌墙体承受楼板及屋顶传来的全部荷载的建筑。这种结构一般用于多层民用建筑。

2. 框架结构建筑

框架结构建筑是由钢筋混凝土或钢材制作的梁、板、柱形成的骨架来承担荷载的建筑,墙体只起围护和分隔作用。这种结构可用于多层建筑和高层建筑中。

3. 剪力墙结构建筑

剪力墙结构建筑是由纵、横向钢筋混凝土墙组成的结构来承受荷载的建筑。这种结构多用于高层住宅、旅馆等。

4. 空间结构建筑

空间结构建筑是横向跨越30 m以上空间的各类结构形式的建筑。在这类结构中，屋盖可采用悬索、网架、拱、薄壳等结构形式，多用于体育馆、大型火车站、航空港等公共建筑。

二、建筑物的分级

由于建筑的功能和在社会生活中的地位差异较大，为了使建筑充分发挥投资效益，避免造成浪费，适应社会经济发展的需要，我国对各类不同建筑的级别进行了明确的划分。设计时应根据不同的建筑等级，采用不同的标准和定额，选用相应的材料和结构形式。

（一）建筑物的设计分等级

例如，民用建筑设计等级一般分为特级、一级、二级和三级，如表1-1所示。

表1-1　民用建筑设计等级划分

<table>
<tr><th rowspan="2">类型</th><th rowspan="2">特征</th><th colspan="4">工程等级</th></tr>
<tr><th>特级</th><th>一级</th><th>二级</th><th>三级</th></tr>
<tr><td rowspan="3">一般公共建筑</td><td>单体建筑面积</td><td>80 000 m^2 以上</td><td>20 000～80 000 m^2</td><td>5 000～20 000 m^2</td><td>5 000 m^2 及以下</td></tr>
<tr><td>立项投资</td><td>2亿元以上</td><td>4 000万～2亿元</td><td>1 000万～4 000万元</td><td>1 000万元及以下</td></tr>
<tr><td>建筑高度</td><td>100 m以上</td><td>50～100 m</td><td>24～50 m</td><td>24 m及以下</td></tr>
<tr><td>住宅、宿舍</td><td>层数</td><td></td><td>20层以上</td><td>12～20层</td><td>12层及以下</td></tr>
<tr><td>住宅小区等</td><td>总建筑面积</td><td></td><td>100 000 m^2 以上</td><td>100 000 m^2 及以下</td><td rowspan="3"></td></tr>
<tr><td rowspan="2">地下工程</td><td>地下空间总建筑面积</td><td>50 000 m^2 以上</td><td>10 000～50 000 m^2</td><td>10 000 m^2 及以下</td></tr>
<tr><td>附建式人防（防护等级）</td><td></td><td>四级及以上</td><td>五级及以下</td></tr>
<tr><td rowspan="3">特殊公共建筑</td><td>超高层建筑抗震要求</td><td>抗震设防区特殊超限高层建筑</td><td>抗震设防区建筑高度100 m及以下的一般超限高层建筑</td><td rowspan="3" colspan="2"></td></tr>
<tr><td>技术复杂，有声、光、热、抗震、视线等特殊要求</td><td>技术特别复杂</td><td>技术比较复杂</td></tr>
<tr><td>重要性</td><td>国家级经济、文化、历史、涉外等重点工程项目</td><td>省级经济、文化、历史、涉外等重点工程项目</td></tr>
</table>

(二)按建筑结构的设计使用年限分等级

(1)一类:设计使用年限5年,适用于临时性结构。

(2)二类:设计使用年限25年,适用于易于替换的结构构件。

(3)三类:设计使用年限50年,适用于普通房屋和构筑物。

(4)四类:设计使用年限100年,适用于纪念性建筑和特别重要的建筑结构。

(三)按耐火性能分等级

建筑物的耐火等级是由组成建筑物的墙、柱、梁、楼板等主要构件的燃烧性能和耐火极限决定的,共分四级,见表1-2。

表1-2　多层民用建筑构件的燃烧性能和耐火极限　(单位:h)

构件名称		耐火等级			
		一级	二级	三级	四级
墙	防火墙	不燃性3.00	不燃性3.00	不燃性3.00	不燃性3.00
	承重墙	不燃性3.00	不燃性2.50	不燃性2.00	难燃性0.50
	非承重墙	不燃性1.00	不燃性1.00	不燃性0.50	可燃性
	楼梯间的墙 电梯井的墙 住宅单元之间的墙 住宅分户墙	不燃性2.00	不燃性2.00	不燃性1.50	难燃性0.50
	疏散走道两侧的墙	不燃性1.00	不燃性1.00	不燃性0.50	难燃性0.25
	房间隔墙	不燃性0.75	不燃性0.50	难燃性0.50	难燃性0.25
柱		不燃性3.00	不燃性2.50	不燃性2.00	难燃性0.50
梁		不燃性2.00	不燃性1.50	不燃性1.00	难燃性0.50
楼板		不燃性1.50	不燃性1.00	不燃性0.50	可燃性
屋顶承重构件		不燃性1.50	不燃性1.00	可燃性0.50	可燃性
疏散楼梯		不燃性1.50	不燃性1.00	不燃性0.50	可燃性
吊顶(包括吊顶隔栅)		不燃性0.25	难燃性0.25	难燃性0.15	可燃性

构件的耐火极限是指对任一建筑构件,按时间—温度标准曲线进行耐火试验,从受到火的作用时起,到失去支持能力或完整性被破坏或失去隔火作用时止的这段时间,称为耐火极限,用小时(h)表示。

可燃体:用燃烧材料做成的构件,燃烧材料如木材等。

不燃体:用非燃烧材料做成的构件,非燃烧材料如金属材料和无机矿物材料。

难燃体:用难燃烧材料做成的构件或用燃烧材料做成而用非燃烧材料做保护层的构件,难燃烧材料如沥青混凝土、经过防火处理的木材、用有机物填充的混凝土等。

(四)建筑物的危险等级

危险的建筑物(危房)实际是指结构已经严重损坏,或者承重构件已属危险构件,随时可能丧失稳定性和承载力，不能保证居住和使用安全的房屋。建筑物的危险性一般分为以下四个等级：

A级：结构承载力能满足正常使用要求，未发生危险点，房屋结构安全。

B级：结构承载力基本满足正常使用要求，个别结构构件处于危险状态，但不影响主体结构。

C级：部分承重结构承载力不能满足正常使用要求，局部出现险情，构成局部危房。

D级：承重结构承载力不能满足正常使用要求，房屋整体出现险情，构成整幢危房。

（五）建筑结构的安全等级

根据结构破坏可能产生的后果（危及人的生命、造成经济损失、产生社会影响等）的严重性，《建筑结构可靠度设计统一标准》（GB 50068—2001）将建筑物划分为三个安全等级。大量的一般建筑物列入中间等级，重要的建筑物提高一级，次要的建筑物降低一级。建筑结构安全等级的划分应符合下列要求：

一级：破坏后果很严重，适用于重要的工业与民用建筑物。

二级：破坏后果严重，适用于一般的工业与民用建筑物。

三级：破坏后果不严重，适用于次要的建筑物。

需注意的是：①对于特殊的建筑物，其安全等级根据具体情况另行确定；②当按抗震要求设计时，建筑结构的安全等级应符合《建筑抗震设计规范》（GB 50011—2010）的规定。

第四节　建筑标准化和建筑模数协调

一、建筑标准化

建筑标准化包括两个方面：一方面是制定建筑标准（含规范、规程），组织实施标准和对标准的实施进行监督。建筑标准是建筑业进行勘察、设计、生产或施工、检验或验收等技术性活动的依据，是实行建筑科学管理的重要手段，是保证建筑工程和产品质量的有力工具。建筑标准由国家标准、行业标准、地方标准和企业标准构成，分别在相应的范围内适用。另一方面是建筑标准设计问题，即利用通用的标准图集在住宅等大量性建筑中推行标准化设计，以避免无谓的重复劳动。此外，构件生产厂家和施工单位也可以根据构配件的应用情况组织生产和施工，减少构配件规格，以提高生产施工效率，降低造价。

二、建筑模数协调

在采用标准设计、通用设计时，为了使建筑制品、建筑构配件和组合件实现工业化大规模生产，使不同材料、不同形式和不同构造方法的建筑构配件、组合件符合模数并具有较大的通用性和互换性，以加快设计速度，提高施工质量和效率，降低建筑造价，建筑物及其各部分的尺寸必须统一协调。

（一）建筑模数

建筑模数是选定的标准尺寸，作为建筑空间、构配件以及有关设备尺度协调中的增值

单位。我国制定有《建筑模数协调标准》(GB/T 50002—2013),作为设计、施工、构件制作的尺寸依据。建筑统一模数制的建立,有利于简化构件类型、保证工程质量、提高施工效率和降低工程造价。

1. 基本模数

基本模数是模数协调中选用的基本尺寸单位,其数值为100 mm,用符号M表示,即1M=100 mm。整个建筑物及其一部分或建筑组合构件的模数化尺寸应为基本模数的倍数。

2. 导出模数

由于建筑中各部分尺度相差较大,为满足建筑设计中构件尺寸、构造节点以及端面、缝隙等尺寸的不同要求,可采用导出模数。导出模数包括扩大模数和分模数。

1)扩大模数

扩大模数是基本模数的整数倍数,其中水平扩大模数的基数为3M、6M、12M、15M、30M、60M,主要适用于门窗洞口、构配件、建筑开间(柱距)和进深(跨度)的尺寸;竖向扩大模数的基数为3M、6M,主要适用于建筑物的高度、层高和门窗洞口等尺寸。

2)分模数

分模数是用整数除基本模数的数值。分模数基数为1/2M、1/5M、1/10M等,主要适用于构件之间的缝隙、构造节点、构配件截面等尺寸。

3. 模数数列

模数数列是以基本模数、扩大模数、分模数为基础扩展成的一系列尺寸,可以确保尺寸具有合理的灵活性,保证不同建筑及其组成部分之间尺寸的协调和统一,减少建筑尺寸的种类。我国现行的常用模数数列见表1-3。

表1-3　常用模数数列　(单位:mm)

基本模数	扩大模数					分模数		
1M(100)	2M(200)	3M(300)	6M(600)	9M(900)	12M(1 200)	1/10M(10)	1/5M(20)	1/2M(50)
100	200	300				10		
200	400	600	600			20	20	
300	600	900		900		30		
400	800	1 200	1 200		1 200	40	40	
500	1 000	1 500				50		50
600	1 200	1 800	1 800	1 800		60	60	
700	1 400	2 100				70		
800	1 600	2 400	2 400		2 400	80	80	
900	1 800	2 700		2 700		90		
1 000	2 000	3 000	3 000			100	100	100
1 100	2 200	3 300				110		
1 200	2 400	3 600	3 600	3 600	3 600	120	120	
1 300	2 600	3 900				130		
1 400	2 800	4 200	4 200			140	140	

续表 1-3

基本模数	扩大模数					分模数		
1M(100)	2M(200)	3M(300)	6M(600)	9M(900)	12M(1 200)	1/10M(10)	1/5M(20)	1/2M(50)
1 500	3 000	4 500		4 500		150		150
1 600	3 200	4 800	4 800		4 800	160	160	
1 700	3 400	5 100				170		
1 800	3 600	5 400	5 400	5 400		180	180	
1 900		5 700				190		
2 000		6 000	6 000		6 000	200	200	200
2 100		6 300		6 300			220	
2 200		6 600	6 600				240	
2 300		6 900						250
2 400		7 200	7 200	7 200	7 200		260	
2 500		7 500					280	
2 600			7 800				300	300
2 700				8 100			320	
2 800			8 400		8 400		340	
2 900								350
3 000			9 000	9 000			360	
3 100							380	
3 200			9 600		9 600		400	400
3 300				9 900				450
3 400								500
3 500								550
3 600					10 800			600
								650
								700
								750
					12 000			800
								850
								900
								950
								1 000
主要用于建筑物层高、门窗洞口和构配件截面	主要用于建筑物的开间或柱距、进深或跨度、层高、构配件截面尺寸和门窗洞口等处					1. 主要用于缝隙、构造节点和构配件截面等处。 2. 分模数 1/2M 数列按 50 mm 进级,其幅度可增至 10M		

(二)建筑定位

定位轴线是用来确定房屋主要结构构件的位置及其尺寸的基线。用于平面时称为平面定位轴线;用于竖向时称为竖向定位轴线。定位线之间的距离(跨度、柱距、层高等)应符合模数数列的规定。

定位轴线的位置一般按下列方法确定。

1. 墙体的平面定位轴线

(1)承重外墙的定位轴线。当底层墙体与顶层墙体厚度相同时,平面定位轴线与外墙内缘距离120 mm(见图1-1(a));当底层墙体与顶层墙体厚度不同时,平面定位轴线与顶层外墙内缘距离120 mm(见图1-1(b))。

(2)承重内墙的定位轴线。承重内墙的平面定位轴线应与顶层墙体中线重合(见图1-2(a)和(b))。

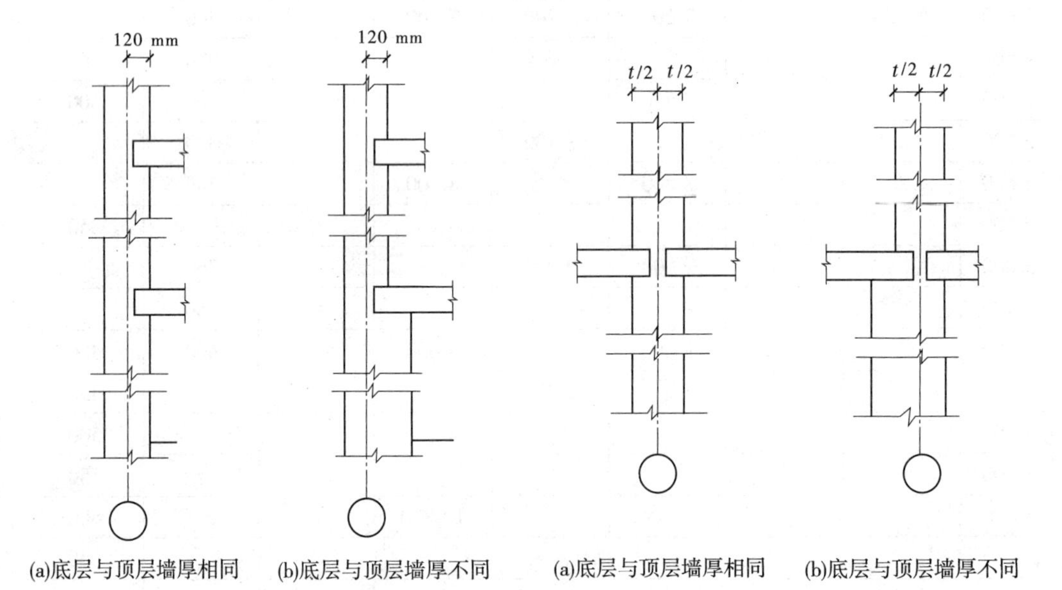

图1-1 承重外墙定位轴线

图1-2 承重内墙定位轴线

(3)非承重墙的定位轴线。非承重墙除可按承重墙的定位轴线的规定定位外,还可以使墙身内缘与平面定位轴线重合。

2. 墙体的竖向定位轴线

(1)砖墙楼地面竖向定位轴线应与楼(地)面面层上表面重合(见图1-3)。

(2)屋面竖向定位轴线应为屋面结构层上表面与距墙内缘120 mm的外墙定位轴线的相交处(见图1-4)。

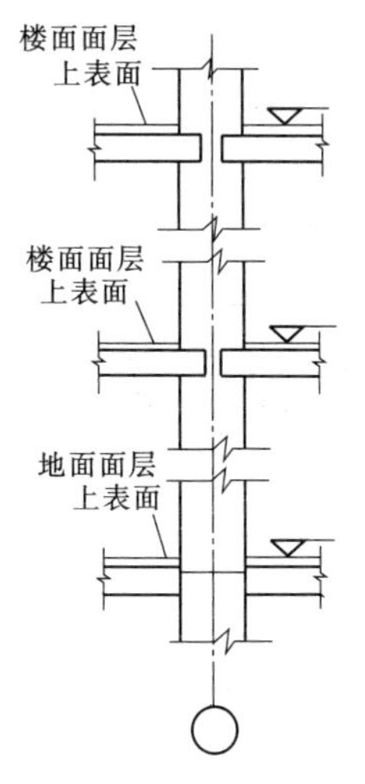

图 1-3　砖墙楼地面竖向定位

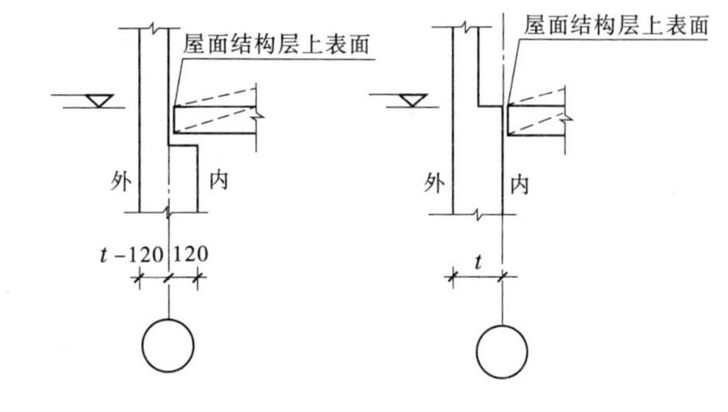

图 1-4　屋面竖向定位

本章小结

本章从建筑入手，讲解建筑及建筑工程的概念、工程建设程序、建筑物的分类与分级、建筑标准化和建筑模数协调。

建筑是建筑物和构筑物的总称。建筑物是直接供人使用的建筑，而构筑物一般是不直接供人使用的建筑。但它们都是为满足一定的功用，用一定的物质材料和技术条件并依据美学原则建造的相对稳定的人为空间。构成建筑的三个基本要素即建筑功能、建筑的物质技术条件和建筑形象，三者之间既相互联系、相互制约，又是不可分割的辨证统一体。

工程建设程序是在认识工程建设客观规律的基础上总结出来的，是工程建设全过程中各项工作都必须遵循的先后顺序，也是工程建设各个环节相互衔接的顺序。

建筑工程属于基本建设，由于建筑工程涉及的面广，内外协作配合环节多，关系错综复杂，因此一幢建筑物或者房屋的建造从开始拟订计划到建成投入使用必须按照一定的程序才能有条不紊地完成。

对建筑物进行分类与分级便于根据不同类型的建筑特点和使用要求，提出明确的任务，制定规范、定额、标准，用于指导建筑设计和建筑施工；实行建筑标准化有利于实行科学管理，提高劳动生产率。建筑的定位轴线是确定建筑构配件位置和相互关系的基准线，也是建筑设计和施工的需要。

复习思考与练习题

一、名词解释

1. 建筑物　　2. 构筑物　　3. 建筑工程　　4. 建筑模数　　5. 耐火极限

二、填空题

1. 建筑工程的基本属性有________、________、________、________。

2. 建筑物按使用功能分为________、________、________。

3. 建筑物按主要承重结构的材料分为________、________、________、________。

4. 建筑物按结构的承重方式分为________、________、________、________。

5. 建筑结构的安全等级划分为________、________和________三个等级。

6.《建筑模数协调标准》(GB/T 50002—2013)规定，基本模数以________表示，数值为________。

三、问答题

1. 构成建筑的三要素是什么？如何正确处理三者之间的关系？

2. 工程建设程序包括哪些内容？

3. 模数数列有哪几种？请说出每种数列的适用范围。

四、实训练习题

结合施工图熟悉定位轴线的确定及其作用。

第二章　民用建筑构造

学习目标

了解民用建筑构造的组成及作用，理解影响建筑构造的因素；掌握基础的埋置深度及其影响因素，掌握基础类型；了解墙体类型及设计要求，了解隔墙类型与构造，熟悉砖墙构造，掌握墙体细部构造的做法；了解门窗类型，了解木门窗的组成，熟悉门窗的尺寸；熟悉楼地层的组成和类型，掌握钢筋混凝土楼板的类型与构造特征；了解屋顶类型，熟悉屋顶排水方法；了解楼梯、台阶和坡道的组成，掌握楼梯的组成和尺寸，掌握钢筋混凝土楼梯的构造；理解建筑防水、防潮的基本原理，掌握屋面防水、楼层防水、墙身防潮、地层防潮、地下室防水防潮的构造方法；熟悉墙体饰面的类型，掌握常用饰面的构造做法，掌握楼地面的构造类型和方法，掌握顶棚的构造做法；了解变形缝的类型，熟悉建筑各部分变形缝的构造做法，掌握变形缝的设置要求。

第一节　概　述

一、民用建筑构造组成及其作用

一幢民用建筑，一般是由基础、墙或柱、楼地层、楼板层和地坪、楼梯、屋顶、门窗等部分组成的，如图 2-1 所示。

(一) 基础

基础是建筑物最下部的承重构件，其作用是承受建筑物的全部荷载，并将这些荷载传给地基。因此，基础必须具有足够的强度，并能抵御地下各种因素的侵蚀。

(二) 墙或柱

墙是建筑物的承重构件和围护构件。作为承重构件的外墙，其作用是抵御自然界各种因素对室内的侵袭；内墙主要起分隔空间及保证舒适环境的作用。框架或排架结构的建筑物中，柱起承重作用，墙仅起围护作用。因此，要求墙体具有足够的强度、稳定性、保温、隔热、防水、防火、耐久及经济等性能。

(三) 楼板层和地坪

楼板是水平方向的承重构件，按房间层高将整幢建筑物沿垂直方向分为若干层；楼板层承受家具、设备和人体荷载以及本身的自重，并将这些荷载传给墙或柱，同时对墙体起着水平支撑的作用。因此，要求楼板层应具有足够的抗弯强度、刚度和隔音性能，对有水浸蚀的房间，还应具有防潮、防水的性能。

地坪是底层房间与地基土层相接的构件，起承受底层房间荷载的作用。因此，要求地坪具有耐磨、防潮、防水、防尘和保温等性能。

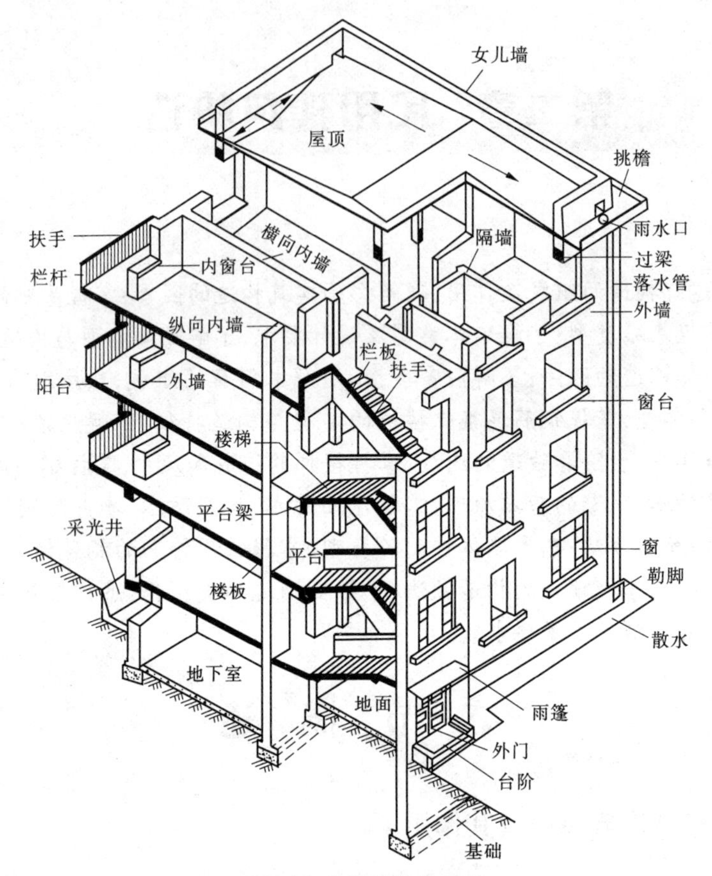

图2-1 房屋的构造组成

(四)楼梯

楼梯是建筑物的垂直交通设施,供人们上下楼层和紧急疏散之用。因此,要求楼梯具有足够的通行能力,并且防滑、防火,能保证安全使用。

(五)屋顶

屋顶是建筑物顶部的围护构件和承重构件。起抵抗风、雨、雪、霜、冰雹等的侵袭和太阳辐射热的影响,承受风雪荷载及施工、检修等屋顶荷载的作用,并将这些荷载传给墙或柱。因此,屋顶应具有足够的强度、刚度及防水、保温、隔热等性能。

(六)门窗

门与窗均属非承重构件,也称为配件。门主要供人们出入内外交通和分隔房间之用,窗主要起通风、采光、分隔、眺望等围护作用。处于外墙上的门窗又是围护构件的一部分,要满足热工及防水的要求;某些有特殊要求的房间,门窗应具有保温、隔音、防火的能力。

一幢建筑物除上述六大基本组成部分外,对不同使用功能的建筑物,还有许多特有的构件和配件,如阳台、雨篷、台阶、排烟道等。

组成房屋的各部分各自起着不同的作用,但归纳起来有两大类,即承重构件和围护构件。墙、柱、基础、楼板、屋顶等属于承重构件,墙、屋顶、门窗等属于围护构件,有些部分既是承重构件也是围护构件，如墙和屋顶。

二、影响建筑构造的因素

（一）外界环境的影响

1. 外力作用的影响

作用在建筑物上的各种外力统称为荷载。荷载可分为恒荷载（如结构自重）和活荷载（如人群、家具、风雪及地震荷载）两类。荷载的大小是建筑结构设计的主要依据，也是结构选型及构造设计的重要基础，起着决定构件尺度、用料多少的重要作用。

在荷载中，风力的影响是高层建筑水平荷载的主要因素，风力随着地面的不同高度而变化。在沿江、沿海地区，风力影响更大，设计时必须遵照有关设计规范执行。

地震时，建筑物质量越大，受到的地震力也越大。地基土的纵波使建筑物产生上下颤动，横波使建筑物产生前后或左右水平方向的晃动，但这三个方向的运动并不同时产生，其中横波的振动往往超过风力的作用，所以地震力产生的横波是建筑物的主要侧向荷载。地震的大小用震级表示，震级的高低是根据地震释放能量的多少来划分的，释放能量越多，震级越高。震级是地震的大小指标，但在进行建筑物抗震设计时，是以该地区所定地震烈度为依据。地震烈度是指在地震过程中，地表及建筑物受到影响和破坏的程度。

2. 气候条件的影响

我国各地区的地理位置及环境不同，气候条件有许多差异。自然界的风、雨、雪、霜、地下水及气温变化等构成了影响建筑物的多种因素，故在进行建筑构造设计时，应针对建筑物所受影响的性质与程度，对各有关构配件及部位采取必要的防范措施，如防潮、防水、保温、隔热、设伸缩缝、设隔蒸层等。

3. 各种人为因素的影响

人们在生产和生活活动中，往往遇到火灾、爆炸、机械振动、化学腐蚀、噪声等人为因素的影响，故在进行建筑构造设计时，必须针对这些影响因素，采取相应的防火、防爆、防振、防腐、隔音等构造措施，以防止建筑物遭受不应有的损失。

（二）建筑技术条件的影响

由于建筑材料技术的日新月异，建筑结构技术的不断发展，建筑施工技术的不断进步，建筑构造技术也要随之不断翻新、丰富多彩。例如，悬索、薄壳、网架等空间结构建筑；点式玻璃幕墙；彩色铝合金等新材料的吊顶；采光天窗等现代建筑设施的大量涌现。可以看出，建筑构造没有一成不变的固定模式，因而在建筑构造设计中要以构造原理为基础，在利用原有的、标准的、典型的建筑构造的同时，不断发展或创造新的构造方案。

（三）经济条件的影响

随着建筑技术的不断发展和人们生活水平的日益提高，人们对建筑的使用要求也越来越高。建筑标准的变化带来建筑的质量标准、建筑造价等也出现较大差别，对建筑构造的要求也将随着经济条件的改变而发生重大的变化。

第二节　基础、墙体与门窗

一、基础

(一)地基基础概述

1. 地基基础的作用

基础是建筑物的主要承重构件,是建筑物的墙或柱埋入地下的扩大部分,承担着建筑物的全部荷载,属于隐蔽工程。地基不是建筑物的组成部分,是承受建筑物荷载的岩土层。

2. 地基基础的设计要求

地基每平方米所能承受的最大允许压力,称为地基允许承载力,也叫地耐力,用 f(kN/m²)表示。具有一定承载能力,直接支承基础的土层称为持力层。持力层以下的土层称为下卧层,如图2-2所示。如果以 N(kN)表示建筑物基础上部的总荷载,A(m²)表示基础底面积,则可列出如下关系式:

$$A \geqslant N/f \tag{2-1}$$

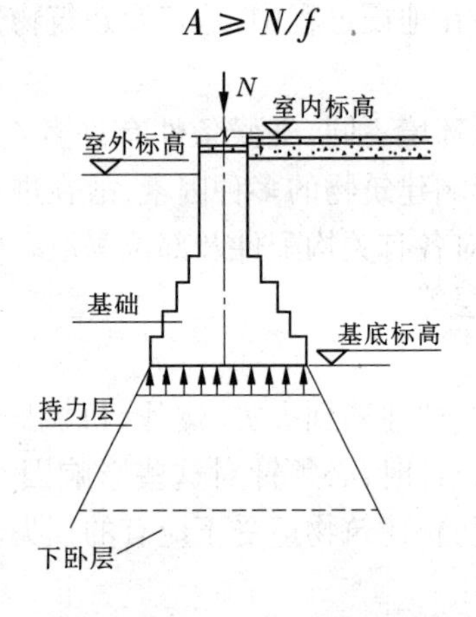

图2-2　基础与地基

从式(2-1)可以看出,当地基承载力不变时,建筑总荷载越大,基础底面积也要求越大;或者说当建筑总荷载不变时,地基承载力越小,基础底面积越大。

3. 地基的分类

地基可分为天然地基和人工地基。

凡天然土层具有足够的承载能力,无须经人工改善或加固便可作为建筑物地基的称为天然地基。例如,岩石、碎石、砂石、黏土等,均可作为天然地基。

当建筑物上部的荷载较大或天然地基的承载能力较弱或稳定性不满足要求时,须预先对持力层进行人工加固后才能在上面建造房屋的地基称为人工地基。人工加固地基通常采用压实法、换土法、化学加固法和复合地基法。

(二)基础的构造

1. 基础的埋置深度

基础的埋置深度是指室外设计地面至基础底面的垂直距离,简称基础埋深,如图 2-3 所示。基础埋深大于或等于 5 m 的称为深基础,小于 5 m 的称为浅基础。在保证安全的前提下,应优先选用浅基础,可降低工程造价。但基础埋深也不宜过小,在地基受到地耐力后,会把基础四周的土挤出,使基础产生滑移而失去稳定,同时易受到自然因素的侵蚀和影响,使基础破坏,故基础埋深在一般情况下不宜小于 0.5 m。

影响基础埋深的主要因素有以下几个方面:

(1)地基土层构造的影响。基础底面应尽量选在常年未经扰动且坚实平坦的岩土层上,俗称"老土层"。在工程实践中,应根据地基岩土层的实际分布状况确定持力层,确保建筑物的安全。

(2)地下水位的影响。在地下水位较低的地区,应尽可能将基础埋在最高水位以上。在地下水位较高的地区,如果基础处于最高和最低地下水位之间,则地下水位的上升和降低会对基础和上部结构都产生不利影响,为避免这种情况的出现,宜将基础的底面设在当地的最低水位 200 mm 以下。

(3)冻结深度的影响。冻土与非冻土的分界线称为冰冻线,冰冻线到地面的距离为冻结深度。应根据当地的气候条件了解土层的冻结深度,一般将基础的垫层部分做在土层冻结深度以下;否则,冬天土层的冻胀力会把房屋拱起,产生变形;天气转暖,冻土解冻时又会产生陷落。一般要求基础埋置在冰冻线 200 mm 以下。

(4)相邻建筑物基础的影响。新建建筑物的基础埋深不宜深于相邻的原有建筑物的基础,当新建基础埋深深于原有基础时,两基础应保持一定净距,即不小于两相邻基础底面高差的 1 ~2 倍(见图 2-4),以保证原有建筑的安全和正常使用。

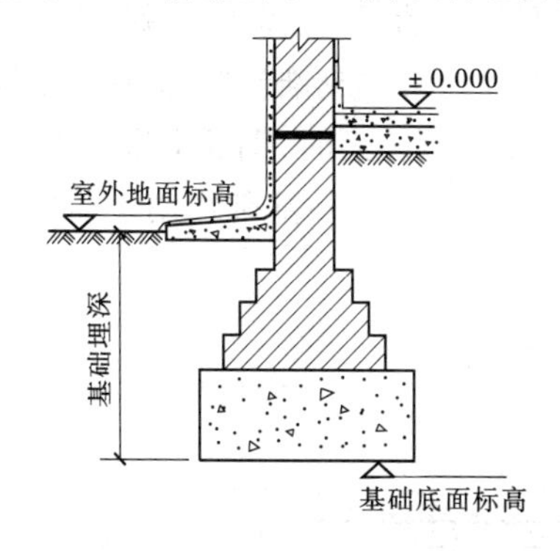

图 2-3　基础的埋置深度

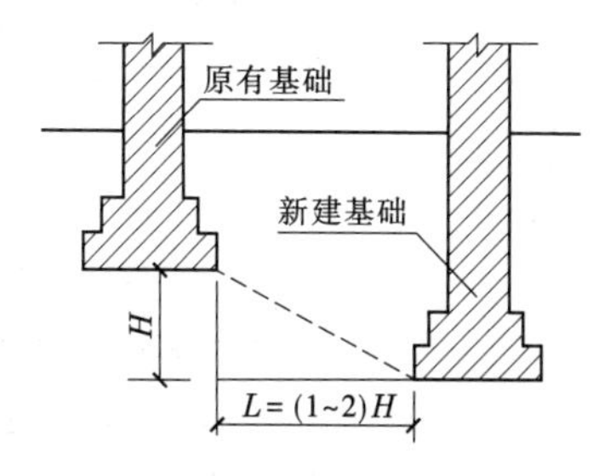

图 2-4　相邻建筑物基础的影响

2. 基础的类型与构造

基础的类型很多,按基础所用材料及受力特点来分,有刚性基础和柔性基础;按构造形式来分,有独立式基础、条形基础、片筏基础、箱形基础和桩基础。

1)按所用材料及受力特点分类

(1)刚性基础。

由刚性材料构成的基础称为刚性基础。刚性材料是指抗压强度高,而抗拉、抗剪强度较低的材料,常用的有砖、石、混凝土。为满足地基容许承载力的要求,基底宽 B 一般大于上部墙宽。当基底宽 B 很宽时,挑出长度 b 很长,而基础又没有足够的高度 H,又因基础采用刚性材料,基础就会因受弯曲或剪切而破坏。为了保证基础不被拉力、剪力破坏,基础必须具有相应的高度。通常按刚性材料的受力特点,基础的挑出长度与高度应在材料允许范围内控制,这个控制范围的夹角称为刚性角,用 α 表示。不同材料的基础刚性角不同,砖、石基础的刚性角控制为26°~33°,混凝土基础的刚性角应控制在45°以内,如果刚性基础底面宽超过刚性角范围,则刚性角范围以外的基底将被拉裂破坏,如图2-5所示。

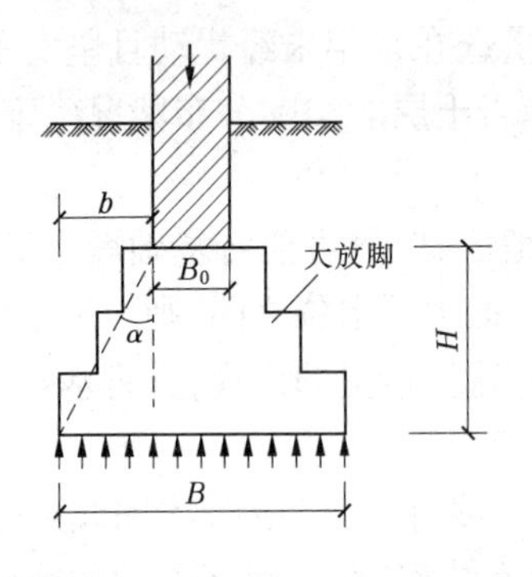

(a)基础受力在刚性角范围以内

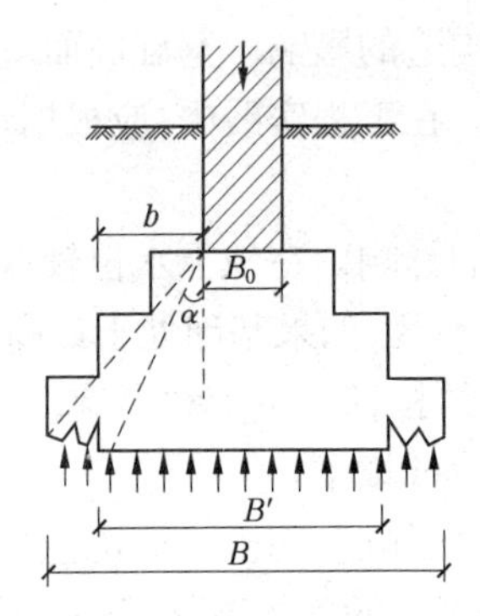

(b)基础宽度超过刚性角范围而破坏

图2-5 刚性基础

(2)柔性基础。

钢筋混凝土基础称为柔性基础。当建筑物的荷载较大而地基承载能力又较小时,如果仍采用刚性材料做基础,势必要加大基础的埋深,如图2-6(a)所示,这样很不经济。柔性基础宽度不受刚性角的限制,基础底部不但能承受很大的压力,而且能承受很大的拉力(弯矩),如图2-6(b)所示。为节约材料,将基础纵剖面通常做成锥台形,但最薄处厚度不得小于200 mm,也可做成阶梯形。为保证钢筋混凝土基础施工时,钢筋不致陷入泥土中,保护地基和找平,常须在基础与地基之间设置混凝土垫层。这种基础适用于荷载较大的多、高层建筑中。

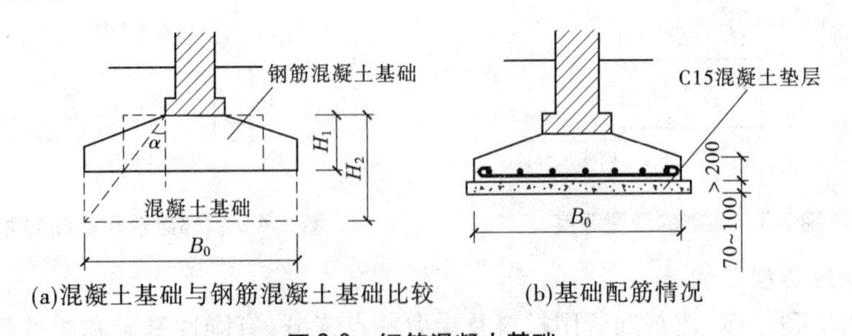

(a)混凝土基础与钢筋混凝土基础比较　(b)基础配筋情况

图2-6 钢筋混凝土基础

2)按构造形式分类

基础构造的形式随着建筑物上部结构形式、荷载大小及地基土壤性质的变化而不同。基础构造特点可分为以下几种基本类型。

(1)独立式基础。

当建筑物上部结构采用框架结构或单层排架结构承重时,基础常采用方形或矩形的独立式基础,这类基础称为独立基础或柱下独立基础,如图2-7所示。独立基础是柱下基础的基本形式,通常在独立基础上设置基础梁以支承上部墙体。

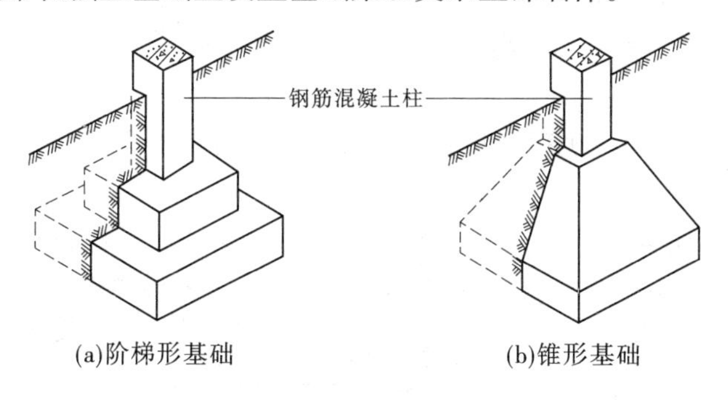

图2-7　独立基础

当柱采用预制构件时,将基础做成杯口形,然后将柱子插入并嵌固在杯口内,故称杯形基础,如图2-8(a)所示。有时因建筑物场地起伏或局部工程地质条件变化,以及避开设备基础等,可将个别柱基础底面降低,做成高杯口基础,如图2-8(b)所示。

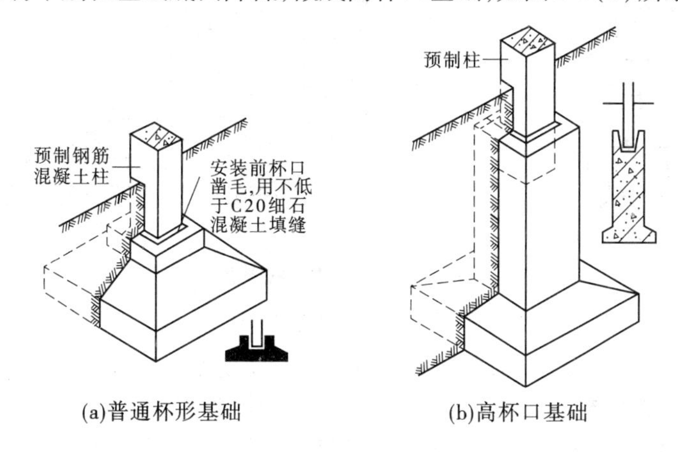

图2-8　杯形基础

(2)条形基础。

当建筑物上部结构采用墙承重的结构时,基础常沿墙下扩展,形成长条形,称为条形基础或带形基础。当建筑物荷载很大、地基承载力小或上部结构有需要时,可用钢筋混凝土墙下条形基础,如图2-9(a)所示。对框架结构或部分框架结构荷载较大的建筑物,地基较软弱或承载力偏低时,为增加基底面积或增加整体刚度,减少不均匀沉降,可将柱下独立基础用基础梁连接起来,形成柱下条形基础或井格基础,如图2-9(b)、(c)所示。

(3)片筏基础。

当建筑物上部荷载很大,而地基承载力又较小时,通常将墙或柱下基础连成一块整板,即为片筏基础,也称为满堂基础。片筏基础有板式和梁板式两种,如图2-10所示。片

筏基础一般适用于基础埋深小于 3 m 的场合。

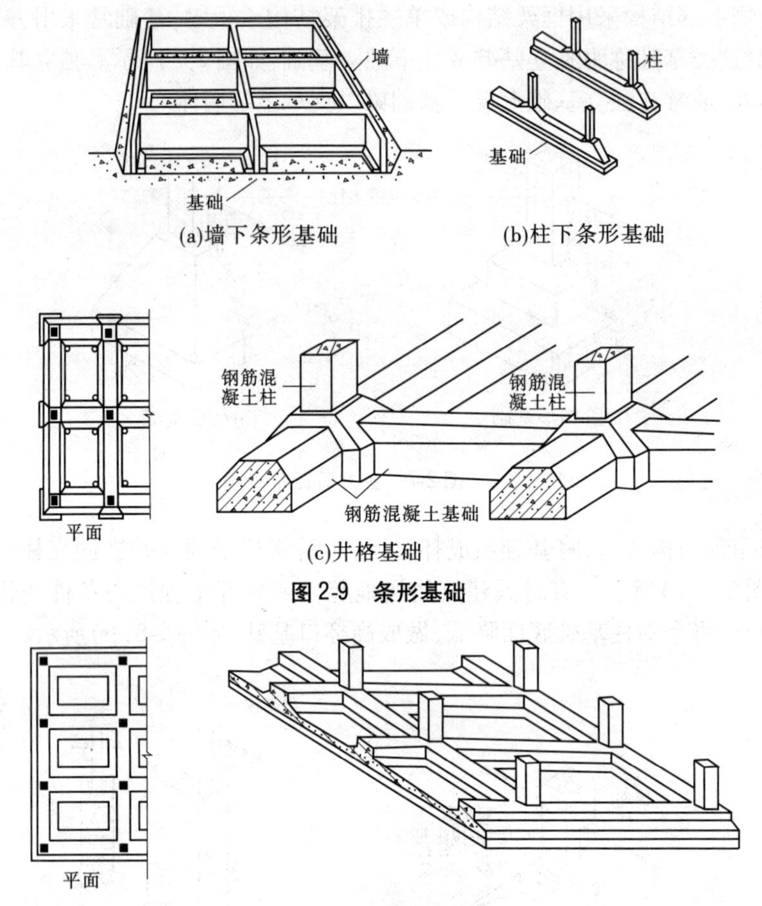

(a)墙下条形基础　(b)柱下条形基础

(c)井格基础

图 2-9　条形基础

图 2-10　梁板式片筏基础

有时为节约土方开挖量或在不便开挖基坑的情况下,可采用不埋(填土)板式基础,如图 2-11 所示。不埋板式基础常是在天然地表上,将场地平整并用压路机将地表土碾压密实后,在较好的持力层上浇筑钢筋混凝土平板。这种基础较适用于较弱地基(但必须是均匀条件)的情况下,特别适宜于 5 ~6 层的整体刚度较好的居住建筑中。

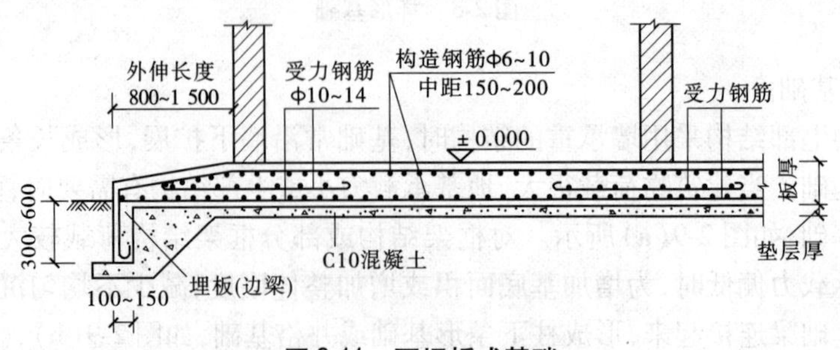

图 2-11　不埋板式基础

(4)箱形基础。

当建筑物上部荷载很大,地基承载力又较小,基础必须做得很深时,可做成箱形基础。

箱形基础是由钢筋混凝土底板、顶板和若干纵横隔墙组成的整体结构，基础的中空部分可用作地下室（单层或多层的）或地下停车库。箱形基础整体刚度大，整体性强，能较好地抵抗地基的不均匀沉降，如图 2-12 所示。箱形基础一般用于基础埋深为 3 ~5 m 的情况。

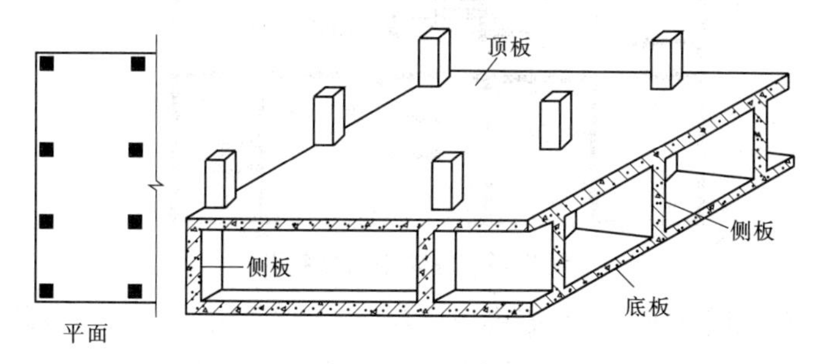

图 2-12　箱形基础

（5）桩基础。

当建筑物上部荷载较大，而且地基的软弱土层较厚（一般大于 5 m），天然地基承载能力不能满足要求，做成其他人工地基又不具备条件或不经济时，可采用桩基础。桩基础由承台和桩身两部分组成，如图 2-13 所示。

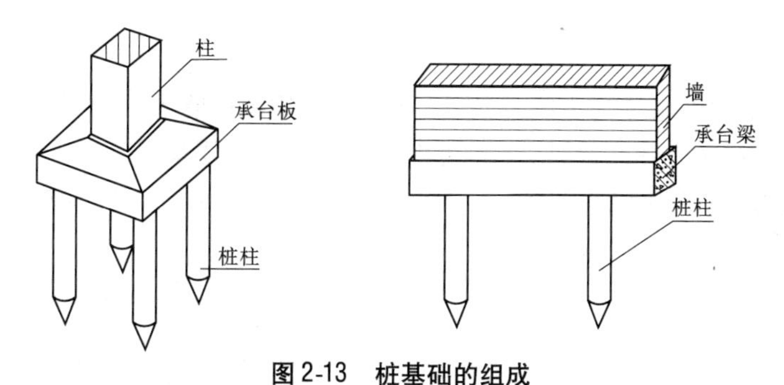

图 2-13　桩基础的组成

二、墙体

（一）概述

1. 类型

1）按墙体所在位置分类

按墙体在平面上所处位置不同，可分为外墙和内墙、纵墙和横墙。窗与窗之间和窗与门之间的墙称为窗间墙，窗台下面的墙称为窗下墙。墙体各部分名称如图 2-14 所示。

2）按墙体受力状况分类

墙体按受力状况分为承重墙和非承重墙，非承重墙又可分为自承重墙和隔墙。自承重墙是指不承受外来荷载，仅承受自身重量并将其传至基础的墙体；隔墙是对水平空间起分隔作用、不承受外来荷载，并把自身重量传给梁或楼板的墙体。

3）按墙体构造和施工方式分类

（1）按墙体构造方式可以分为实体墙、空体墙和组合墙三种。实体墙一般由单一材料组成，如砖墙；空体墙一般也是由单一材料组成，可由单一材料砌成内部空腔，也可用具

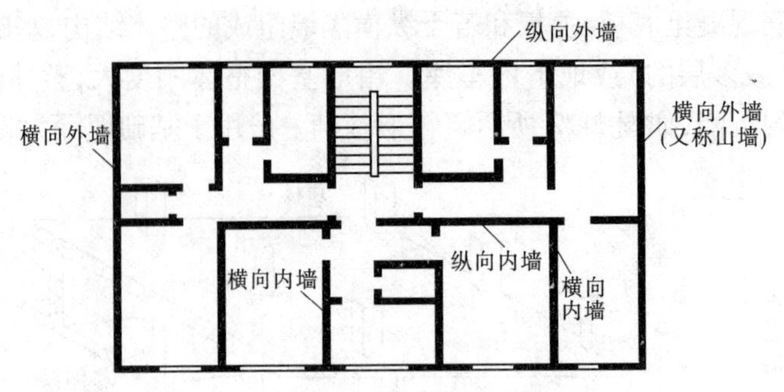

图 2-14 墙体各部分名称

有孔洞的材料砌成,如空斗砖墙、空心砌块墙等;组合墙是由两种以上材料组合而成,如混凝土、加气混凝土复合板材墙,其中混凝土起承重作用,加气混凝土起保温隔热作用。

(2)按墙体施工方式可以分为块材墙、板筑墙及板材墙三种。块材墙是用砂浆等胶结材料将砖石等块材组砌而成的墙体,如砖墙、石墙及各种砌块墙等;板筑墙是在现场立模板,现浇而成的墙体,如现浇混凝土墙等;板材墙是用预制墙板安装而成的墙体,如预制混凝土大板墙、各种轻质条板内隔墙等。

2. 设计要求

1)结构要求

对垂直承重结构以墙体为主的建筑,常要求各层的承重墙上、下必须对齐;各层的门、窗洞孔也以上、下对齐为佳。此外,还需考虑以下两方面的要求。

(1)合理选择墙体结构布置方案。墙体结构布置方案(见图 2-15)有以下几种类型:

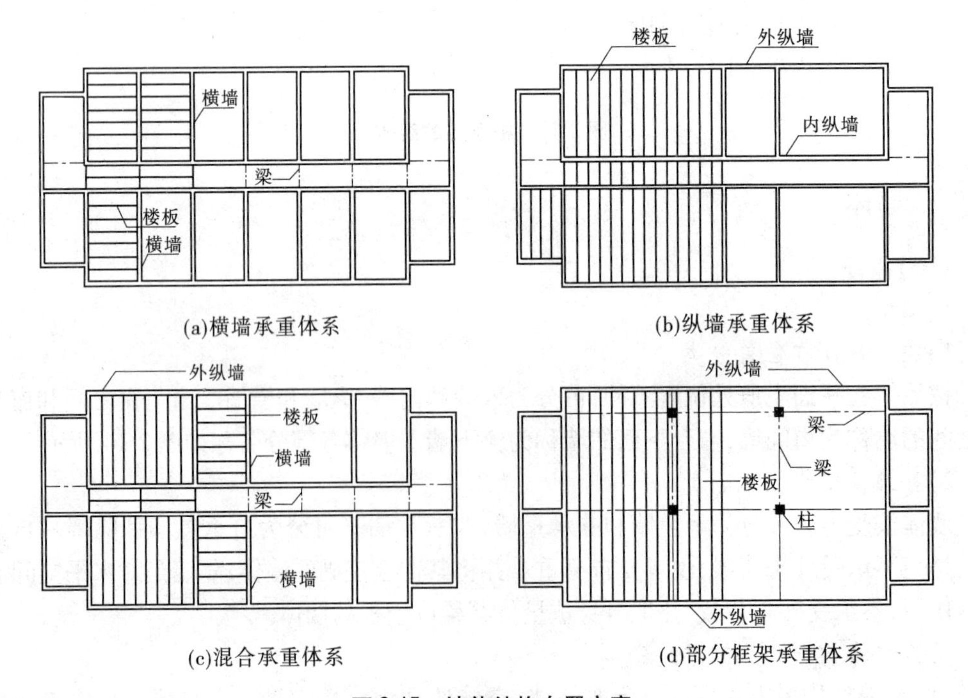

图 2-15 墙体结构布置方案

①横墙承重。是指以横墙作为垂直承重结构的横墙承重方案。这时，楼板、屋顶上的荷载均由横墙承受，纵墙只起纵向稳定和拉结的作用。它的主要特点是横墙间距密，加上纵墙的拉结，使建筑物的整体性好，横向刚度大，对抵抗地震力等水平荷载有利。但其开间划分灵活性差，只适用于房间开间尺寸不大的宿舍、住宅等小开间建筑。

②纵墙承重。是指以纵墙作为垂直承重结构的纵墙承重方案。这时，楼板、屋顶上的荷载均由纵墙承受，横墙只起分隔房间的作用，有的起横向稳定作用。纵墙承重可使房间开间的划分灵活，多适用于需要较大房间的办公楼、商店、教学楼等公共建筑。

③纵横墙（混合）承重。是指由纵墙和横墙共同承受楼板、屋顶荷载的结构承重方案。该方案房间布置较灵活，建筑物的刚度亦较好。混合承重方案多用于开间、进深尺寸较大且房间类型较多的建筑和平面复杂的建筑，如教学楼、住宅等。

④部分框架承重。在结构设计中，有时采用墙体和钢筋混凝土梁、柱组成的框架共同承受楼板和屋顶的荷载，这种结构布置称为部分框架结构或内部框架承重方案。较适合于室内需要较大使用空间的建筑，如商场等。

（2）具有足够的强度和稳定性。强度是指墙体承受荷载的能力，它与所采用的材料以及同一材料的强度等级有关。作为承重的墙体，必须具有足够的强度，以确保结构的安全。墙体的稳定性与墙的高度、长度和厚度有关。高而薄的墙稳定性差，矮而厚的墙稳定性好；长而薄的墙稳定性差，短而厚的墙稳定性好。

2）热工要求

（1）墙体的保温要求。对有保温要求的墙体，需提高其构件的热阻，通常采取以下措施：

①增加墙体的厚度。墙体的热阻与其厚度成正比，欲提高墙身的热阻，可增加其厚度。

②选择导热系数小的墙体材料。要增加墙体的热阻，常选用导热系数小的保温材料，如泡沫混凝土、加气混凝土、陶粒混凝土、膨胀珍珠岩、泡沫塑料、矿棉及玻璃棉等。其保温构造有单一材料的保温结构和复合保温结构之分。

③采取隔蒸汽措施。为防止墙体产生内部凝结，常在墙体的保温层靠高温一侧，即蒸汽渗入的一侧，设置一道隔蒸汽层。隔蒸汽材料一般采用沥青、卷材、隔汽涂料以及铝箔等防潮、防水材料。

（2）墙体的隔热要求。墙体的隔热措施有：

①外墙采用浅色而平滑的外饰面，如白色外墙涂料、玻璃马赛克、浅色墙地砖、金属外墙板等，以反射太阳光，减少墙体对太阳辐射的吸收。

②在外墙内部设通风间层，利用空气的流动带走热量，降低外墙内表面温度。

③在窗口外侧设置遮阳设施，以遮挡太阳光直射室内。

3）建筑节能要求

为贯彻国家的节能政策，改善严寒和寒冷地区居住建筑采暖能耗大、热工效率差的状况，必须通过建筑设计和构造措施来节约能耗。

4）隔音要求

墙体主要隔离由空气直接传播的噪声，其隔音能力主要取决于墙体每平方米的质量

(面密度)。一般采取以下措施:

(1)加强墙体缝隙的填密处理。

(2)增加墙厚和墙体的密实性及厚度,避免噪声穿透墙体及墙体振动。

(3)采用有空气间层或多孔性材料的夹层墙,提高墙体的减振和吸音能力。

(4)尽量利用垂直绿化降噪声。

5)防火要求

选择防火性能和耐火极限符合防火规范规定的材料。在较大的建筑中应设置防火墙,把建筑分成若干区段,以防止火灾蔓延。根据防火规范,一、二级耐火等级建筑,防火墙最大间距为150 m,三级为100 m,四级为75 m。

6)防水、防潮要求

卫生间、厨房、实验室等有水的房间及地下室的墙应采取防水、防潮措施。选择良好的防水材料以及恰当的构造做法,保障墙体的坚固耐久性,使室内有良好的卫生环境。

(二)砖墙的构造

1. 一般构造

我国采用砖墙有着悠久的历史,砖墙有很多优点:保温、隔热及隔音效果较好,具有防火和防冻性能,有一定的承载能力,并且取材容易,生产制造及施工操作简单,无须大型设备。但也存在着不少缺点:施工速度慢,劳动强度大,自重大,而且黏土砖占用农田。所以,砖墙有待于进行改革,从我国实际出发,砖墙在今后相当长的一段时期内将仍然广泛使用。

1)砖墙材料

砖墙是用砂浆将一块一块的砖按一定技术要求砌筑而成的砌体,其材料是砖和砂浆。

(1)砖。

砖按材料不同,有黏土砖、页岩砖、粉煤灰砖、灰砂砖、炉渣砖等;按形状不同,有实心砖、多孔砖和空心砖等。实心砖指孔隙率<15%或没有孔洞的砖,按工艺不同,实心砖有烧结砖和蒸养砖。多孔砖指孔隙率≥15%、孔小而多、竖孔的砖,可用于承重墙。空心砖指孔隙率≥50%、孔少而大、横孔的砖,用于非承重墙。我国过去采用较多的是普通黏土砖,但黏土砖占用耕地,所以现在我国的大部分地区已禁止使用黏土砖,而最好采用工业废料制成的砖。另外,由于实心砖的密度大,要尽量少用实心砖,多采用多孔砖和空心砖。

我国采用的实心砖的规格为240 mm×115 mm×53 mm,符合砖长:宽:厚=4:2:1(包括10 mm宽灰缝)的关系,也称为标准砖(见图2-16)。每块标准砖重约25 N,适合手工砌筑,但标准砖砌墙时是以砖宽的倍数,即115+10=125(mm)为模数。这与我国现行《建筑模数协调标准》中的基本模数1M=100 mm不协调,因此在使用中,须注意标准砖的这一特征。

砖的强度以强度等级表示,分别为MU30、MU25、MU20、MU15、MU10五个级别,如MU30表示砖的极限抗压强度标准值为30 MPa,即每平方毫米可承受30 N的压力。

(2)砂浆。

砂浆是砌块的胶结材料。砖块经砂浆砌筑成墙体,使它传力均匀,它还起着嵌缝作用,能提高防寒、隔热和隔音的能力。砌筑砂浆要求有一定的强度,以保证墙体的承载力,

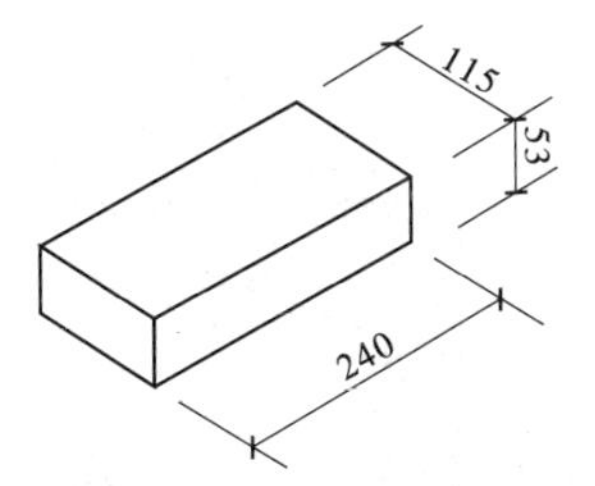

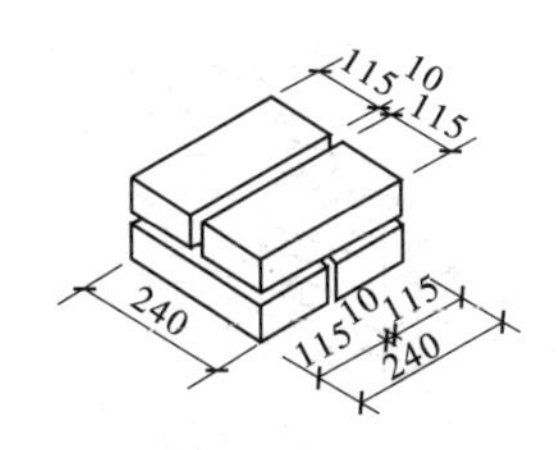

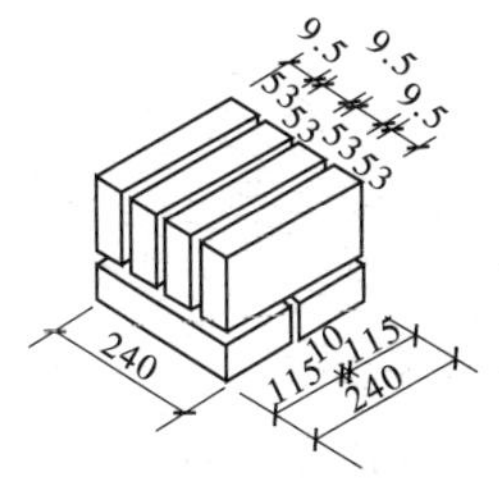

图 2-16　标准砖的尺寸关系

还要求有适当的稠度、保水性及好的和易性,方便施工。

常用的砂浆有水泥砂浆、石灰砂浆和混合砂浆。

①水泥砂浆。由水泥、砂加水拌和而成。属水硬性材料,强度高,但可塑性和保水性较差,适应砌筑湿环境下的砌体,如地下室、砖基础等。

②石灰砂浆。由石灰膏、砂加水拌和而成。由于石灰膏为塑性掺合料,所以石灰砂浆的可塑性很好,但它的强度较低,且属于气硬性材料,遇水强度即降低,所以适宜砌筑次要的民用建筑的地上砌体。

③混合砂浆。由水泥、石灰膏、砂加水拌和而成。既有较高的强度,又有良好的可塑性和保水性,故民用建筑地上砌体中被广泛采用。

砂浆强度等级有 M15、M10、M7.5、M5、M2.5 共五个级别。

2)砖墙的厚度

用标准砖砌筑墙体,加上 10 mm 的灰缝,在长、宽、高方面呈倍数的关系,可以方便地组砌成多种厚度的墙体,而且可以做到有规律地错缝搭接。砖墙厚度与名称见表 2-1。

表 2-1　砖墙厚度与名称

墙厚名称	习惯称呼	墙厚(mm)	墙厚名称	习惯称呼	墙厚(mm)
1/4 砖墙	6 厚墙	53	一砖墙	24 墙	240
半砖墙	12 墙	115	一砖半墙	37 墙	365
3/4 砖墙	18 墙	178	两砖墙	49 墙	490

3)砖墙的组砌方式

为了保证墙体的强度,砖砌体的砌筑必须横平竖直、错缝搭接、避免通缝、砂浆饱满、厚薄均匀。当墙面做清水砖墙时,还应考虑墙面图案美观。在砖墙的组砌中,每砌一层砖称为一皮;把砖长方向垂直于墙轴线砌筑的砖叫丁砖,砖长方向平行于墙轴线砌筑的砖叫顺砖。常见的砖墙砌筑方式有全顺式、一顺一丁式、三顺一丁式或多顺一丁式、每皮丁顺相间式(也叫十字式)、两平一侧式等。砖墙的组砌方式如图 2-17 所示。

2. 细部构造

墙体的细部构造包括门窗过梁、窗台、墙脚的构造和墙体加固措施等。

1)门窗过梁

门窗过梁是用来支撑门窗洞口上墙体的荷载,承重墙上的过梁还要支撑楼板的荷载。根据材料和构造方式不同,门窗过梁有砖拱过梁、钢筋砖过梁和钢筋混凝土过梁三种。

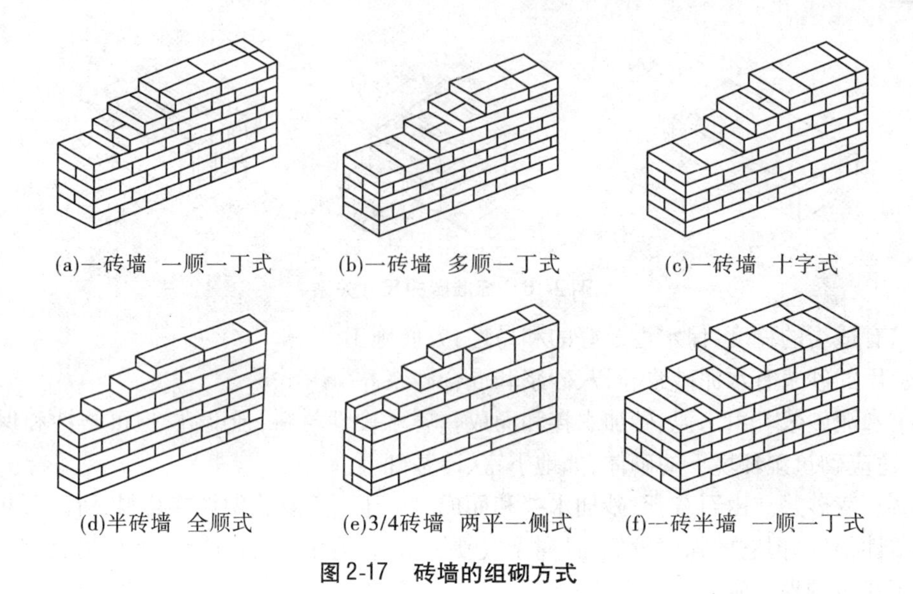

(a)一砖墙 一顺一丁式　(b)一砖墙 多顺一丁式　(c)一砖墙 十字式

(d)半砖墙 全顺式　(e)3/4砖墙 两平一侧式　(f)一砖半墙 一顺一丁式

图 2-17　砖墙的组砌方式

(1)砖拱过梁。

砖拱过梁分为平拱和弧拱。由竖砌的砖做拱圈,一般将砂浆灰缝做成上宽下窄,上宽不大于 15 mm,下宽不小于 5 mm。砖的强度等级不低于 MU10,砂浆的强度等级不低于 M5,砖砌平拱过梁净跨宜小于 1.2 m,不应超过 1.8 m,中部起拱高约为 $L/50$(L 为梁跨度),如图 2-18 所示。

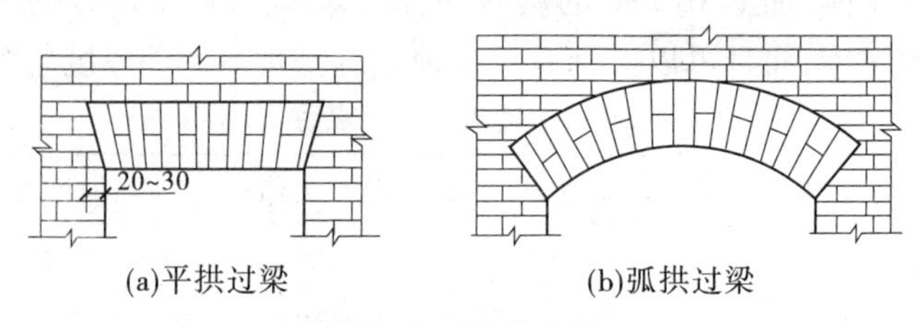

(a)平拱过梁　(b)弧拱过梁

图 2-18　砖拱过梁

(2)钢筋砖过梁。

钢筋砖过梁用砖的强度等级不低于 MU10,砌筑砂浆的强度等级不低于 M5。一般在洞口上方先支木模,砖平砌,下设 3~4 根Φ6 钢筋要求伸入两端墙内不少于 240 mm,梁高砌 5~7 皮砖或不小于 $L/4$。钢筋砖过梁净跨宜为 1.5~2 m。

(3)钢筋混凝土过梁。

钢筋混凝土过梁有现浇和预制两种,梁高及配筋由计算确定。为了施工方便,梁高应与砖的皮数相适应,以方便墙体连续砌筑,故常见梁高为 60 mm、120 mm、180 mm、240 mm,即 60 mm 的整倍数。梁宽一般同墙厚,梁两端支承在墙上的长度不少于 250 mm,以保证足够的承压面积。

过梁断面形式有矩形和 L 形。为简化构造,节约材料,可将过梁与圈梁、悬挑雨篷、窗楣板或遮阳板等结合起来设计。如在南方炎热多雨地区,常从过梁上挑出 300~500 mm 宽的窗楣板,既保护窗户不受雨淋,又可遮挡部分直射太阳光。钢筋混凝土过梁如图 2-19所示。

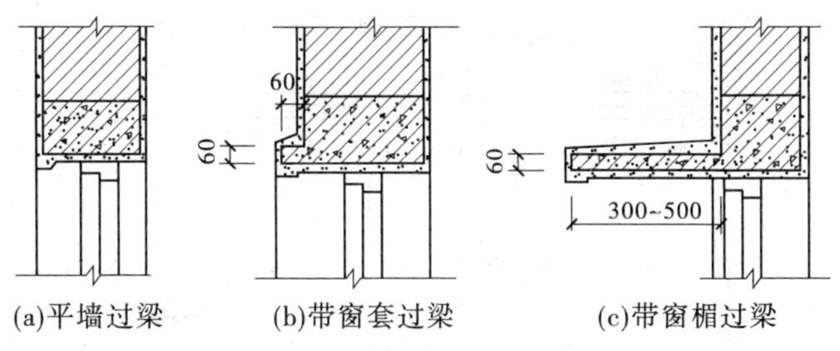

图 2-19　钢筋混凝土过梁

2）窗台

窗台的作用是排除沿窗面流下的雨水，防止其渗入墙身、沿窗缝渗入室内，同时避免雨水污染外墙面。处于内墙或阳台等处的窗，不受雨水冲刷，可不必设挑窗台。外墙面材料为贴面砖时，墙面可以被雨水冲洗干净，也可不设挑窗台。

窗台可用砖砌挑出，也可以采用预制钢筋混凝土窗台。砖砌挑窗台施工简单，应用广泛。根据设计要求可分为 60 mm 厚平砌挑窗台和 120 mm 厚侧砌挑窗台。窗台的构造如图 2-20 所示。

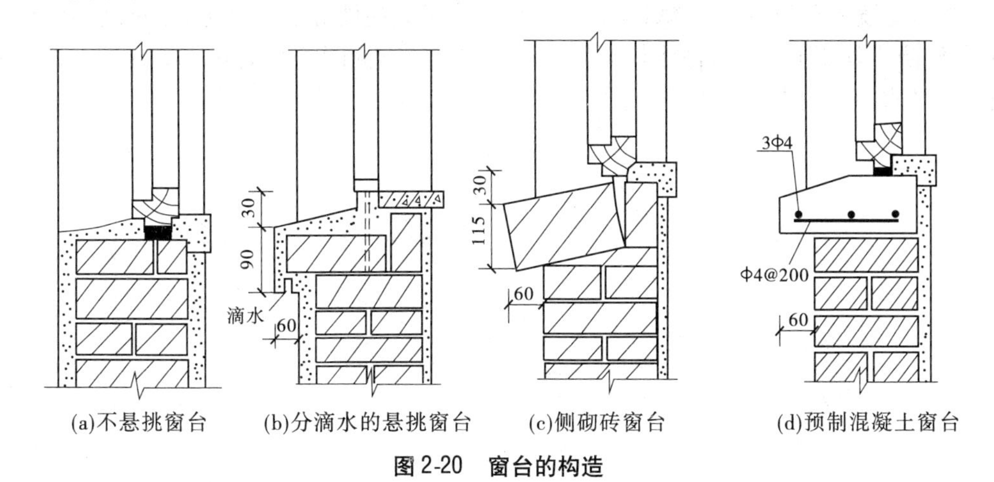

图 2-20　窗台的构造

3）墙脚的构造

墙脚是指室内地面以下、基础以上的这段墙体。内外墙都有墙脚，外墙墙脚又称勒脚。由于砖砌体本身存在很多微孔以及墙脚所处的位置，常有地表水和土壤水的渗入，影响室内卫生环境，因此必须做好墙脚防潮措施（防潮措施见本章第五节），增强勒脚的坚固及耐久性，排除房屋四周地面水。

（1）勒脚。

勒脚的作用是防止外界碰撞、防止地表水对墙脚的侵蚀、增强建筑物立面美观，所以要求勒脚坚固、防水和美观。勒脚一般采用以下三种构造做法，如图 2-21 所示。

抹灰：对一般建筑，可采用 20 mm 厚 1∶3水泥砂浆抹面，1∶2水泥白石子浆水刷石或斩假石抹面。

贴面：标准较高的建筑，可用天然石材或人工石材，如花岗石、水磨石等。

石砌：整个勒脚采用强度高、耐久性和防水性好的材料砌筑，如条石等。

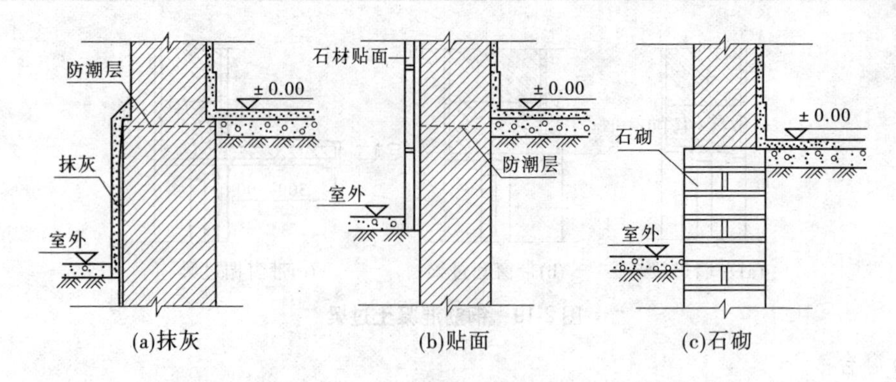

图2-21　勒脚构造做法

(2)散水与明沟。

房屋四周可采用散水或明沟排除雨水。当屋面为有组织排水时一般设明沟或暗沟,也可设散水。屋面为无组织排水时一般设散水,但应加滴水砖(石)带。散水的做法通常是在素土夯实上铺三合土、混凝土等材料,厚60～70 mm。散水应设不小于3%的排水坡。散水宽度一般为600～1 000 mm。散水与外墙交接处应设分格缝,分格缝用弹性材料嵌缝,防止外墙下沉时将散水拉裂。散水整体面层纵向距离每隔6～12 m做一道伸缩缝。散水的构造做法如图2-22所示。

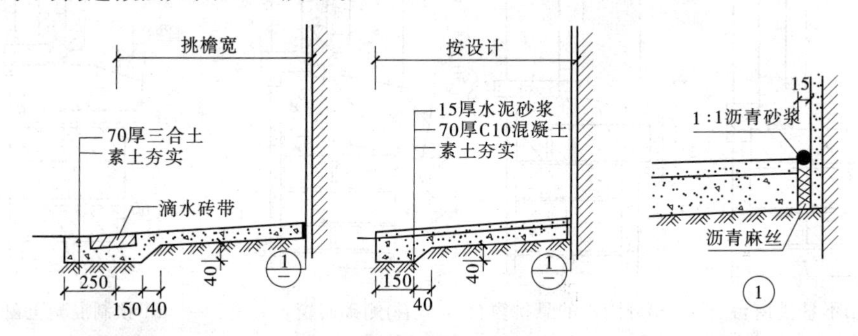

图2-22　散水的构造做法

明沟的构造做法可用砖砌、石砌、混凝土现浇,沟底应做纵坡,坡度为0.5%～1%,坡向窨井。宽度为220～350 mm,沟中心应正对屋檐滴水位置,外墙与明沟之间应做散水。明沟的构造做法如图2-23所示。

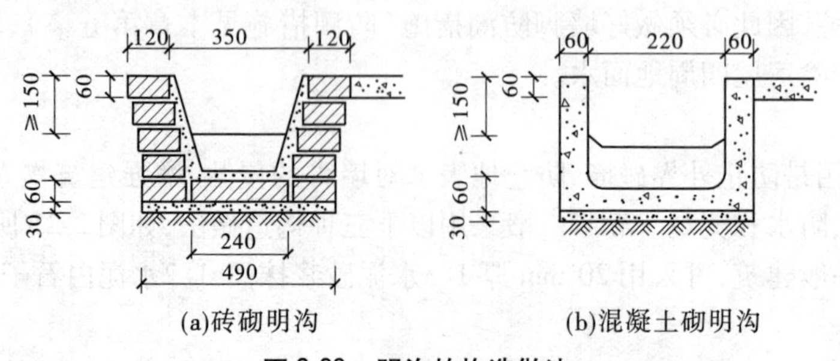

图2-23　明沟的构造做法

4)墙体加固措施

(1)壁柱。

当墙体的窗间墙上出现集中荷载,而墙厚又不足以承担其荷载时,或当墙体的长度和高度超过一定限度并影响到墙体稳定性时,为了使之与墙体共同承担荷载和稳定墙体,常在墙体局部适当位置增设凸出墙面的壁柱以提高墙体刚度。

墙体受到集中荷载或墙体过长(如 240 mm 厚,长超过 6 m)时,应增设壁柱。壁柱突出墙面的尺寸一般为 240 mm×370 mm、240 mm×490 mm 或根据结构计算确定。尺寸应符合砖的规格而且应考虑到灰缝的错缝要求,如图 2-24 所示。

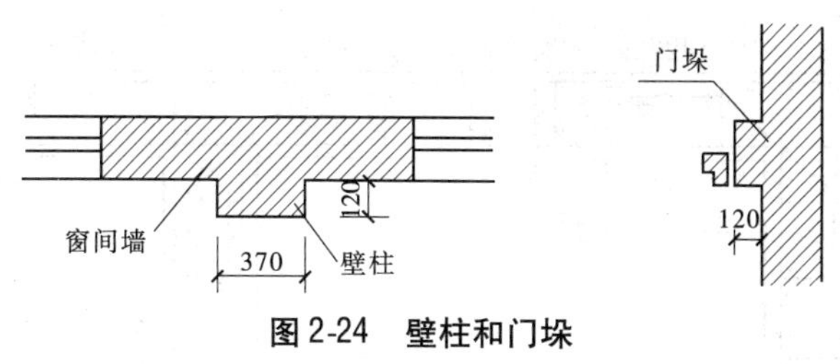

图 2-24　壁柱和门垛

(2)门垛。

当在较薄的墙体上开设门洞时,为保证墙身稳定和门框安装,须在门靠墙转角处或丁字接头墙体的一边设置门垛。门垛凸出墙面不少于 120 mm,宽度同墙厚,如图 2-24 所示。

(3)圈梁。

圈梁是沿外墙四周及部分内墙设置的,在同一水平面上连续闭合的梁式构件。圈梁配合楼板共同作用可提高建筑物的空间刚度及整体性,增加墙体的稳定性,减少不均匀沉降而引起的墙身开裂。对于抗震设防地区,圈梁和构造柱一起形成骨架,可提高抗震能力。

圈梁设在房屋四周外墙及部分内墙中,并处于同一水平高度,像箍一样把墙箍住。屋盖处必须设置,楼板处隔层设置,当地基不好时在基础顶面也应设置。圈梁主要沿纵墙设置,内横墙 10~15 m 设一道。建筑在软弱地基或不均匀地基上的砌体房屋,应在多层房屋的基础和顶层处各设置一道,其他各层可隔层设置,必要时也可层层设置。当抗震设防要求不同时,圈梁的设置要求有所不同。

圈梁有钢筋砖圈梁和钢筋混凝土圈梁两种,如图 2-25 所示。钢筋砖圈梁多用于非抗震区,结合钢筋砖过梁沿外墙形成。钢筋混凝土圈梁应采用现浇混凝土,混凝土强度等级不应低于 C20。圈梁的宽度同墙厚且不小于 180 mm,当墙厚 $h \geqslant 240$ mm 时,其宽度不宜小于 $2h/3$;高度不应小于 120 mm,并与砖的皮数相适应。圈梁和门窗过梁统一考虑,可用圈梁代替门窗过梁。圈梁纵向钢筋不应少于 4 Φ 10,箍筋间距不应大于 300 mm。圈梁兼做过梁时,过梁部分的钢筋应按计算用量另行增配。纵横墙交接处的圈梁应有可靠的连接,如图 2-26 所示。

圈梁必须在同一水平面上连续闭合,当圈梁被门窗洞口截断时,应在洞口上部增设相应截面的附加圈梁,如图 2-27 所示。

(4)构造柱。

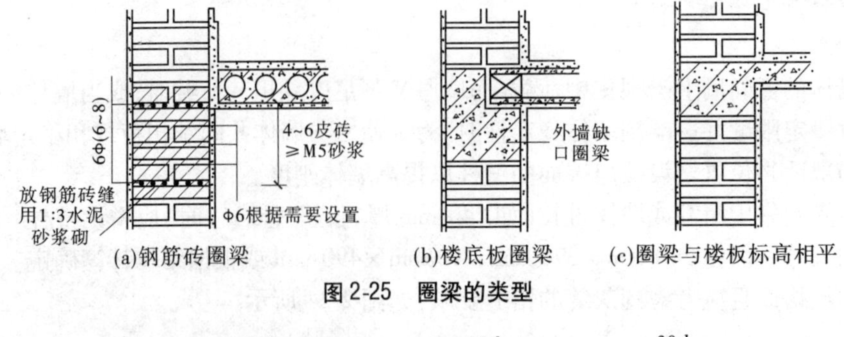

(a)钢筋砖圈梁　(b)楼底板圈梁　(c)圈梁与楼板标高相平

图 2-25　圈梁的类型

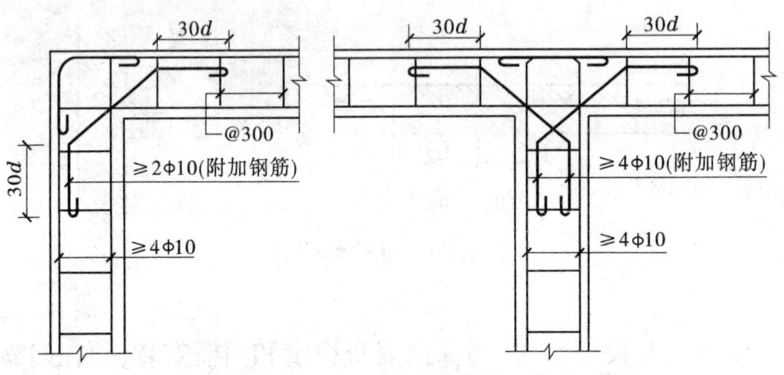

图 2-26　纵横墙交接处圈梁的配筋构造

构造柱是在多层砌体房屋中,设置在墙体转角或某些墙体中部的钢筋混凝土柱。其作用是从竖向加强墙体的连接,与圈梁形成空间骨架以加强砌体结构的整体刚度,提高墙体抵抗变形的能力,防止房屋在地震作用下突然倒塌和减轻房屋的损坏程度。

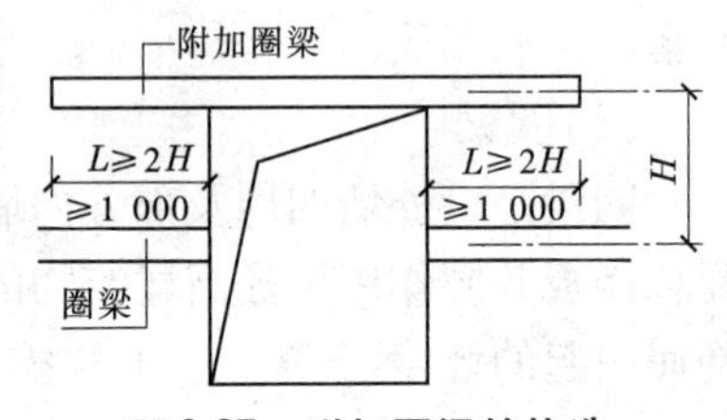

图 2-27　附加圈梁的构造

构造柱是从构造角度考虑设置的,是地震时防止房屋倒塌的一种有效措施。其一般的设置要求见表 2-2。

表 2-2　砖房构造柱设置要求

<table>
<tr><th colspan="4">房屋层数</th><th colspan="2" rowspan="2">设置部位</th></tr>
<tr><th>6 度</th><th>7 度</th><th>8 度</th><th>9 度</th></tr>
<tr><td>四、五</td><td>三、四</td><td>二、三</td><td></td><td rowspan="3">楼、电梯间四角,楼梯段上下端对应的墙体处;外墙四角和对应转角;错层部位横墙与外纵墙交接处,大房间内外墙交接处,较大洞口两侧</td><td>隔 15 m 或单元横墙与外纵墙交接处</td></tr>
<tr><td>六、七</td><td>五</td><td>四</td><td>二</td><td>隔开间横墙(轴线)与外墙交接处,山墙与内纵墙交接处</td></tr>
<tr><td>八</td><td>六、七</td><td>五、六</td><td>三、四</td><td>内墙(轴线)与外墙交接处,内墙的局部较小墙垛处;9 度时内纵墙与横墙(轴线)交接处</td></tr>
</table>

构造柱的构造如图 2-28 所示。构造柱的最小截面尺寸可采用 180 mm×240 mm(墙

厚 190 mm 时为 180 mm×190 mm)，纵向钢筋宜采用 4 Φ 12，箍筋间距不宜大于 250 mm，且在柱上下端应适当加密；6、7 度时超过六层，8 度时超过五层和 9 度时，构造柱纵向钢筋宜采用 4 Φ 14，箍筋间距不应大于 200 mm；房屋四角的构造柱应适当加大截面及配筋。构造柱与墙连接处应砌成马牙槎，并应沿墙高每隔 500 mm 设 2 Φ 6 水平钢筋和Φ 4 分布钢筋平面内点焊组成的拉结网片或Φ 4 点焊钢筋网片，每边伸入墙内不少于 1 m。6、7 度时底部 1/3 楼层，8 度时底部 1/2 楼层，9 度时全部楼层，上述拉结钢筋网片应沿墙体水平通长设置。构造柱与圈梁连接处，构造柱的纵筋应在圈梁纵筋内侧穿过，保证构造柱纵筋上下贯通。构造柱可不单独设置基础，但应伸入室外地坪以下 500 mm，或与埋深小于 500 mm 的基础圈梁相连。纵向钢筋上部应伸入屋顶圈梁(无女儿墙)或女儿墙顶(有女儿墙)；屋顶如有女儿墙，则女儿墙中每开间必设构造柱，此构造柱纵向钢筋与屋顶圈梁连接。

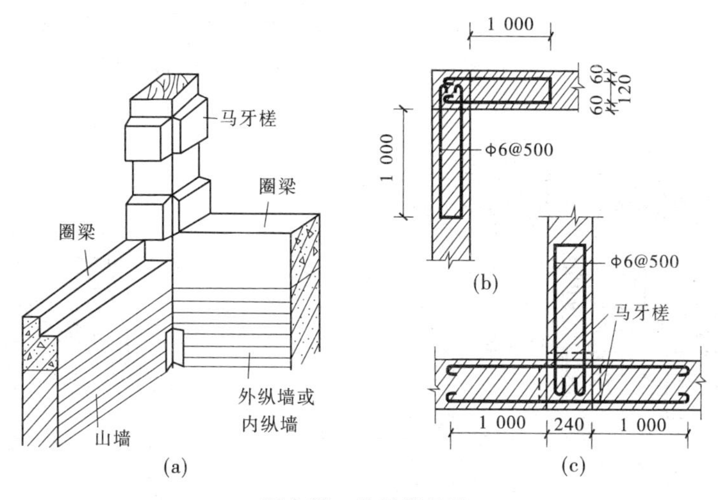

图 2-28　构造柱构造

(三)隔墙的构造

1. 隔墙的作用

隔墙是分隔建筑物内部空间的非承重构件，本身重量由楼板或梁来承担。设计要求隔墙自重轻，厚度薄，有隔音和防火性能，便于拆卸，浴室、厕所的隔墙能防潮、防水。不到顶的隔墙称为隔断。常用隔墙有块材隔墙、轻骨架隔墙和板材隔墙三大类。

2. 隔墙的类型与构造

1)块材隔墙

块材隔墙是用普通黏土砖、空心砖、加气混凝土块等块材砌筑而成的，常采用普通砖隔墙和砌块隔墙两种。对于钢筋混凝土中的砌体填充墙，要求填充墙在平面和竖向布置，宜均匀对称，避免形成薄弱层或短柱；砌体砂浆强度等级不宜低于 M5，实心块体的强度等级不宜低于 MU3.5，墙顶应与框架梁密切结合；填充墙应沿框架柱全高每隔 500～600 mm 设 2 Φ 6 拉筋，拉筋深入墙内长度：6、7 度时宜沿墙全长贯通，8、9 度时应全长贯通；墙长大于 5 m 时，墙顶与梁宜有拉结；墙长超过 8 m 或层高 2 倍时，宜设置钢筋混凝土构造柱；墙高超过 4 m 时，墙体半高宜设置与柱连接且沿墙全长贯通的钢筋混凝土水平系梁；楼梯间和人向通道的填充墙,尚应采用钢丝网砂浆平面加强。

(1)普通砖隔墙。

普通砖隔墙一般采用1/2砖(120 mm)隔墙。1/2砖墙用普通黏土砖采用全顺式砌筑而成,砌筑砂浆强度等级不低于M5,砌筑较大面积墙体时,长度超过6 m应设砖壁柱,高度超过5 m应在门过梁处设通长钢筋混凝土带,在砖墙砌到楼板底或梁底时,将立砖斜砌一皮,或将空隙塞木楔打紧,然后用砂浆填缝。隔墙上有门时,要预埋铁件或将带有木楔的混凝土预制块砌入隔墙中以固定门框。半砖隔墙,坚固耐久,有一定的隔音能力,但自重大,湿作业多,施工麻烦。

(2)砌块隔墙。

为减轻隔墙自重,可采用轻质砌块,目前常用的有加气混凝土块、粉煤灰硅酸盐块和水泥炉渣空心砖等砌筑的墙体。墙厚一般为90~120 mm,加固措施同1/2砖隔墙做法。砌块不够整块时宜用普通黏土砖填补。砌块大多具有质轻、孔隙率大、隔热性好等优点,但吸水性强,故在砌筑时先在墙下部实砌3~5皮实心黏土砖做垫层。砌块隔墙如图2-29所示。

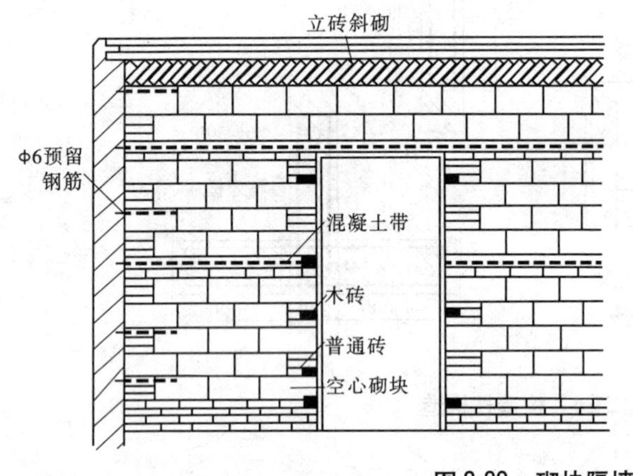

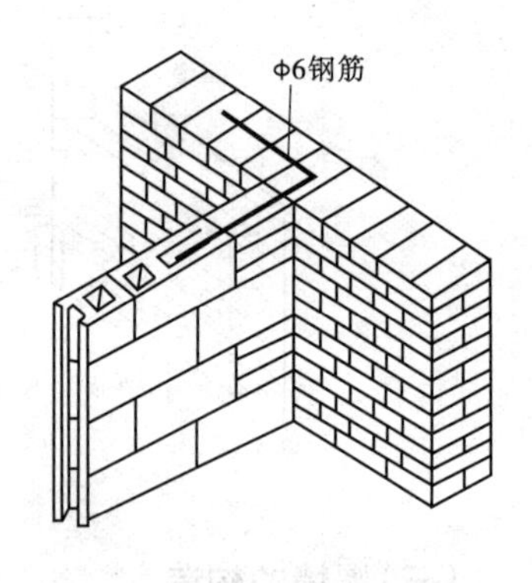

图2-29 砌块隔墙

2)轻骨架隔墙

轻骨架隔墙由骨架和面板层两部分组成。

(1)骨架。

骨架有木骨架和金属骨架之分,为节约木材和钢材,出现了不少采用工业废料和地方材料以及轻金属制成的骨架。木骨架由上槛、下槛、墙筋、斜撑及横挡组成。轻钢骨架由各种形式的薄壁型钢制成,其主要优点是强度高、刚度大、自重轻、整体性好、易于加工和大批量生产,还可根据需要拆卸和组装,如图2-30所示。

(2)面板层。

面板有板条抹灰、钢丝网板条抹灰、胶合板、纤维板、硅钙板、塑铝板、石膏板等。由于先立墙筋(骨架),再做面层,故又称为立筋式隔墙。面层有抹灰面层和人造板材面层。抹灰面层常用木骨架,即传统的板条抹灰隔墙。人造板材面层可用木骨架或轻钢骨架。人造板材面层多为人造面板,如胶合板、纤维板、石膏板、塑料板等。人造板与骨架的关系

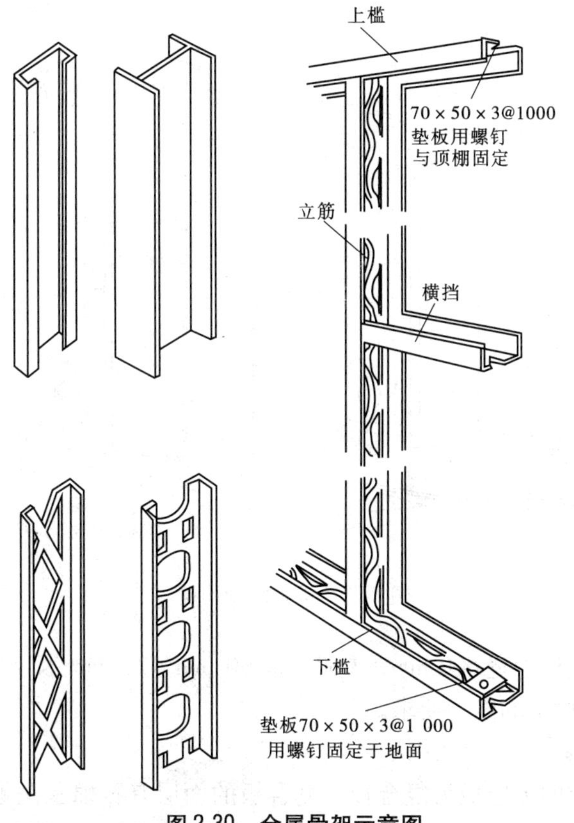

图 2-30 金属骨架示意图

有两种:一种是在骨架的两面或一面,用压条压缝或不用压条压缝,称为贴面式;另一种是将板材置于骨架中间,四周用压条压住,称为镶板式。人造板在骨架上的固定方法有钉、粘、卡三种。

采用轻钢骨架时,往往用骨架上的舌片或特制的夹具将面板卡到轻钢骨架上。

3)板材隔墙

板材隔墙的各种轻质板材的高度相当于房间净高,不依赖骨架,可直接装配而成,目前多采用条板,如碳化石灰板、加气混凝土条板、石膏空心条板、纸蜂窝板、水泥刨花板、复合板等,如图 2-31 所示。

(1)碳化石灰板隔墙。

碳化石灰板是以磨细的生石灰为主要原料,掺 3% ~4%(质量比)的短玻璃纤维,加水搅拌,振动成型,利用石灰窑的废气碳化而成的空心板。一般的规格为长 2 700 ~3 000 mm、宽 500 ~800 mm、厚 90 ~120 mm。安装时用一对对口木楔在板底将板楔紧。碳化石灰板材料来源广泛、生产工艺简易、成本低廉、密度小、隔音效果好。

(2)加气混凝土条板隔墙。

加气混凝土条板的安装同碳化石灰板隔墙。加气混凝土条板具有自重轻,节省水泥,运输方便,施工简单,可锯、可刨、可钉等优点。

(3)石膏空心条板。

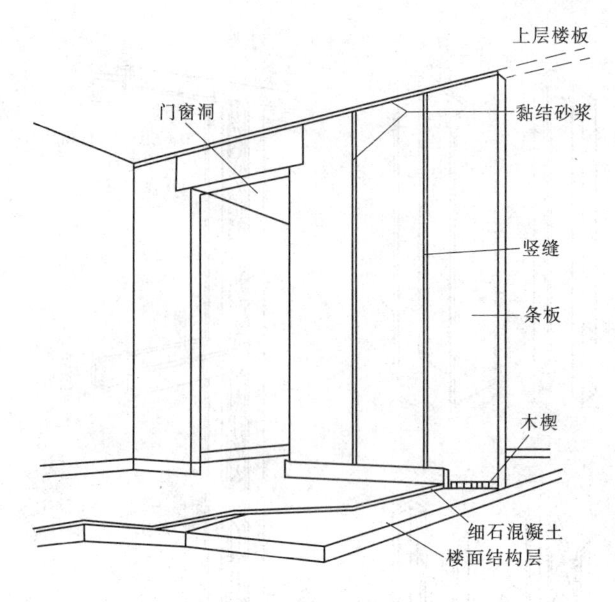

图2-31　板材隔墙构造

石膏空心条板规格为宽600 mm,厚60 mm、90 mm、120 mm,长2 100～3 600 mm,能满足防火、隔音及抗撞击的能力要求。

(4)复合板隔墙。

用几种材料制成的多层板为复合板。复合板的面层有石棉水泥板、石膏板、铝板、树脂板、硬质纤维板、压型钢板等。夹心材料可用矿棉、木质纤维、泡沫塑料和蜂窝状材料等。复合板充分利用材料的性能,大多具有强度高,耐火、防水、隔音性能好的优点,且安装、拆卸简便,有利于建筑工业化。

三、门和窗

(一)概述

1.门窗的作用

门在房屋建筑中的作用主要是交通联系,并兼采光和通风;窗的作用主要是采光、通风及眺望。在不同的情况下,门和窗还有分隔、保温、隔音、防火、防辐射、防风沙等作用。门窗在建筑立面构图中的影响也较大,它的尺度、比例、形状、组合、透光材料的类型等,都影响着建筑的艺术效果。

2.门的形式与尺度

门按开启方式通常有:平开门、弹簧门、推拉门、折叠门、转门等,如图2-32所示。

门的尺度通常是指门洞的高宽尺寸。门作为交通疏散通道,其尺度取决于人的通行要求、家具器械的搬运及与建筑物的比例关系等,并要符合《建筑模数协调标准》(GB/T 50002—2013)的规定。

门的高度:不宜小于2 100 mm。门洞高度为2 400～3 000 mm时,一般要设有亮子,亮子高度为300～600 mm。公共建筑大门的高度可视需要适当提高。

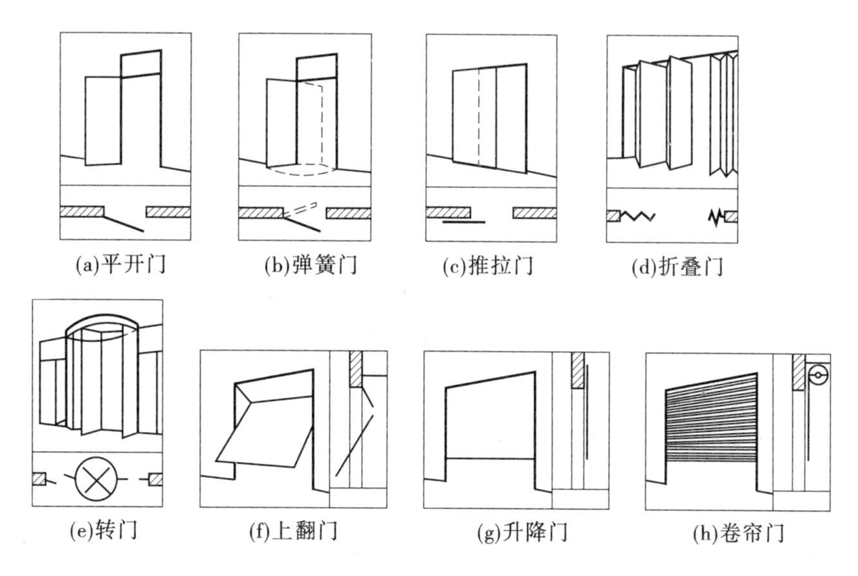

图 2-32　门的开启方式

门的宽度:单扇门为 700 ~ 1 000 mm,双扇门为 1 200 ~ 1 800 mm。宽度在 2 100 mm 以上时,做成三扇门、四扇门或双扇带固定扇的门,因为门扇过宽易产生翘曲变形,同时不利于开启。辅助房间(如浴厕、贮藏室等)门的宽度可窄些,一般为 700 ~ 800 mm。

3. 窗的形式与尺度

窗的形式一般按开启方式定,主要取决于窗扇铰链安装的位置和转动方式。通常窗的开启方式有固定窗、平开窗、悬窗、立转窗、推拉窗和百叶窗,如图 2-33 所示。

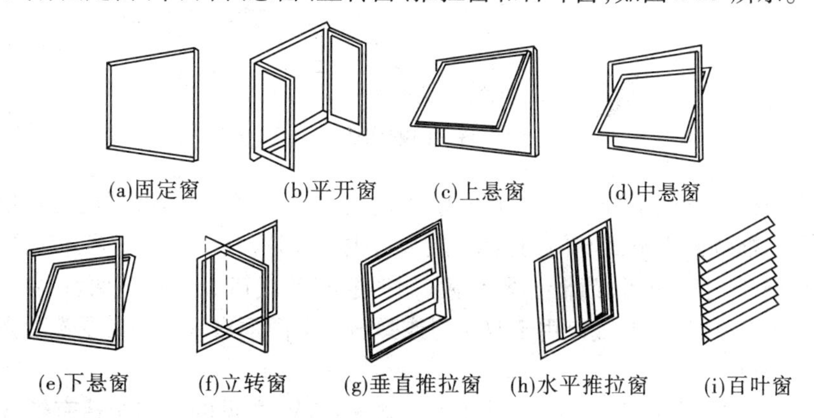

图 2-33　窗的开启方式

窗的尺度主要取决于房间的采光、通风、构造做法和建筑造型等要求,并要符合现行《建筑模数协调标准》(GB/T 50002—2013)的规定。为使窗坚固耐久,一般平开木窗的窗扇高度为 800 ~ 1 200 mm,宽度不宜大于 500 mm;上下悬窗的窗扇高度为 300 ~ 600 mm;中悬窗的窗扇高度不宜大于 1 200 mm,宽度不宜大于 1 000 mm;推拉窗高宽均不宜大于 1 500 mm。对一般民用建筑用窗,各地均有通用图,各类窗的高度与宽度尺寸通常采用扩大模数3M数列作为洞口的标志尺寸,需要时只要按所需类型及尺度大小直接选用。

(二)木门窗的构造

1. 木门的构造组成

木门主要由门框、门扇、五金件和附件组成,如图2-34所示。为了通风、采光,可在门的上部设亮窗(俗称上亮子),有固定、平开及悬窗等形式。为了加强密封性能或改善装修效果,通常把门框与墙间的缝隙用木条盖缝,称门头线,俗称贴脸。

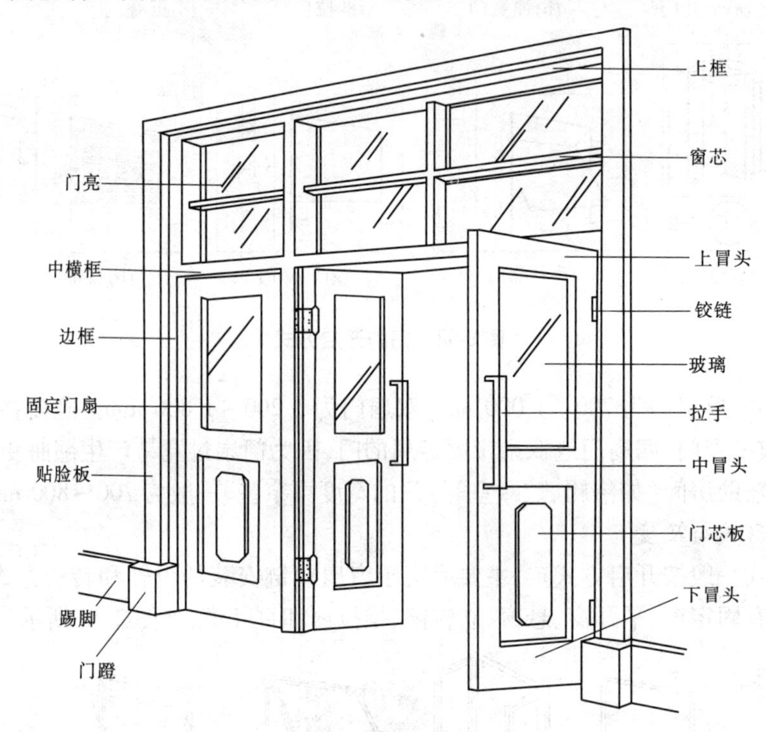

图2-34 门的构造组成

门框由边框、上框、下槛和中横框组成,多扇门还有中竖框,考虑到使用方便,门大多不设下槛。门框的断面形式与门的类型、层数有关,同时应利于门的安装并应具有一定的密闭性。为便于门扇密闭,门框上要有裁口,一般有单裁口和双裁口两种,如图2-35所示。单裁口用于单层门,双裁口用于双层门或弹簧门。门框靠墙一面易受潮变形,常在该面开1~2道背槽。

门扇由上冒头、中冒头、下冒头、边框及门芯板组成,常见的门扇构造有镶板门(包括玻璃门、纱门)、夹板门和拼板门等。

五金零件常见的有铰链、门锁、插销、拉手、停门器、风钩等。

2. 木窗的构造组成

木窗的组成与木门相似,由窗框(或称窗樘)、窗扇、五金零件及附件等组成。

窗框一般由上框、下框、中横框、中竖框及边框等组成。窗框与门框一样,在构造上应有裁口及背槽处理,裁口亦有单裁口与双裁口之分,如图2-36所示。

窗扇由上冒头、中冒头、下冒头和边梃榫接而成,有时为划分窗格还要设置窗芯(又

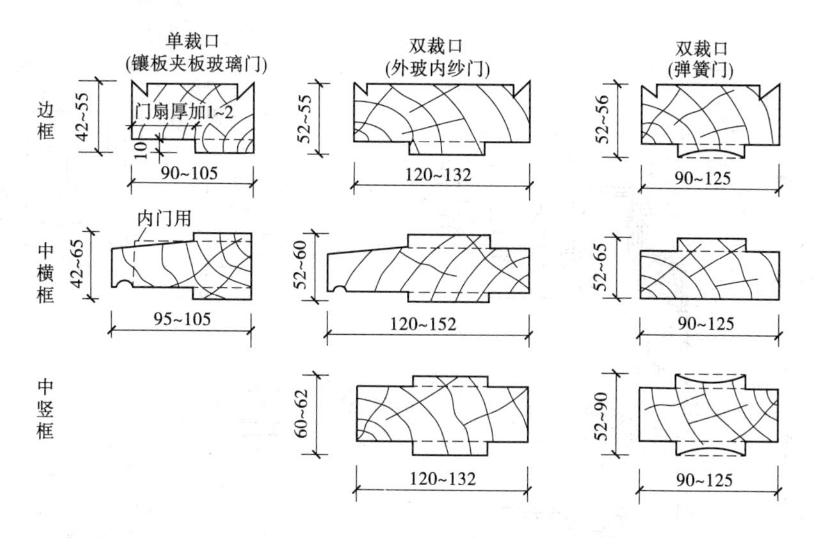

图 2-35 门框的断面形式与尺寸

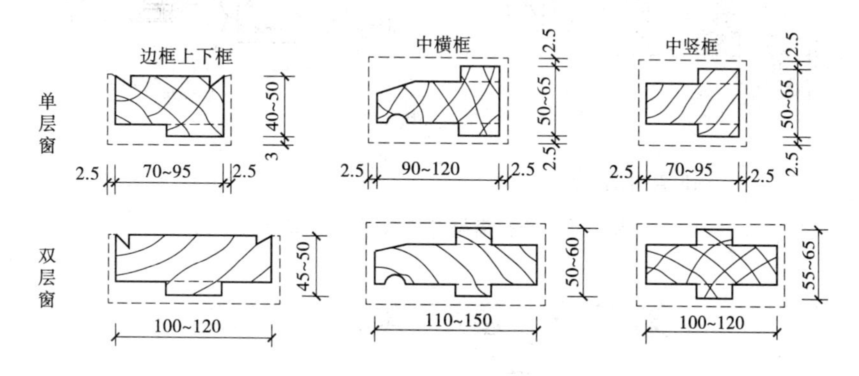

图 2-36 窗框的断面形式与尺寸

称窗棂)。常见的木窗扇有玻璃扇和纱窗扇。

五金零件常见的有铰链、插销、拉手、导轨、滑轮、风钩等。

窗框与墙的连接处,为满足不同的要求,有时加有贴脸、窗台板、窗帘盒等。

(三)塑钢门窗

塑钢门窗是以改性硬质聚氯乙烯(简称 UPVC)为主要原料,加上一定比例的稳定剂、着色剂、填充剂、紫外线吸收剂等辅助剂,经挤压机挤出成型为各种断面的中空异型材。经切割后,在其内腔衬以型钢加强筋,用热熔焊接机焊接成型为门窗框扇,配装上橡胶密封条、压条、五金件等附件而制成的门窗。它具有以下优点:强度好、耐冲击;保温隔热、节约能源;隔音性好;气密性、水密性好;耐腐蚀性强;防火;耐老化,使用寿命长;外观精美,清洗容易。

塑钢窗框与墙体的连接方式如图 2-37 所示。

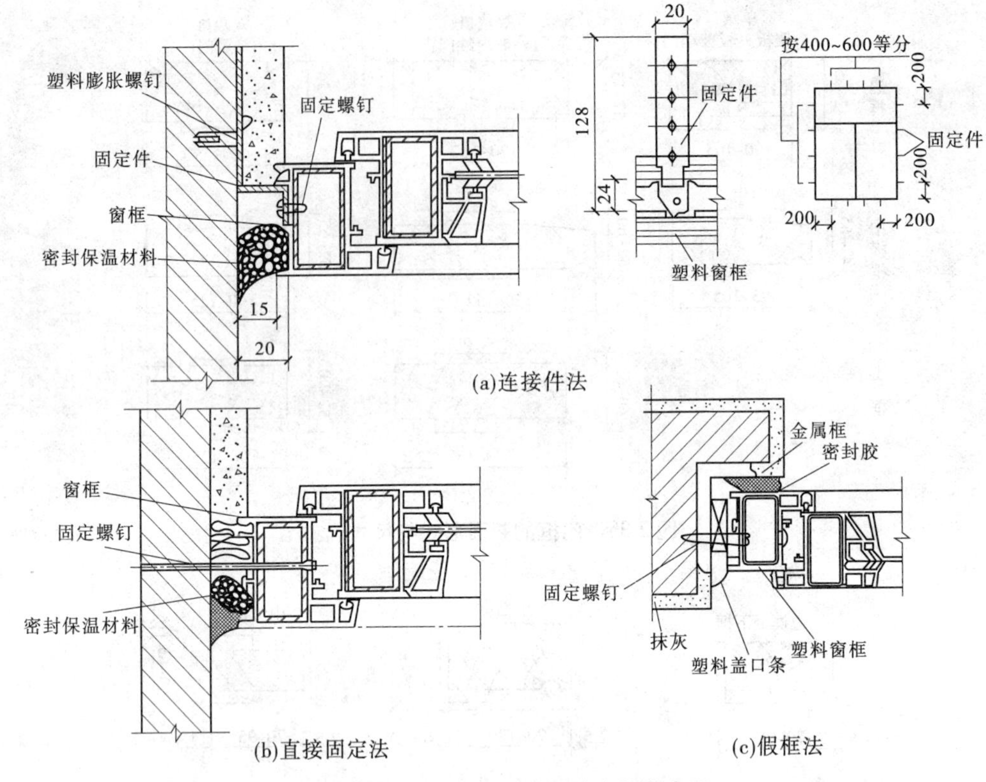

图2-37 塑钢窗框与墙体的连接节点图

第三节 楼层、地层与屋顶

一、楼层

(一)概述

1. 楼层的构造组成

楼层(楼板层)主要由面层、结构层和顶棚层三部分组成,为了满足保温、隔音、隔热等方面的要求,必要时可根据实际情况增设附加层(见图2-38)。

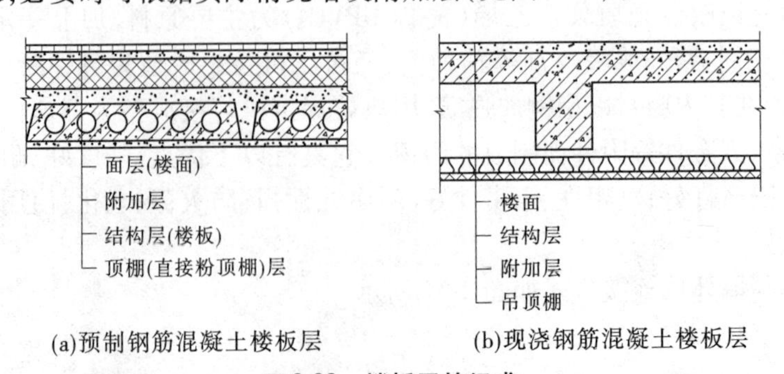

图2-38 楼板层的组成

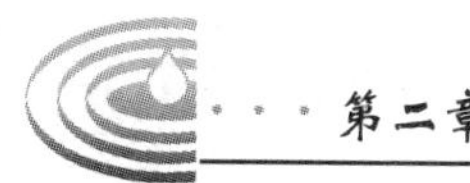

（1）面层：又称为楼面。起着保护楼板、承受并传递荷载的作用，同时对室内起美化装饰作用。

（2）结构层：即楼板，是楼层的承重部分，包括板和梁。

（3）顶棚层：位于楼层最下层，主要作用是保护楼板、安装灯具、敷设管线、装饰美化室内空间等。

（4）附加层：又称为功能层，根据楼板层的具体要求而设置。主要作用是隔音、隔热、保温、防水、防潮、防腐蚀、防静电等。根据需要，有时和面层合二为一，有时又和吊顶合为一体。

2. 楼板的类型

楼板根据所用材料不同可分为木楼板、钢筋混凝土楼板和压型钢板组合楼板等多种类型。

1）木楼板

木楼板由木梁、木地板组成，虽然有自重轻、构造简单、保温隔热性能好等优点，但其耐火性和耐久性差，为节约木材和满足防火要求，现采用较少。

2）钢筋混凝土楼板

钢筋混凝土楼板强度高、刚度大、耐久性和耐火性好，还具有良好的可塑性，便于工业化生产和施工，目前被广泛采用。

3）压型钢板组合楼板

压型钢板组合楼板是在钢筋混凝土基础上发展起来的，利用钢衬板作为楼板的受弯构件和底模，既提高了楼板的强度和刚度，又加快了施工进度，是目前正大力推广的一种新型楼板。

3. 设计要求

为了保证楼层在使用过程中的安全和使用质量，设计时应满足如下要求：

（1）楼层应具有足够的强度和刚度，以保证结构的安全及变形要求。

（2）根据建筑等级和房间的功能要求，楼层应具有不同程度的隔音、防火、防潮、保温、隔热等性能。

（3）便于在楼层中铺设各种管线。

（4）选择适当的构造方案，以减少材料消耗，降低工程造价，满足建筑经济的要求。

（二）钢筋混凝土楼板的构造

钢筋混凝土楼板按其施工方法不同，分为现浇式、预制装配式和装配整体式。

1. 现浇钢筋混凝土楼板

现浇钢筋混凝土楼板是在施工现场通过架设模板、绑扎钢筋、浇筑混凝土、养护等工序而成型的楼板。这种楼板具有模板用量大、施工速度慢、受施工季节的影响较大等缺点；但它具有成型自由、布置管线方便、整体性和防水性好等优点，又由于近年来工具式模板的采用和现场机械化程度的不断提高，现浇钢筋混凝土楼板目前被广泛应用。

现浇钢筋混凝土楼板根据受力和传力情况不同，分为板式楼板、梁板式楼板、无梁楼板和压型钢板组合楼板等。

1)板式楼板

楼板内不设置梁,将板直接搁置在墙上的楼板称为板式楼板。楼板根据受力特点和支承情况分为单向板和双向板(见图2-39)。当板的长边与短边之比大于2时,板上的荷载基本上沿短边传递,这种板称为单向板。当板的长边与短边之比小于或等于2时,板上的荷载沿双向传递,这种板称为双向板。

板式楼板底面平整、美观、施工方便,但板的跨度较小,经济跨度为2~3 m,适用于小跨度的房间或走廊,如居住建筑的厨房、卫生间等。板的厚度一般为60~120 mm。

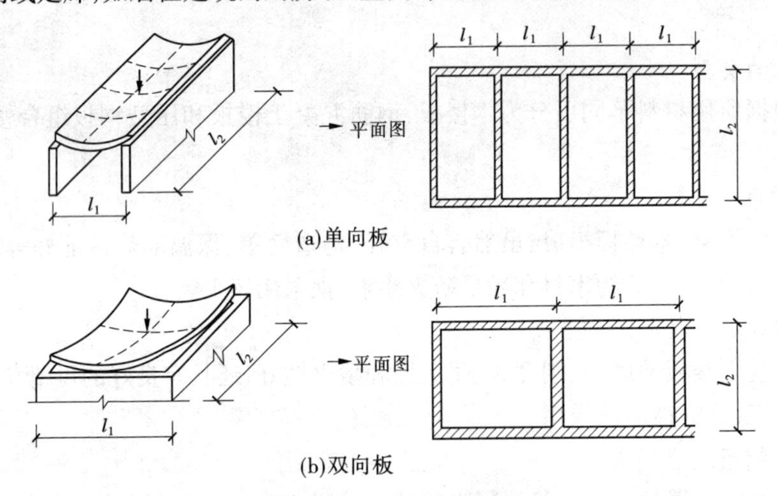

图2-39 楼板的受力、传力方式

2)梁板式楼板

对于平面尺寸较大的房间,若仍采用板式楼板,会因板跨较大而增加板厚。为此,通常在板下设梁来减小板跨。具体又分为肋形楼板和井式楼板。

(1)肋形楼板。

肋形楼板是由板、次梁、主梁组成的楼板(见图2-40)。

肋形楼板的荷载传递路线为板→次梁→主梁→柱(或墙)。主梁应沿房间的短跨布置,其经济跨度为5~8 m,梁高为跨度的1/14~1/8;次梁与主梁垂直,其经济跨度为4~6 m,梁高为梁跨度的1/18~1/12;主、次梁宽度均为各自梁高的1/3~1/2。板的跨度一般为1.5~3 m,板厚一般为60~80 mm。该楼板适用于房间跨度较大的建筑,如教学楼、办公楼、小型商店等。

(2)井式楼板。

井式楼板也是由梁、板组成的,但沿双向布置的梁没有主次之分,且梁的截面高度也相同,形成井格。井格与墙垂直的称为正井式,井格与墙倾斜成45°布置的称为斜井式(见图2-41)。井式楼板的跨度可达20~30 m,板跨为3.5~6 m,梁截面高度不小于梁跨度的1/15,宽度为梁高的1/4~1/2,且不小于120 mm。该楼板常用于房间跨度超过10 m、长短边之比小于1.5的公共建筑的门厅、大厅。

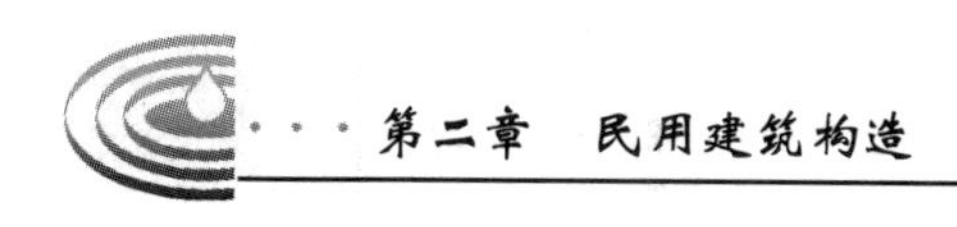

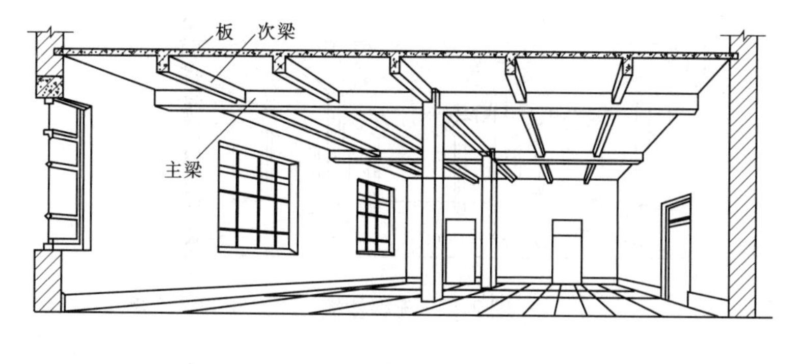

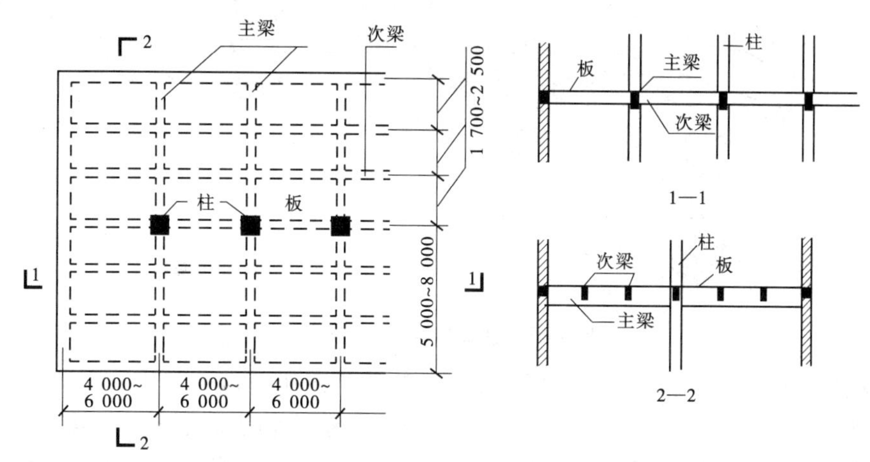

图 2-40　肋形楼板

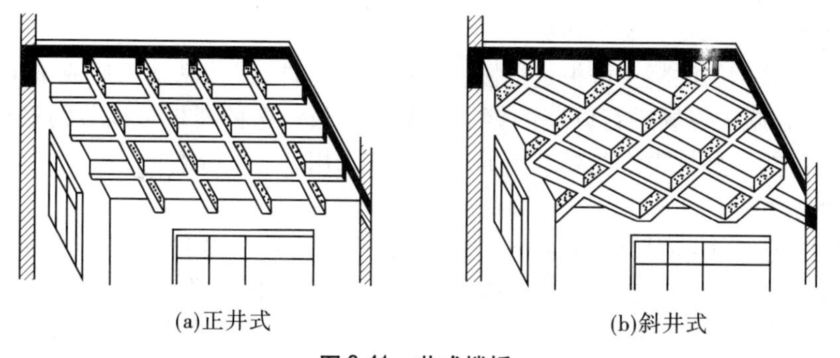

(a)正井式　　(b)斜井式

图 2-41　井式楼板

3)无梁楼板

无梁楼板是将楼板直接支承在柱上,不设主梁和次梁(见图 2-42)。柱网一般布置为正方形或矩形,柱距以 6 m 左右较为经济。为减少板跨和增加柱的支承面积,一般在柱顶上部设柱帽。由于板跨较大,板厚不宜小于 120 mm。该楼板多用于荷载较大的商店、仓库、展览馆等建筑。

4)压型钢板组合楼板

压型钢板组合楼板是利用截面为凹凸相间的压型钢板做衬板,在其上现浇混凝土面层,并以钢梁为支撑构成整体式楼板结构(见图 2-43)。

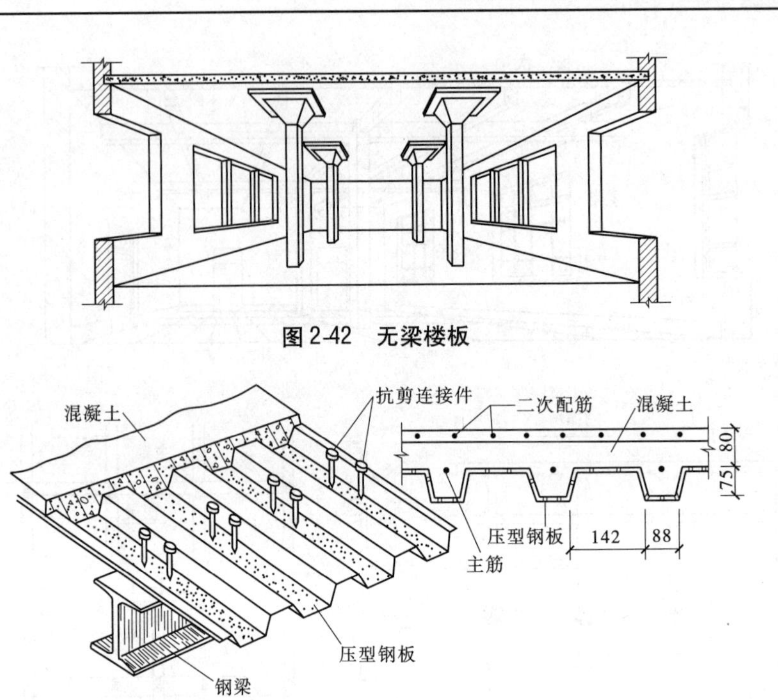

图 2-42　无梁楼板

图 2-43　压型钢板组合楼板

压型钢板组合楼板主要由钢梁、压型钢板和现浇混凝土三部分组成。压型钢板起着模板和受拉钢筋的双重作用,简化了施工程序,加快了施工速度,并且具有自重轻、刚度大等特点。同时,还可利用压型钢板肋间空间敷设电力、通信管线或通风管道。该楼板适用于高层建筑和大跨度厂房等。

2. 预制装配式钢筋混凝土楼板

预制装配式钢筋混凝土楼板是把楼板分成若干构件,在预制加工厂或施工现场外预先制作,然后在施工现场进行安装的钢筋混凝土楼板。这种楼板可以节约模板、提高工效,但整体性差,一些抗震设防要求高的地区不宜采用。

1)板的类型

预制构件按应力状况,可分为预应力和非预应力两种。预应力是通过张拉钢筋来对混凝土预加应力,使材料充分发挥效能。预应力构件比非预应力构件节约钢材 30% ~ 50%,节省混凝土 10% ~30%。

常用的预制板按截面形式可分为实心平板、槽形板和空心板三种。

(1)实心平板。

实心平板制作简单,一般用于跨度较小的部位,如走道板、平台板、管沟盖板等。板跨一般在 2. 4 m 以内,板宽为 500 ~900 mm,板厚为 50 ~80 mm(见图 2-44)。

(2)槽形板。

槽形板由板和边肋组成,是一种梁板结合的构件。由于荷载主要由板侧的纵肋承受,因此板可以做得较薄。当板跨较大时,在纵肋之间设置横肋增强其刚度,为了便于搁置,常将板两端用端肋封闭。槽形板的板跨为 3 ~7. 2 m,板宽 500 ~1 200 mm,板厚 25 ~30 mm,肋高 120 ~300 mm。搁置时,板有正置(肋向下)与倒置(肋向上)两种(见图 2-45)。

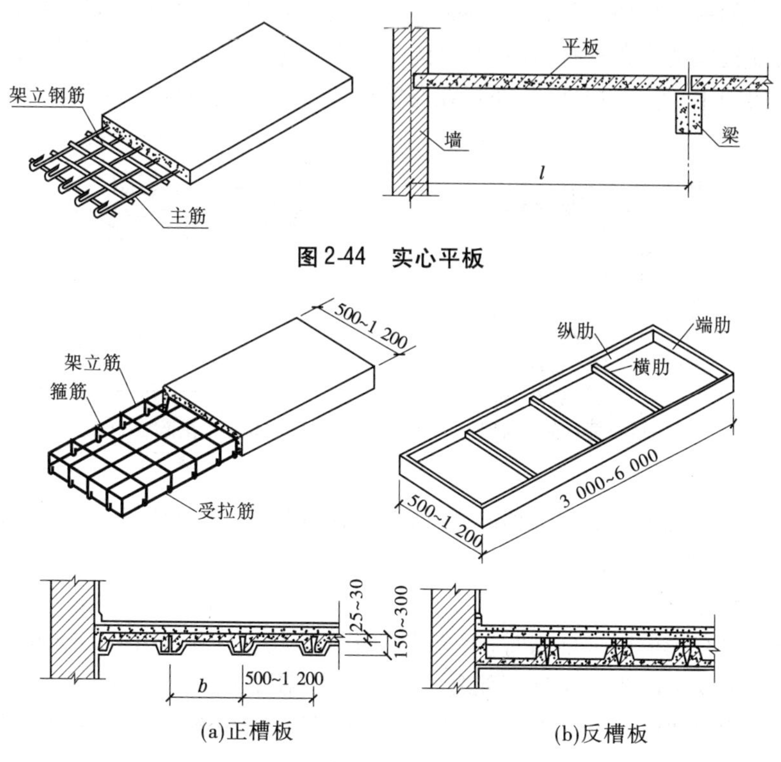

图 2-44 实心平板

图 2-45 槽形板

(3)空心板。

空心板是将平板沿纵向抽空而成,孔洞形状有圆形、椭圆形、矩形等,其中以圆孔板的制作最为方便,应用最广(见图 2-46)。空心板也是一种梁板结合的预制构件,其结构计算理论与槽形板相似,材料消耗也相近,但空心板上下板面平整,且隔音效果优于槽形板,因此是民用建筑中采用最为广泛的一种预制楼板。空心板的跨度一般为 2.4 ~7.2 m,板宽常为 500 ~1 200 mm,板厚常为 120 ~300 mm。在安装时,空心板孔的两端常用砖或混凝土块填塞(俗称堵头),以免在板端灌缝时漏浆,同时保证支座处不被压坏。

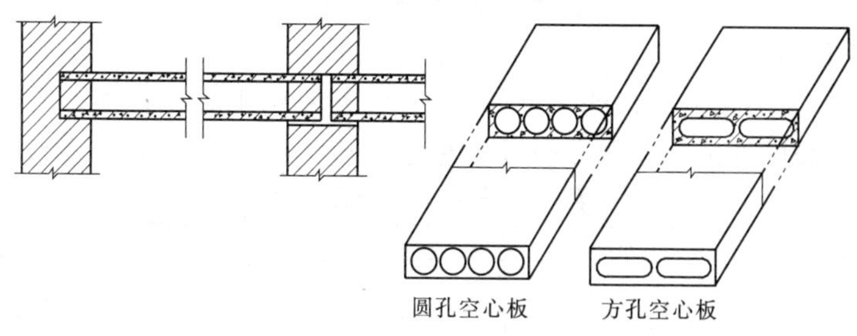

图 2-46 空心板

2)板的结构布置与细部构造

(1)板的布置方式。

板的布置方式应根据空间的大小、铺板的范围以及尽可能减少板的规格种类等因素综合考虑,以达到结构布置经济、合理的目的。一般有两种布置方式:一种是将预制板直

接布置在墙上的板式结构布置;另一种是将预制板布置在梁上的梁板式结构布置。

当采用梁板式结构布置时,板在梁上的布置方式一般有两种:一种是将板直接布置在矩形或T形梁顶上;另一种是将板布置在花篮梁或十字梁上(见图2-47)。

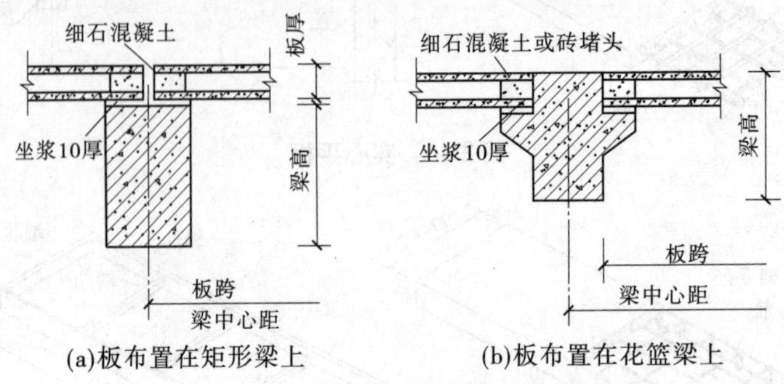

(a)板布置在矩形梁上　(b)板布置在花篮梁上

图2-47　板在梁上的布置

板的布置应避免出现三边支承的情况,即楼板的长边不得布置在梁或砖墙内,否则在荷载作用下,板会产生裂缝。

(2)板的布置。

当圈梁未设在板的同一标高时,板端伸进外墙的长度应不小于120 mm,伸进内墙的长度应不小于100 mm;支承于钢筋混凝土梁上时其搁置长度应不小于80 mm。铺板前,先在墙或梁上用厚20 mm M5的水泥砂浆找平(坐浆),然后铺板。此外,为增强建筑物的整体刚度,板与墙、梁之间及板与板之间常用钢筋拉结(见图2-48)。

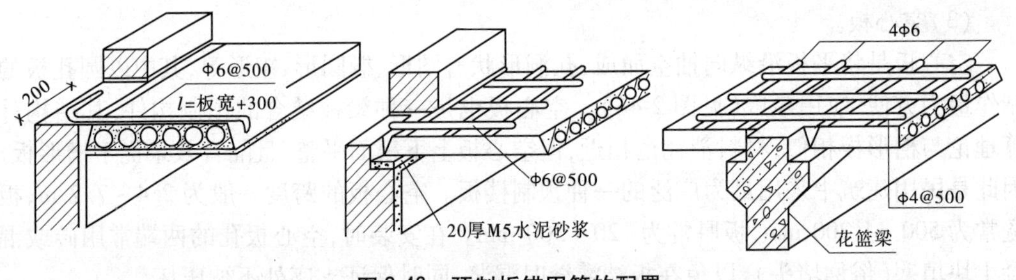

图2-48　预制板锚固筋的配置

(3)板缝差的处理。

结构布置时,应尽量减少板的类型和规格,以方便施工。在具体布置板时,当板宽尺寸之和与房间平面尺寸出现差额即板缝差时,处理方法见表2-3,做法参见图2-49。

表2-3　板缝差的处理方法

序号	板缝差	处理方法	序号	板缝差	处理方法
1	≤60 mm	调整板缝宽度	3	120~200 mm	局部现浇钢筋混凝土板带
2	60~120 mm	沿墙边挑砖	4	≥200 mm	调整板的规格

3.装配整体式钢筋混凝土楼板

装配整体式钢筋混凝土楼板是先预制部分构件,然后在现场安装,再以整体浇筑的办法将其连成一体的楼板。常用的有密肋填充块楼板和叠合式楼板两种。

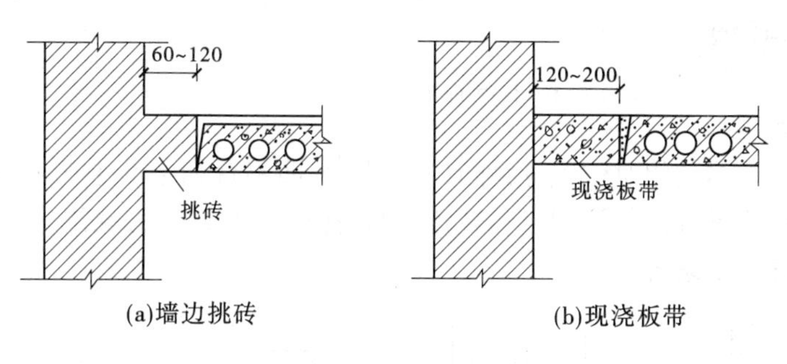

(a)墙边挑砖　(b)现浇板带

图2-49　板缝差的处理

(1)密肋填充块楼板由密肋楼板和填充块叠合而成,包括现浇密肋楼板、预制小梁密肋楼板等(见图2-50)。

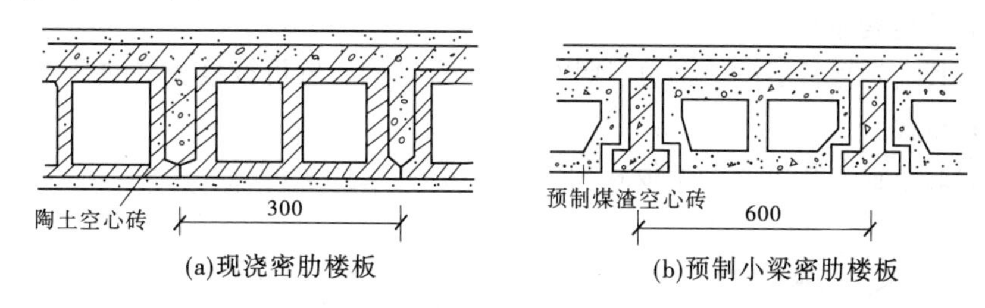

(a)现浇密肋楼板　(b)预制小梁密肋楼板

图2-50　密肋填充块楼板

(2)预制薄板与现浇混凝土面层叠合而成的装配整体式楼板,称为叠合式楼板。预制薄板既是楼板结构的组成部分之一,又是现浇钢筋混凝土叠合层的永久性模板。为了保证预制薄板与叠合层有较好的连接,薄板上表面需做处理,如将薄板表面做刻槽处理、板面露出较规则的三角结合钢筋等(见图2-51)。

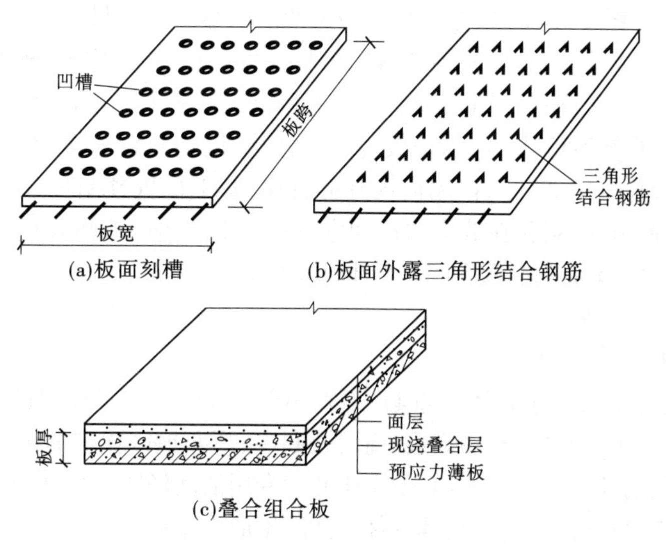

(a)板面刻槽　(b)板面外露三角形结合钢筋

(c)叠合组合板

图2-51　叠合式楼板

(三)阳台与雨篷

1. 阳台

1)阳台的类型

阳台按其与外墙的相对位置分为凸(挑)阳台、凹阳台和半凸半凹阳台(见图2-52),按其在建筑中的位置分为中间阳台和转角阳台,按施工方式分为现浇式钢筋混凝土阳台和装配式钢筋混凝土阳台。

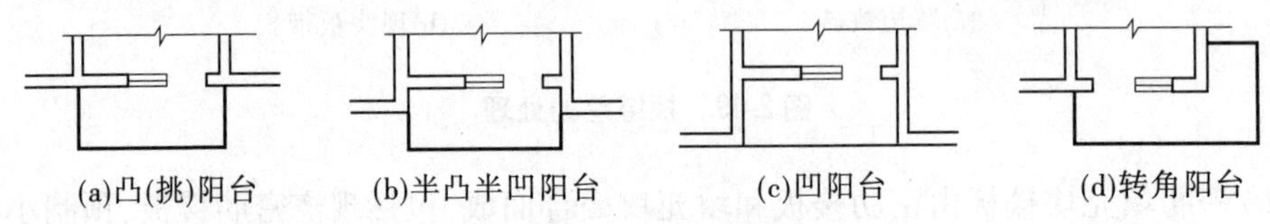

图2-52　阳台的类型

2)阳台的结构布置

凹阳台其实是楼板层的一部分,所以它的承重结构布置可按楼板层的受力分析进行,采用搁板式布置。

凸阳台的布置方案可分为挑板式和挑梁式两类(见图2-53)。

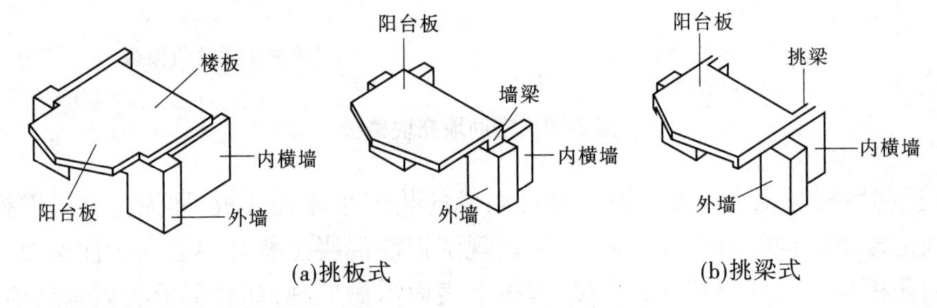

图2-53　凸阳台的结构布置

(1)挑板式(见图2-53(a)),是将阳台板悬挑。一般有两种做法:一种是将房间楼板直接向墙外悬挑形成阳台板;另一种是将阳台板和墙梁(过梁、圈梁)现浇在一起。挑板式阳台一般用于挑出长度≤1.2 m的凸阳台,利用纵墙承重来防止阳台倾覆。

(2)挑梁式(见图2-53(b)),当楼板为预制楼板,结构布置为横墙承重,或阳台悬挑尺寸较大时,可选择挑梁式。从横墙内向外伸挑梁,其上搁置预制板或与挑梁一起浇筑板。为防止阳台倾覆,挑梁压在墙中的长度应不小于1.5倍的挑出长度。挑梁式阳台一般用于挑出长度≤1.5 m的凸阳台和半凸半凹阳台。

3)阳台的细部构造

(1)阳台的栏杆和扶手。

栏杆(栏板)净高应高于人体的重心,不宜小于1.05 m,也不应超过1.2 m。栏杆一般由金属或混凝土等材料制作,中高层、高层及寒冷、严寒地区住宅的阳台宜采用实体栏板,住宅、托儿所、幼儿园、中小学及其他少年儿童专用活动场所的栏杆必须采取防止攀爬的构造,当采用垂直杆件做栏杆时,其杆件净间距不应大于0.11 m。

金属栏杆一般由圆钢、方钢、扁钢或钢管组成,它与阳台板的连接有两种方式:一种是直接插入阳台板的预留孔内,用砂浆灌注;另一种是与阳台板中预埋的通长扁钢焊接。扶手与金属栏杆的连接,根据扶手材料的不同有焊接、螺栓连接等。预制钢筋混凝土栏杆可直接插入扶手和面梁上的预留孔中,也可通过预埋件焊接固定(见图 2-54)。

栏板有钢筋混凝土栏板和玻璃栏板等。

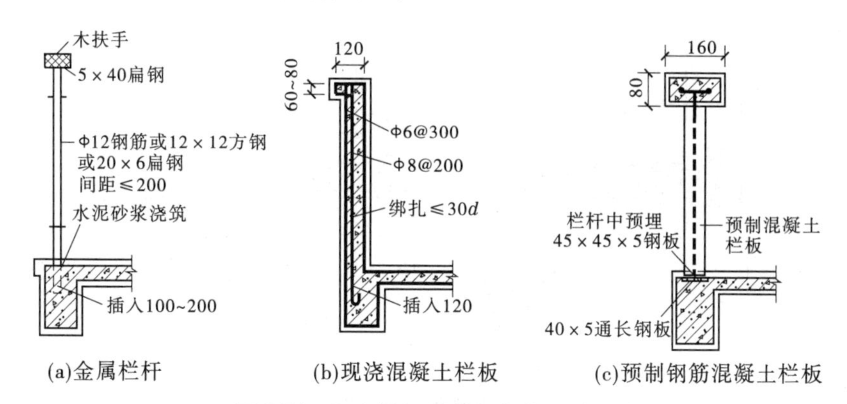

图 2-54　阳台栏杆(栏板)与扶手的构造

(2)阳台的排水。

为避免阳台上的雨水和积水流入室内,阳台须做好排水处理。首先阳台面应低于室内地面 20~50 mm,其次应在阳台面上设置不小于 1% 的排水坡。排水口内埋设直径为 40~50 mm 镀锌钢管或塑料管(称水舌),外挑长度不小于 80 mm(见图 2-55(a))。为避免阳台排水影响建筑物的立面形象,阳台的排水口可与雨水管相连,由雨水管排除阳台积水;或与室内排水管相连,由室内排水管排除阳台积水(见图 2-55(b))。

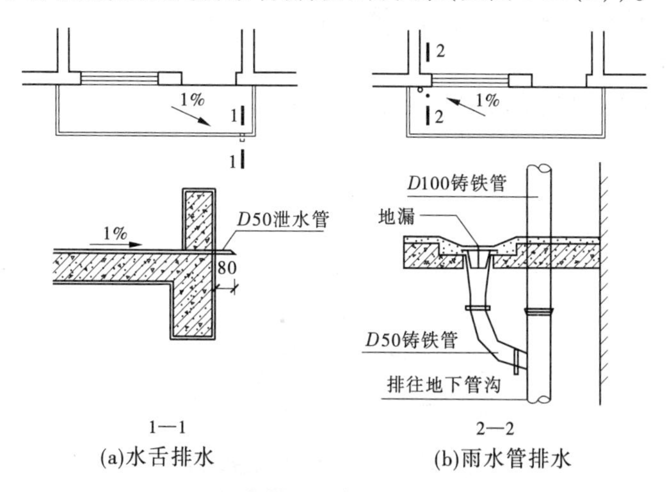

图 2-55　阳台排水构造

2. 雨篷

当代建筑的雨篷形式多样,按材料和结构分类有钢筋混凝土雨篷、钢结构悬挑雨篷、玻璃采光雨篷、软面折叠多用雨篷等。

1)钢筋混凝土雨篷

当挑出长度较大时,雨篷由梁、板、柱组成,其构造与楼板相同;当挑出长度较小时,雨篷与凸阳台一样做成悬臂构件,有板式和梁板式两种(见图 2-56)。雨篷顶面应做好防水

和排水处理。一般采用厚20 mm的防水砂浆抹面进行防水处理，防水砂浆应沿墙面上升，高度不小于250 mm，同时在板的下部边缘做滴水。顶面设置1%的排水坡，并在一侧或双侧设排水管将雨水排除。为了立面需要，可将雨水由雨水管集中排除，这时雨篷外缘上部需做挡水边坎。

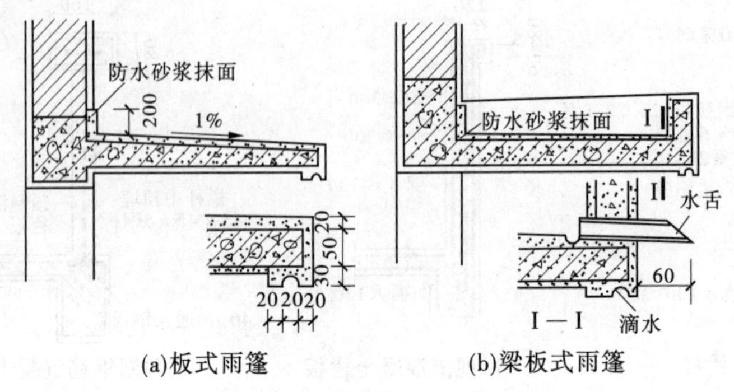

图2-56　钢筋混凝土雨篷构造

2）钢结构悬挑雨篷

钢结构悬挑雨篷由支撑系统、骨架系统和板面系统三部分组成。

3）玻璃采光雨篷

玻璃采光雨篷是用阳光板、钢化玻璃做雨篷面板的新型透光雨篷。

二、地层

地层按其与土壤之间的关系分为实铺地层和空铺地层。

（一）实铺地层

实铺地层一般由面层、垫层和基层三个基本层次组成，根据需要，可增设附加层（见图2-57）。

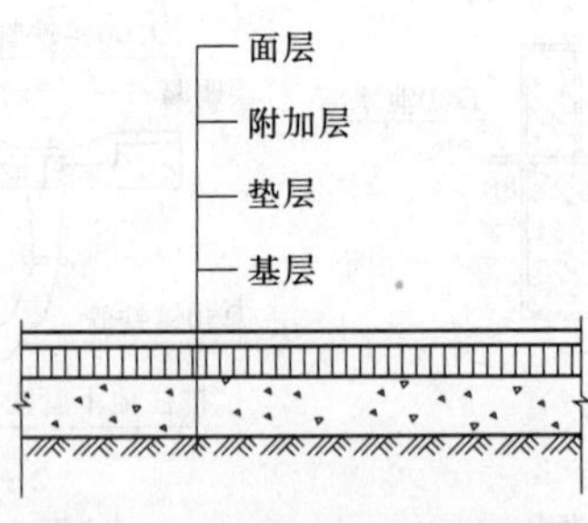

图2-57　实铺地层的构造组成

1. 面层

面层是人们日常生活直接接触的表面，与楼层的面层在构造和要求上一致。

2. 垫层

垫层是地层的结构层，起着承重和传力的作用。有刚性垫层和非刚性垫层之分。刚性垫层常用厚60～100 mm的C10混凝土，荷载大时可相应增加厚度或配筋。非刚性垫层常用厚80～100 mm的碎石灌水泥砂浆，厚60～100 mm的石灰炉渣，或厚100～150 mm的三合土。

3. 基层

基层即地基，一般为原土层或填土分层夯实。当上部荷载较大、土层较差时，可用换土或加入碎石、碎砖等方法对地基土进行加固处理。

4. 附加层

附加层是为了满足某些特殊使用功能而设置的一些构造层次，如结合层、保温层、防水层、管道敷设层等。

（二）空铺地层

为防止房屋底层房间受潮或满足某些特殊使用要求（如舞台、体育训练、比赛场等的地层需要有较好的弹性）将地层架空形成空铺地层（见图2-58）。

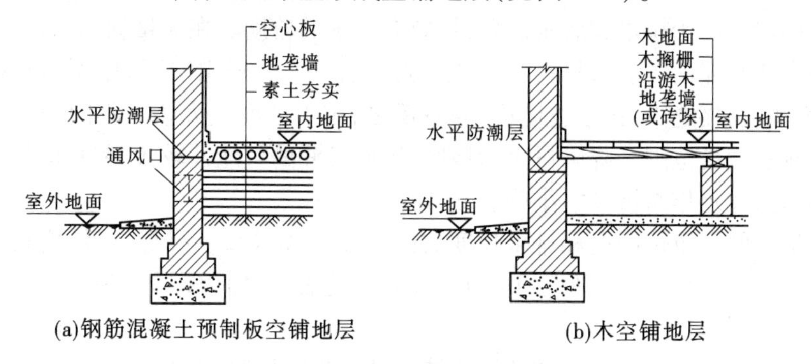

(a)钢筋混凝土预制板空铺地层　(b)木空铺地层

图2-58　空铺地层构造

三、屋顶

（一）概述

1. 屋顶的设计要求

（1）屋顶要能抵抗自然界中的风、雨、雪、太阳辐射等的侵袭，因此要求它具有防水、保温和隔热的性能，其中防止雨水渗漏是屋顶的基本功能要求。

（2）屋顶要承受风、雨、雪等荷载，所以要求它具有足够的强度、刚度和稳定性，地震区还应满足抗震设防要求。

（3）屋顶是建筑造型的主要组成部分，它的形式、色彩等对建筑立面和整体造型有很大的影响，因此屋顶应与建筑整体形象协调，满足建筑艺术要求。

（4）应满足构造简单、施工方便、经济合理等其他要求。

2. 类型

屋顶按其排水坡度和构造形式不同，可分为平屋顶（排水坡度≤10%，常用的坡度为2%～3%）、坡屋顶（排水坡度>10%）和曲面屋顶（承重结构多为空间结构，如薄壳结构、悬索结构、张拉膜结构和网架结构等）三类。按材料不同，可分为钢筋混凝土屋顶、瓦屋顶、金属屋顶和玻璃屋顶等。

3. 构造组成

（1）屋面。是屋顶最上面的层次，主要起防水作用，同时要承受施工荷载和使用时的维修荷载，以及自然界风吹、日晒、雨淋、大气腐蚀等的长期作用，因此屋面材料应有一定的强度、良好的防水性和耐久性。

(2)承重结构。平屋顶的承重结构一般采用钢筋混凝土屋面板,其构造与钢筋混凝土楼板类似;坡屋顶的承重结构一般采用屋架、横墙、木构架等;曲面屋顶的承重结构属于空间结构。

(3)顶棚。位于屋顶的底部,用来满足室内对顶部的平整度和美观等要求。

(4)保温隔热层。屋顶有保温隔热要求时,需要在屋顶中设置相应的保温隔热层,以防止外界温度变化对建筑物室内空间带来的影响。

(二)屋顶的排水

1. 屋顶坡度

1)排水坡度的选择和表示方法

建筑中的屋顶由于排水和防水需要,均要有一定的坡度。在大量的民用建筑中,屋顶的排水坡度主要与屋面的防水材料和当地降雨量有关。一般情况下,屋面防水材料抗渗性好,单块面积大,接缝少,排水坡度可小些;反之,排水坡度应大些。不同的屋面防水材料有各自的排水坡度范围。降雨量大的地区,屋面渗漏的可能性较大,屋顶的排水坡度应适当加大;反之,屋顶排水坡度宜小些。

屋顶的坡度常用单位高度和排水长度的比值表示,如1∶2、1∶5等;当坡度较大时也可用角度表示,如30°、50°等;较平坦的坡度常用百分比表示,如2%、3%等。

2)坡度的形成

屋顶坡度的形成有材料找坡和结构找坡两种做法(见图2-59)。

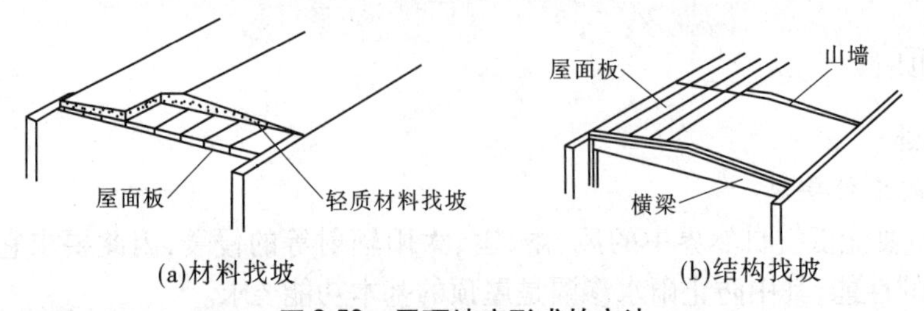

图2-59 屋顶坡度形成的方法

(1)材料找坡,又叫垫置坡度,是在水平搁置的屋面板上铺设找坡层。找坡材料多用炉渣等轻质材料加水泥或石灰形成,保温屋顶中可用保温材料兼做找坡层。这种做法的室内顶棚面平整,但坡度不宜太大,否则会使找坡材料用量过大,增加屋面荷载。

(2)结构找坡,又叫搁置坡度,是将屋面板搁置在有一定倾斜度的梁或墙上,以形成屋面的排水坡度。这种做法构造简单、施工方便、造价较低,但天棚顶是倾斜的,多用于跨度较大的生产性建筑和公共建筑中。

2. 排水方式

屋顶的排水方式分为无组织排水和有组织排水两大类。

1)无组织排水

无组织排水又称自由落水(见图2-60(a)),是指屋面雨水经挑檐自由下落至室外地面的一种排水方式。这种做法构造简单、造价低廉,但雨水有时会溅湿墙面。它适用于一般低层或次要建筑及降雨量较少地区的建筑,标准较高的低层建筑或临街建筑都不宜采用。

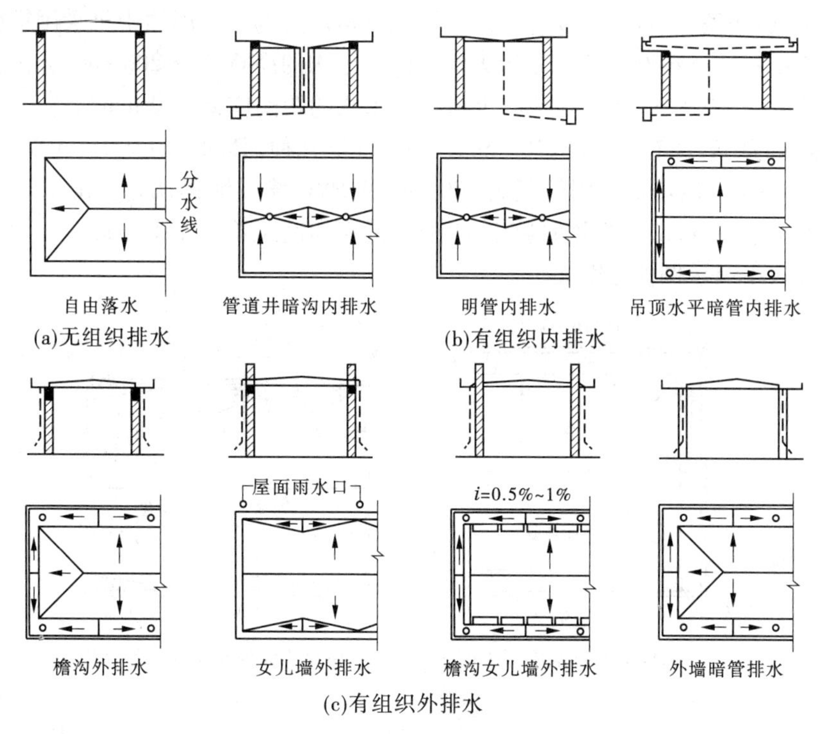

图 2-60　屋顶排水方式

2)有组织排水

有组织排水是将屋面划分成若干排水区,把雨水有组织地排到檐沟中,经过雨水口排至雨水斗,再经落水管排到室外或室内的地下管网。按照雨水管的位置,有组织排水分为内排水和外排水。

(1)内排水(见图 2-60(b)),是屋顶雨水由设在室内的雨水管排到地下排水系统的排水方式。这种排水方式构造复杂、造价及维修费用高,而且雨水管占室内空间,一般适用于大跨度建筑、高层建筑、严寒地区及对建筑立面有特殊要求的建筑。

(2)外排水(见图 2-60(c)),是屋顶雨水由室外雨水管排到室外的排水方式。这种排水方式构造简单、造价低,因此被广泛采用。按照檐沟在屋顶的位置,外排水的屋顶形式有檐沟外排水、女儿墙外排水、檐沟女儿墙外排水、外墙暗管排水等。

3. 屋面排水组织设计

屋面排水组织设计就是把屋面划分成若干个排水区,将各区的雨水分别引向各雨水管,使排水路线短捷、雨水管负荷均匀、排水顺畅。

进行屋面排水组织设计时,须注意下述事项:

(1)屋面流水路线不宜过长,一般情况下,临街建筑平屋顶屋面宽度 <12 m 时,宜采用单坡排水;屋面宽度≥12 m 时,宜采用双坡或四坡排水。

(2)每个雨水口、雨水管的汇水面积不宜超过 200 m^2,可按 150 ~ 200 m^2 屋面集水面积的雨水考虑。

(3)檐沟或天沟的形式和材料可根据屋面类型的不同有多种选择,如坡屋顶中可用

钢筋混凝土、镀锌铁皮、石棉水泥等做成槽形或三角形天沟。平屋顶中可采用钢筋混凝土槽形天沟或用找坡材料形成的三角形天沟。槽形天沟的净宽应≥200 mm,且沟底应分段设置纵向坡度(i=0.5%~1%),天沟上口至分水线的距离应≥120 mm。

(4)雨水管的管径有75 mm、100 mm、125 mm等几种,其间距宜在18 m以内,最大不超过24 m。一般民用建筑常用管径为100 mm的PVC管或镀锌铁管。雨水管安装时离墙面距离不小于20 mm,管身用管箍卡牢,管箍的竖向间距不大于1.2 m。

屋面排水组织示例参见图2-61。

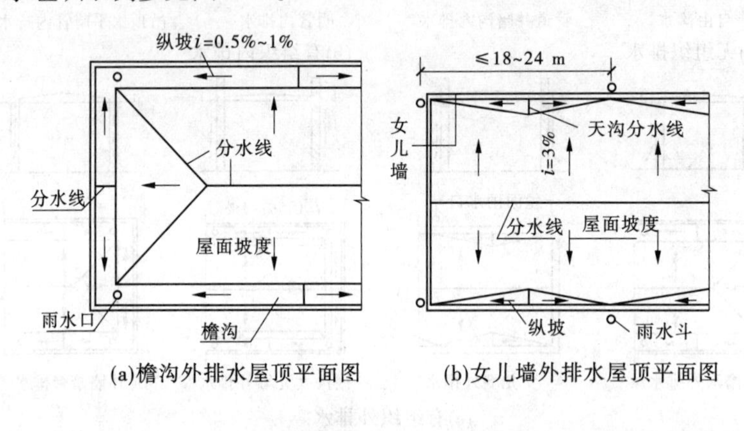

(a)檐沟外排水屋顶平面图　(b)女儿墙外排水屋顶平面图

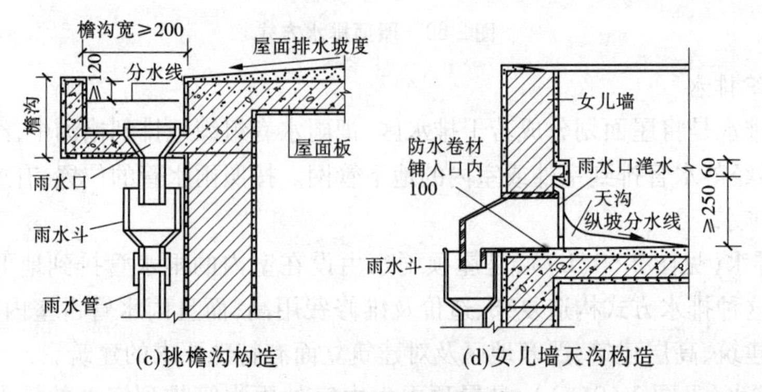

(c)挑檐沟构造　(d)女儿墙天沟构造

图2-61　屋面排水组织示例

第四节　楼　梯

一、楼梯

(一)楼梯的组成

楼梯作为楼层之间垂直交通用的建筑构件,一般由梯段、楼层平台、栏杆(栏板)和扶手三部分组成(见图2-62)。

1.梯段

楼梯段又称楼梯跑、梯段,是楼梯的主要使用和承重部分,它由若干个踏步组成。一个楼梯段的踏步数量最多不宜超过18级,不应少于3级。

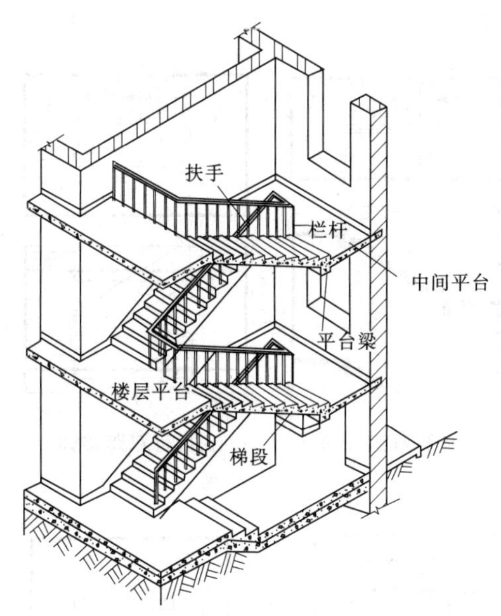

图2-62 楼梯的组成

2. 楼层平台

楼层平台是指两楼梯段之间的水平板,是供人们上下楼梯时调解疲劳和转换方向的,有楼层平台和中间平台之分。

3. 栏杆(栏板)和扶手

栏杆(栏板)和扶手一般是设置在边缘临空的楼梯段和平台的安全保护构件,应有一定的强度和高度,并保证有足够的安全高度。

(二)楼梯的类型

(1)按位置不同分类,有室内楼梯和室外楼梯。

(2)按使用性质分类,有主要楼梯、辅助楼梯、疏散楼梯、消防楼梯等。

(3)按主要材料分类,有钢筋混凝土楼梯、钢楼梯、木楼梯等。

(4)按楼梯的平面形式不同分类,有直行单跑楼梯、平行双跑楼梯、折行双跑楼梯、弧形楼梯、折行三跑楼梯、交叉式楼梯、剪刀式楼梯、螺旋形楼梯等(见图2-63)。

(5)按楼梯间的平面形式分类,有开敞式楼梯间、封闭式楼梯间、防烟楼梯间等。

(三)楼梯的尺寸

1. 楼梯的坡度与踏步尺寸

1)楼梯的坡度

楼梯的坡度是指楼梯段的坡度,即楼梯段的倾斜角度。一般楼梯的坡度为23°~45°,30°为适宜坡度。坡度超过45°时,应设爬梯;坡度小于23°时,应设坡道。

2)楼梯的踏步尺寸

楼梯的踏步尺寸包括踏面宽(用 b 表示)和踢面高(用 h 表示)。踏面是人脚踩的部分,其宽度不应小于成年人的脚长,一般为250~320 mm。踏步尺寸可按经验公式来确定:$b+h\approx450$ mm 或 $b+2h\approx600\sim620$ mm。具体的值应根据建筑物的功能和实际情况来确定,常见的民用建筑楼梯的适宜踏步尺寸见表2-4。

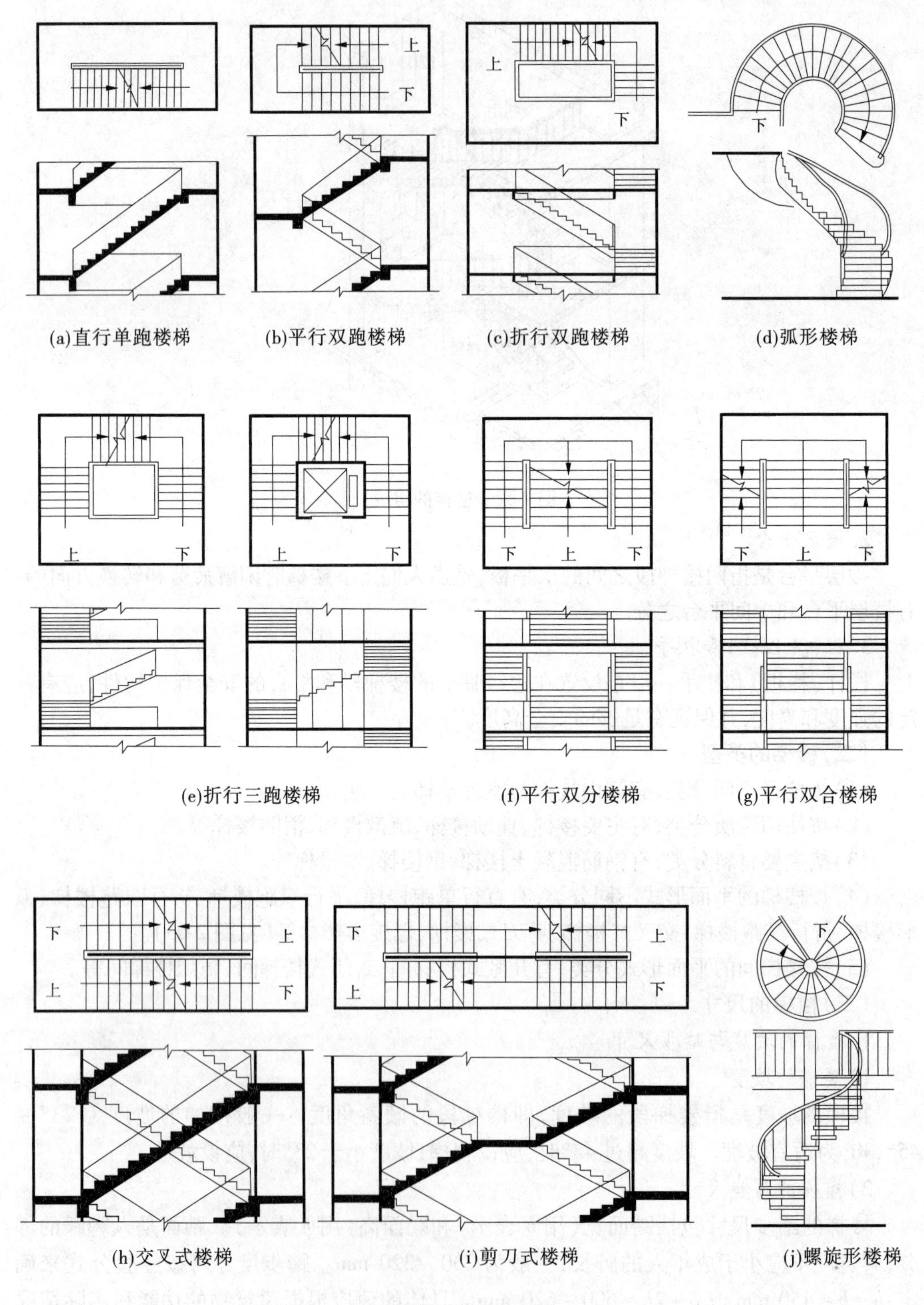
上
下
上
下
下
上
下
上
下
上
下
下
上
下
下
上
下
下
上
上
下
下
上
上
下
下
(a)直行单跑楼梯
(b)平行双跑楼梯
(c)折行双跑楼梯
(d)弧形楼梯
(e)折行三跑楼梯
(f)平行双分楼梯
(g)平行双合楼梯
(h)交叉式楼梯
(i)剪刀式楼梯
(j)螺旋形楼梯

图2-63　楼梯的形式

表 2-4　常见的民用建筑楼梯的适宜踏步尺寸　（单位:mm）

名称	住宅	学校、办公楼	剧院、食堂	医院	幼儿园
踢面高 h	150～175	140～160	120～150	150	120～150
踏面宽 b	260～300	280～340	300～350	300	260～300

为了使人们上下楼梯时更加舒适，在不改变楼梯坡度的情况下，可采取如图 2-64 所示措施来增加踏面宽度。

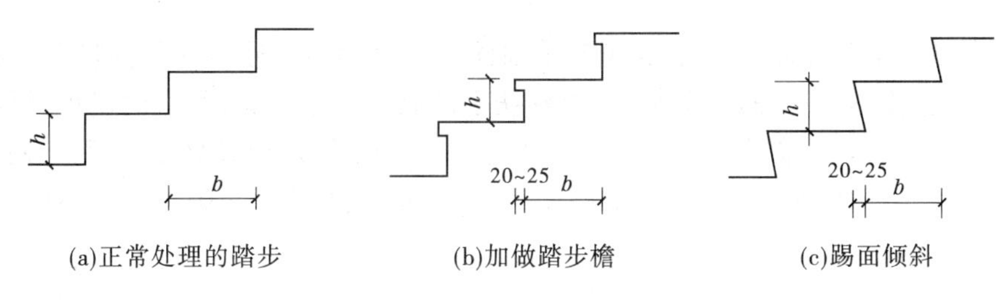

图 2-64　踏步尺寸

2. 楼梯段的宽度与平台宽度

1）楼梯段的宽度

楼梯段的净宽指楼梯段临空侧扶手中心线到另一侧墙面（或靠墙扶手中心线）之间的水平距离。应根据楼梯的设计人流股数、防火要求及建筑物的使用性质等因素确定。我国规定单股人流通行的宽度按 0.550 m +（0～0.15）m 计算，一般建筑物楼梯至少满足两股人流通行，楼梯段净宽不应小于 1.10 m（见图 2-65）。六层及六层以下住宅，一边设有栏杆的楼梯段净宽不应小于 1 m。

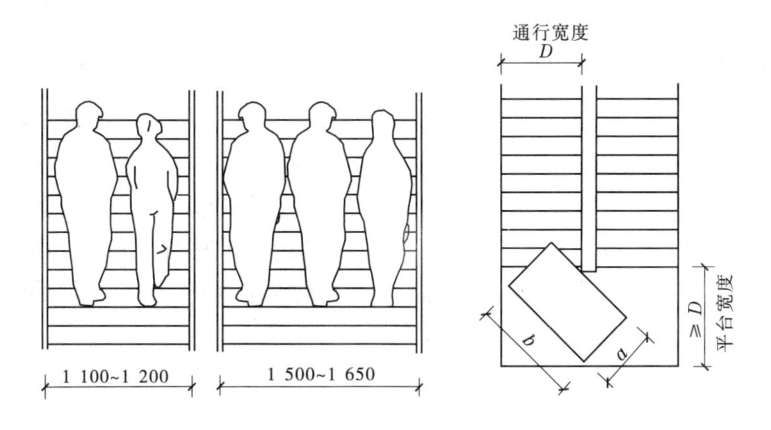

图 2-65　楼梯段及楼梯平台宽度

2）楼梯平台宽度

为了保证通行顺畅和搬运家具设备的方便，楼梯段改变方向时，扶手转向端处的平台最小宽度不应小于楼梯段宽度，并不得小于 1.20 m，当有搬运大型物件需要时应适量加宽。

3）楼梯井的宽度

两个楼梯段之间的空隙叫楼梯井，一般以 60～200 mm 为宜。公共建筑的楼梯井考

虑到消防、安全和施工的要求,应不小于150 mm。

3. 楼梯的净空高度

楼梯的净空高度是指从楼地面面层(完成面)至吊顶或楼盖、屋盖底面之间的有效使用空间的垂直距离(见图2-66)。

楼梯平台上部及下部过道处的净高不应小于2 m,楼梯段净高不宜小于2.20 m。注意:楼梯段净高为自踏步前缘(包括最低和最高一级踏步前缘线以外0.30 m范围内)至上方突出物缘间的垂直高度。

4. 楼梯扶手高度

楼梯扶手的高度是指踏面前缘至扶手顶面的垂直距离。楼梯扶手高度与楼梯的坡度、楼梯的使用要求有关,很陡的楼梯,楼梯扶手的高度矮些,坡度平缓时高度可稍大些。在30°左右的坡度下常采用0.9 m;儿童使用的楼梯一般为0.6 m(见图2-67)。对一般室内楼梯≥0.9 m,靠楼梯井一侧水平扶手长度>0.5 m,其高度≥1.05 m,室外楼梯扶手高度≥1.05 m。

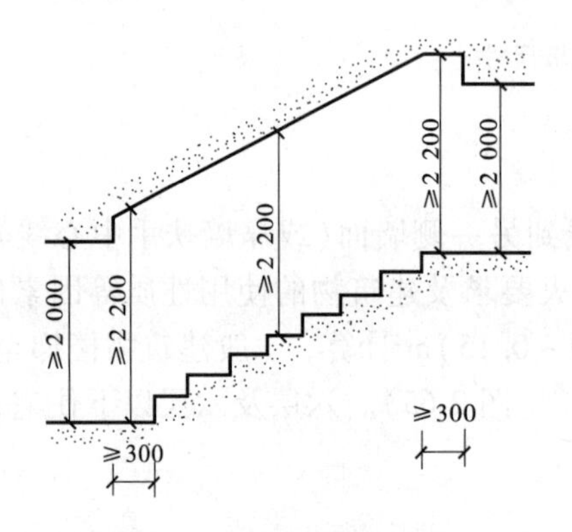

图2-66 楼梯的净空高度

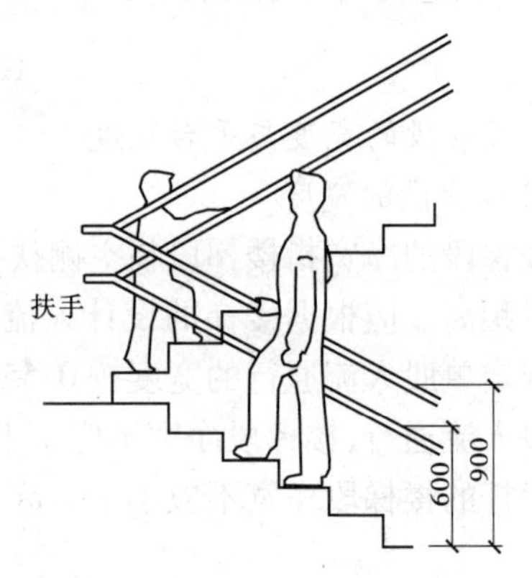

图2-67 楼梯栏杆扶手高度

栏杆应用坚固、耐久的材料制作,并能承受荷载规范规定的水平荷载;临空高度在24 m以下时,栏杆(栏板)高度不应低于1.05 m;临空高度在24 m及以上时,栏杆(栏板)高度不应低于1.10 m;学校、商业、医院、旅馆、交通等建筑的公共场所临中庭的栏杆(栏板)高度不应低于1.20 m;栏杆(栏板)高度应从所在楼地面或屋面至扶手顶面垂直高度计算,如底面有宽度大于或等于0.22 m,且高度低于或等于0.45 m的可踏部位,应从可踏部位顶面起计算;栏杆离底面0.10 m高度范围内不宜留空。

5. 楼梯尺寸计算

设计楼梯主要是解决楼梯段和楼梯平台的设计,而楼梯段和楼梯平台的尺寸与楼梯间的开间、进深和层高有关(见图2-68)。

1)楼梯段宽度与楼梯平台宽的计算

楼梯段宽度

$$B = \frac{A - C}{2} \tag{2-2}$$

式中 A——开间净宽;

C——两楼梯段之间的楼梯井宽,考虑消防、安全和施工的要求,C=60~200 mm。

注意:钢筋混凝土楼梯段宽度 B 应符合 1M 的模数数列(必要时可符合 M/2)。

楼梯平台宽度 $D \geqslant B$ 且 $\geqslant 1.2$ m。

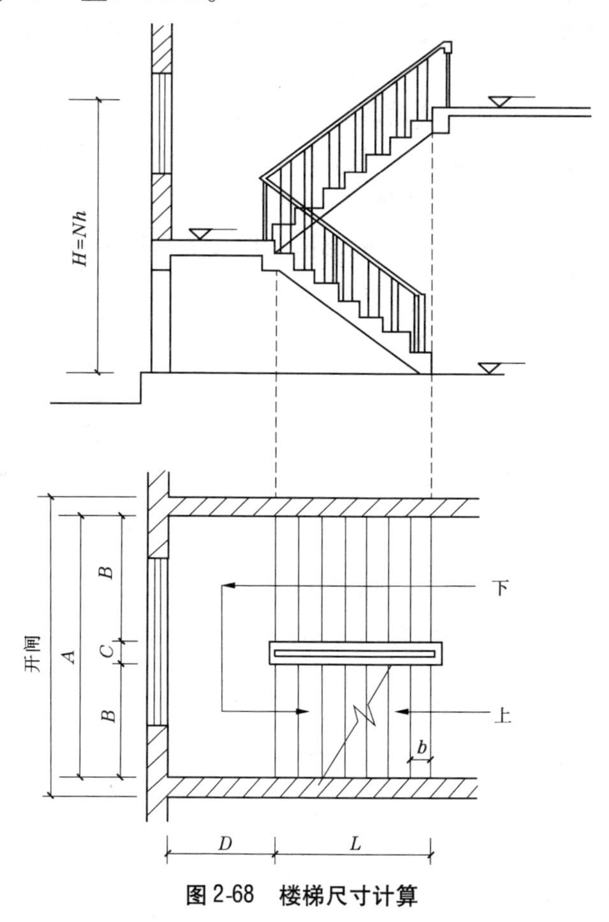

图 2-68 楼梯尺寸计算

2)踏步的尺寸与数量的确定

踏步数
$$N = \frac{H}{h} \tag{2-3}$$

式中 H——层高;

h——踏步高。

3)楼梯段长度的计算

楼梯段长度取决于踏步数量。当 N 已知后,对两段等长跑的楼梯段长 L 为

$$L = \left(\frac{N}{2} - 1\right)b \tag{2-4}$$

式中 b——踏步宽。

(四)钢筋混凝土楼梯构造

钢筋混凝土楼梯具有坚固耐久、防火性能好、刚度大和可塑性强等优点,是民用建筑中应用最广泛的一种楼梯。按施工方法不同,可分为现浇整体式和预制装配式。

1. 现浇整体式钢筋混凝土楼梯

现浇整体式钢筋混凝土楼梯是把楼梯段和楼梯平台整体浇筑在一起的楼梯,虽然其消耗模板量大、施工工序多、周期较长,但其整体性好、刚度大、有利于抗震,并能充分发挥钢筋混凝土的可塑性,所以在工程中应用十分广泛。

现浇整体式钢筋混凝土楼梯按结构形式的不同,分为板式楼梯和梁板式楼梯。

1)板式楼梯

板式楼梯是把楼梯段看作一块斜放的板,楼梯板分为有平台梁和无平台梁两种情况。有平台梁的板式楼梯的梯段两端放置在平台梁上,平台梁之间的距离为楼梯段的跨度。其传力过程为:楼梯段→平台梁→楼梯间墙(或柱)(见图2-69(a))。无平台梁的板式楼梯是将楼梯段和平台板组合成一块折板,这时板的跨度为楼梯段的水平投影长度与楼梯平台宽度之和(见图2-69(b))。

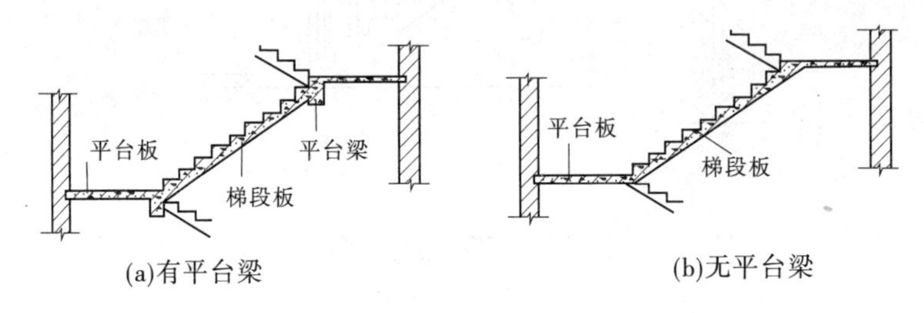

图2-69 现浇整体式钢筋混凝土板式楼梯

这种楼梯构造简单、施工方便,但当楼梯段跨度较大时,板的厚度较大,材料消耗多,不经济。因此,板式楼梯适用于楼梯段跨度不大(不超过3 m),且荷载较小的建筑。

2)梁板式楼梯

梁板式楼梯是设置斜梁来支承踏步板的,斜梁搁置在平台梁上。楼梯荷载的传力过程为:踏步板→斜梁→平台梁→楼梯间墙(或柱)。斜梁一般设两根,位于踏步板两侧的下部,这时踏步外露称为明步楼梯(见图2-70(a))。斜梁也可以位于踏步板两侧的上部,这时踏步被斜梁包在里面,称为暗步楼梯(见图2-70(b))。

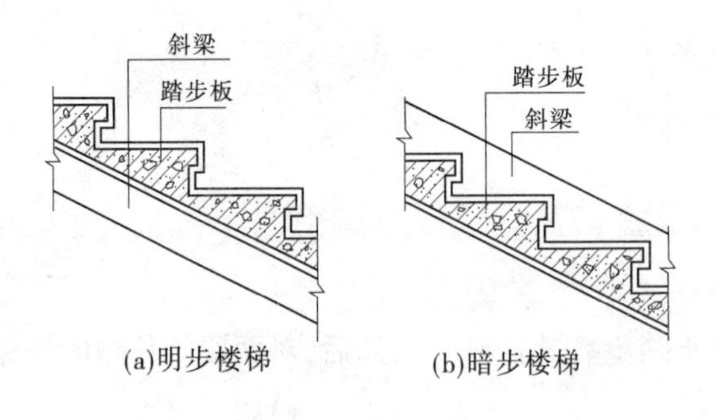

图2-70 梁板式楼梯

梁板式楼梯可使板跨缩小,板厚减薄,受力合理且经济,适用于荷载较大、层高较高的建筑,如教学楼、商场等。

2. 预制装配式钢筋混凝土楼梯

预制装配式钢筋混凝土楼梯按其构造方式可分为梁承式、墙承式和墙悬臂式等类型。

1)预制装配梁承式钢筋混凝土楼梯

预制装配梁承式钢筋混凝土楼梯是指楼梯段由平台梁支承的楼梯构造方式。预制构件分为楼梯段、平台梁和平台板三部分。

(1)楼梯段。根据楼梯段的结构受力方式可分为梁板式楼梯段和板式楼梯段。

①梁板式楼梯段。由梯斜梁和踏步板组成。踏步板支承在两侧梯斜梁上。梯斜梁两端支承在平台梁上,构件小型化,施工时不需大型起重设备即可安装,施工方便。踏步断面形式有一字形、L形、三角形等(见图2-71)。梯斜梁有矩形断面、L形断面和锯齿形断面三种(见图2-72)。

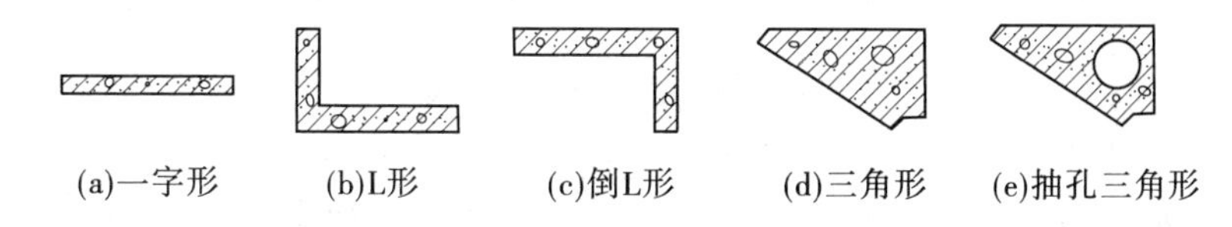

图2-71　踏步板断面形式

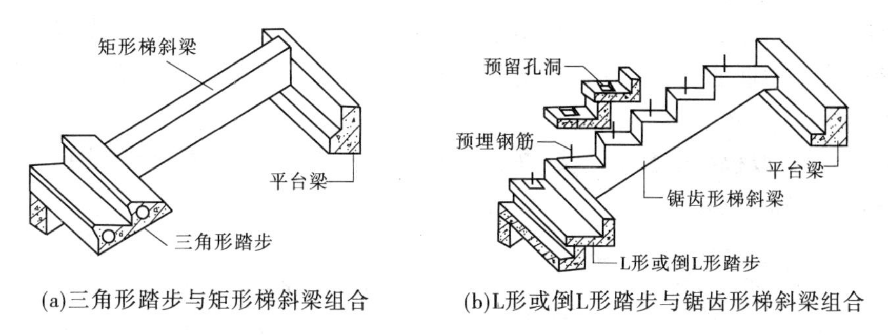

图2-72　预制梯斜梁的形式

②板式楼梯段。为整块或数块带踏步条板,没有梯斜梁,梯段底面平整,结构厚度小,其上下端直接支承在平台梁上(见图2-73)。

(2)平台梁。为了便于支承梯斜梁或梯段板,平衡梯段水平分力并减少平台梁所占结构空间,一般将平台梁做成L形断面(见图2-74)。其结构高度按$L/12$估算(L为平台梁跨度)。

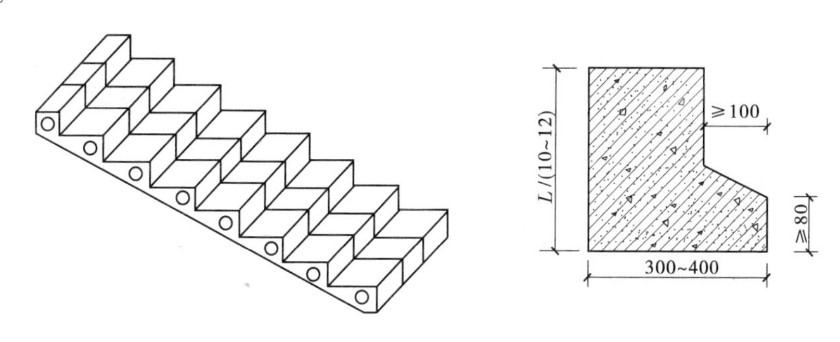

图2-73　板式楼梯段　　图2-74　平台梁断面形式

(3)平台板。可根据需要采用钢筋混凝土空心板、槽形板或平板。平台板一般平行于平台梁布置(见图2-75(a)),以利于加强楼梯间整体刚度。当垂直于平台梁布置时,常

用小平板(见图2-75(b))。

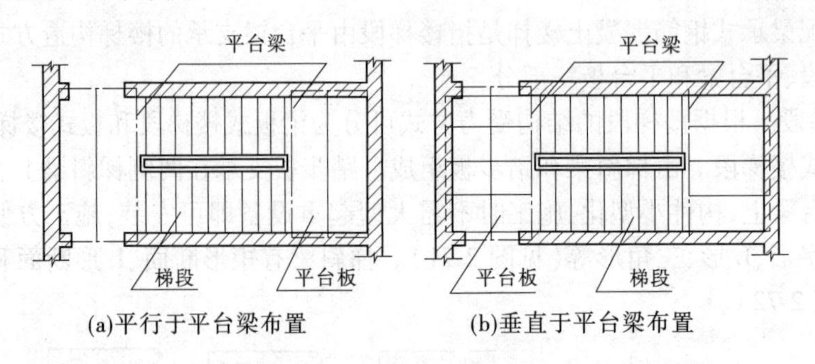

(a)平行于平台梁布置　(b)垂直于平台梁布置

图2-75　平台板布置方式

(4)构件连接构造。由于楼梯是主要交通部件,对其坚固耐久、安全可靠的要求较高,特别是在地震区建筑中更需引起重视,并且楼梯段为倾斜构件,故需加强各构件之间的连接,提高其整体性。

①踏步板与梯斜梁连接:一般在梯斜梁支承踏步板处用水泥砂浆坐浆连接。如需加强,可在梯斜梁上预埋插筋,与踏步板支承端预留孔插接,用高强度等级水泥砂浆填实(见图2-76(a))。

②梯斜梁或梯段板与平台梁连接:在支座处除用水泥砂浆坐浆外,应在连接端预埋钢板进行焊接(见图2-76(b))。

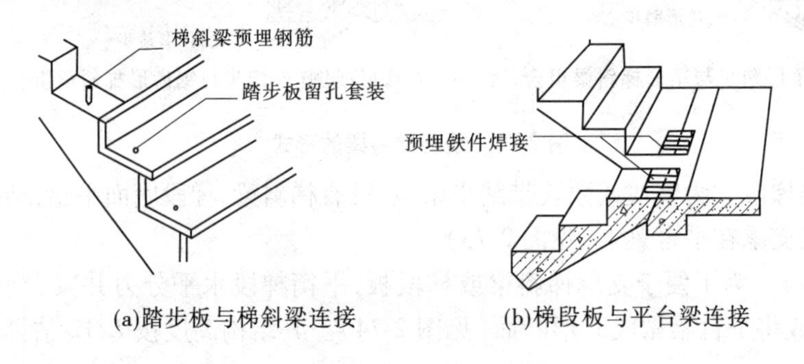

(a)踏步板与梯斜梁连接　(b)梯段板与平台梁连接

图2-76　构件连接构造

2)预制装配墙承式钢筋混凝土楼梯

预制装配墙承式钢筋混凝土楼梯是指预制钢筋混凝土踏步板直接搁置在墙上的一种楼梯形式,其踏步板一般采用一字形、L形断面。

3)预制装配墙悬臂式钢筋混凝土楼梯

预制装配墙悬臂式钢筋混凝土楼梯是指预制钢筋混凝土踏步板一端嵌固于楼梯间侧墙上,另一端悬挑的楼梯形式。

(五)楼梯的细部构造

1.踏步面层和防滑构造

楼梯踏步面层(踏面)应便于行走、耐磨、美观、防滑和易清洁。做法与楼地面层装修做法基本相同。装修用材一般有水泥砂浆、水磨石、大理石、花岗石、缸砖等(见图2-77)。

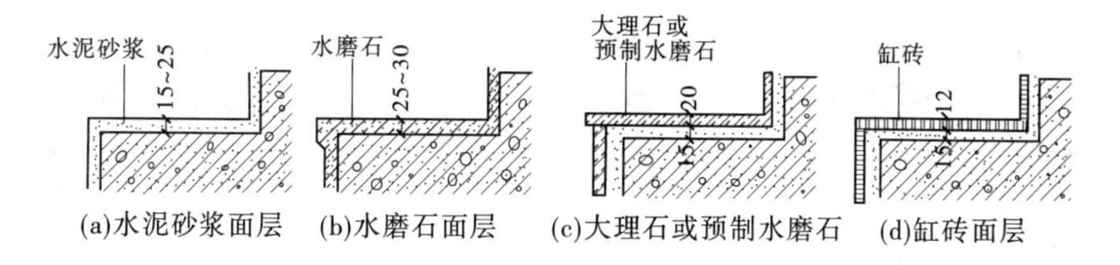

图 2-77　踏步面层构造

为了避免行人滑倒、保护踏步阳角，踏步表面应有防滑措施，特别是人流量较大的公共建筑中的楼梯必须对踏面进行处理。一般有三种做法(见图 2-78)：第一种是在距踏步面层前缘 40 mm 处设 2 ~ 3 道防滑凹槽；第二种是距踏步面层前缘 40 ~ 50 mm 处设置防滑条，防滑条的材料可用金刚砂、金属条(铸铁、铝条、铜条)、马赛克等；第三种是设防滑包口，如铸铁包口、缸砖包口等。如果面层是采用水泥砂浆抹面，由于表面粗糙，可不做防滑条。

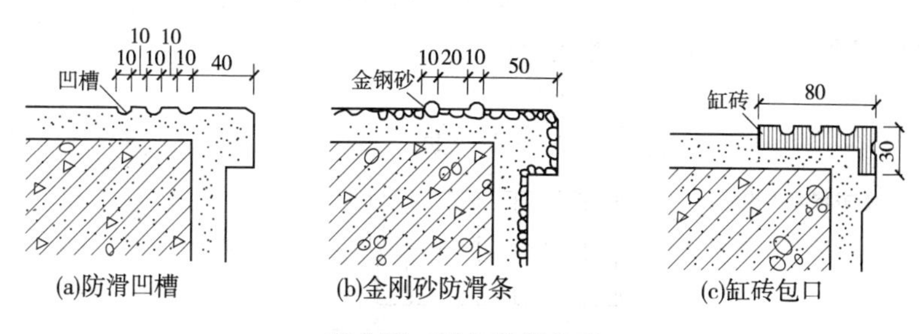

图 2-78　踏步防滑处理

2. 栏杆(栏板)和扶手

1) 栏杆(栏板)

栏杆应有足够的强度，能保证使用时的安全，按其构造做法及材料的不同，有空花栏杆、实心栏板和组合栏杆三种。①空心栏杆一般采用方钢、圆钢或扁钢等材料，并可焊接或铆接成各种图案，既起防护作用，又起装饰作用。②实心栏板的材料有钢筋混凝土、加筋砖砌体、钢丝网水泥板、有机玻璃、钢化玻璃等。③组合栏杆是指空花式和栏板式两种栏杆形式的组合。

栏杆与楼梯段的连接方式有：①栏杆与楼梯段上的预埋件焊接；②栏杆插入楼梯段上的预留孔洞中，用细石混凝土、水泥砂浆或螺栓固定，也可用膨胀螺栓直接固定；③在踏步侧面预留孔洞或预埋件进行连接(见图 2-79)。

2) 扶手

楼梯扶手按材料分类，有木扶手、金属扶手、塑料扶手等；按构造分类，有漏空栏杆扶手、栏板扶手和靠墙扶手等。

顶层平台上的水平扶手端部应与墙体有可靠的连接。一般是在墙上预留孔洞，将连接栏杆和扶手的扁钢插入洞中，用细石混凝土或水泥砂浆填实(见图 2-80(a))；也可将扁钢用木螺丝固定于墙内预埋的防腐木砖上(见图 2-80(b))；若为钢筋混凝土墙或柱，则可采用预埋铁件焊接(见图 2-80(c))。靠墙扶手通过连接件固定于墙上。连接件通常直接

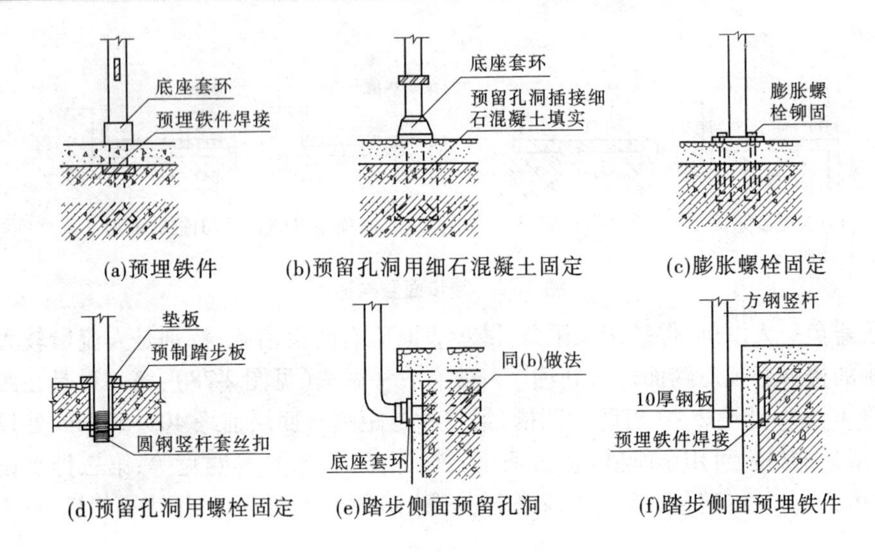

图 2-79 栏杆与楼梯段的连接

埋入墙上的预留孔洞内,也可用预埋螺栓连接。

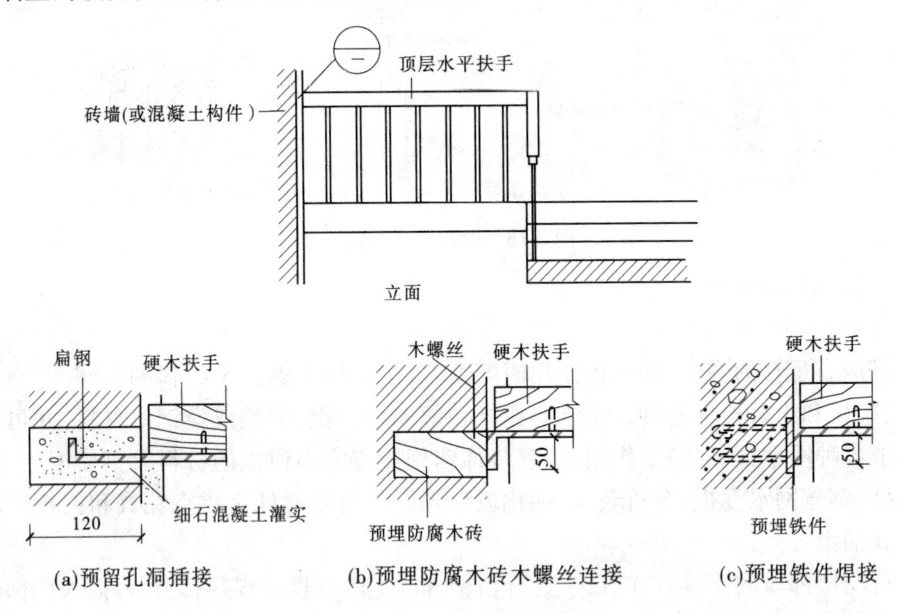

图 2-80 扶手端部与墙的连接

3. 楼梯段的基础

楼梯首层第一个梯段不能直接搁置在地坪层上,需在下面设置基础,简称梯基。梯基的做法有两种:一种是在楼梯段下直接设砖、石或混凝土基础(见图 2-81(a));另一种是在楼梯间墙上搁置钢筋混凝土地梁,将楼梯段支承在地基梁上(见图 2-81(b))。

二、台阶与坡道

室外台阶和坡道是建筑物出入口处室内外高差之间的交通联系部分,应考虑防水、防

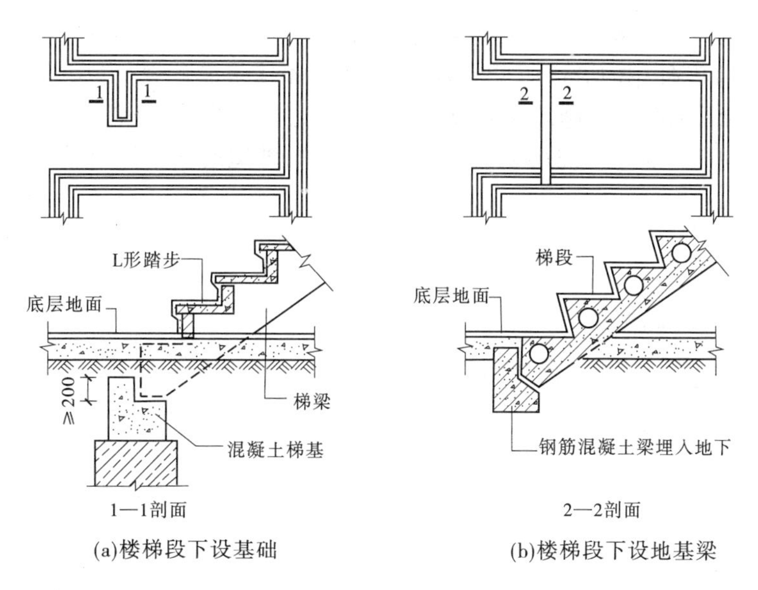

(a)楼梯段下设基础　(b)楼梯段下设地基梁

图 2-81　楼梯段基础构造

冻、耐磨、防滑、美观等要求。

(一)台阶

台阶由踏步和平台两部分组成。平台设在台阶与建筑出入口大门之间,作为室内外空间的过渡,其宽度一般不应小于 1 000 mm,为利于排水,其标高要低于室内地面,并向外做 3% 左右的排水坡度。除有特殊使用要求的场所外,公共建筑室内外台阶踏步宽度不宜小于 0. 30 m,踏步高度不宜大于 0. 15 m,不宜小于 0. 10 m;踏步应采取防滑措施;室内外台阶踏步数不宜少于 2 级,当高差不足 2 级时,宜按坡道设置;人员密集场所的台阶总高度超过 0. 70 m 时,应在临空面采取防护设施。

由于台阶处于易受雨水侵蚀的环境之中,台阶应采用耐久性、耐磨性和抗冻性好的材料,如天然石材、混凝土等;面层材料应选择防滑、耐久的材料,如水泥砂浆、马赛克等。台阶的做法有实铺式和架空式两种(见图 2-82)。

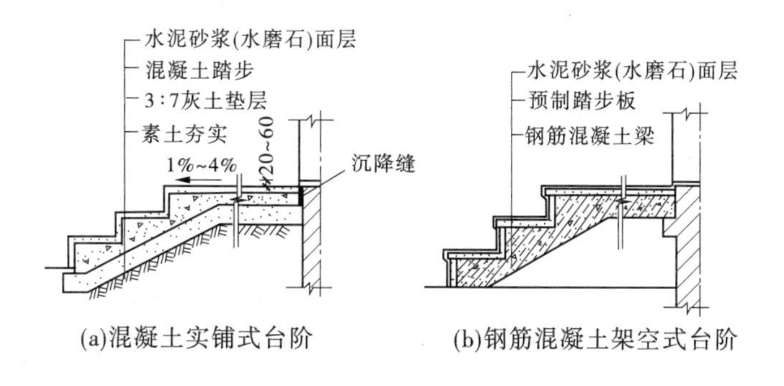

(a)混凝土实铺式台阶　(b)钢筋混凝土架空式台阶

图 2-82　台阶的类型及构造

(二)坡道

坡道按其使用功能及坡度每隔一定长度应设休息平台,平台宽度应根据使用功能或设备尺寸所需缓冲空间而定;供轮椅使用的坡道不应大于 1∶12, 困难地段当高差小于

0.35 m时,不应大于1:8;并符合国家现行《无障碍设计规范》(GB 50763—2012)的规定;机动车与非机动车使用的坡道应符合国家现行《车库建筑设计规范》(JGJ 100—2015)的规定;坡道面应采取防滑措施。坡道选材的要求和台阶一样,一般常用混凝土坡道,也可采用天然石材坡道(见图2-83(a)、(b))。为了防滑,坡道表面常做成锯齿形或设防滑条(见图2-83(c)、(d))。

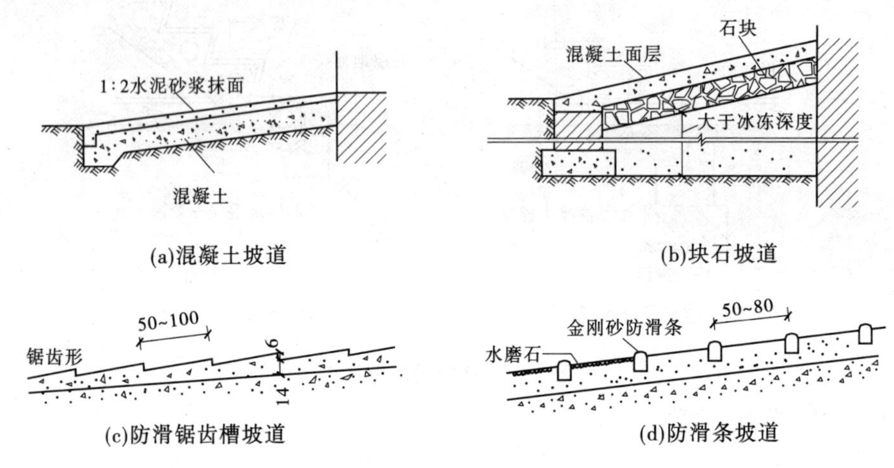

图2-83　坡道构造

第五节　建筑防水与防潮

一、概述

(一)建筑防水、防潮的基本原理

建筑物需要进行防水、防潮处理的地方主要在屋面、墙面、地下室等经常受到雨雪和地下水侵袭的部位,以及一些需要用水的内部空间。例如,居住建筑的厨房、卫生间、浴室,还有其他一些建筑中的实验室、餐饮用房等。

建筑物的变形是引起建筑物开裂和渗漏的重要原因之一。此外,水压也是造成水通过建筑材料中存在的细小空隙向室内或是建筑物的其他部位渗透的不可忽视的原因。例如,建筑物的地下室长期浸泡在有压的地下水中或在丰水期遭遇到地下水;积水部位的水由于自重产生压力等,都有可能造成建筑构件的渗水。因此,建筑防水、防潮往往按照以下几条基本原则进行设计:

(1)有效控制建筑物的变形,如热胀冷缩、不均匀沉降等,并且对有可能因为变形引起开裂的部位事先采取应对措施,如在屋面上所采用的刚性材料中预留分仓缝的构造措施,就是用来限制变形应力的大小,以防屋面无序开裂的。

(2)对有可能积水的部位采取疏导的措施,使水能够及时排走,不至于因积水而造成渗漏。例如,组织屋面坡度,将雨水及时引至雨水排放管网中去的方法,就是其中之一。

(3)对防水的关键部位,利用刚性材料的密实性和柔性材料的憎水性,采取构造措施,将水挡在外部,不使入侵。

(二)建筑防水构造的类型

1. 构造防水

构造防水是指通过构造节点设计和加工的合理及完善,达到防水的目的。

2. 材料防水

材料防水是指通过选用自身具有良好防水性能的材料,经过合理的构造设计,达到防水的目的。

1)柔性防水

柔性防水是指将柔性的防水卷材相互搭接,用胶结料粘贴在基层上的防水构造方法。

2)涂膜防水

涂膜防水是将可塑性和黏结力较强的高分子防水涂料直接涂刷在基层上,形成一层满铺的不透水薄膜层,以形成防水能力。其成分主要有乳化沥青、氟丁橡胶类、丙烯酸树脂类等。

二、屋顶防水

卷材、涂膜防水是指屋面最上一层(保护层除外)防水为卷材防水层、涂膜防水层、卷材+涂膜的符合防水层的平屋面。构造层次自上而下分别为保护层、防水层、找平层、找坡层、保温层、隔汽层、找平层和结构层(其中设不设隔汽层、找平层由设计决定)。屋面防水等级和设防要求见表2-5。

表2-5 屋面防水等级和设防要求

防水等级	建筑类别	设防要求	防水做法
Ⅰ级	重要建筑和高层建筑	两道防水设防	卷材防水层和卷材防水层、卷材防水层和涂膜防水层、复合防水层
Ⅱ级	一般建筑	一道防水设防	卷材防水层、涂膜防水层、复合防水层

(一)卷材防水

卷材防水屋面是用防水卷材和胶结材料分层粘贴形成防水层的屋面。由于卷材有一定的柔性,能适应部分屋面变形。卷材防水屋面是将柔性的防水卷材相互搭接用胶结料粘贴在屋面基层上形成防水能力的。我国过去数十年一直使用沥青和油毡作为屋面防水层。油毡比较经济,也有一定的防水能力,但须热施工,污染环境,且高温易流淌,老化周期只有6~8年。随着近年来部分新型屋面防水卷材的出现,沥青油毡将被逐步替代。这些新型卷材主要有两类:一类是高聚物改性沥青卷材,如APP改性沥青卷材、OMP改性沥青卷材等;另一类是合成高分子卷材,如三元乙丙橡胶类、聚氯乙烯类、氯化聚乙烯类和改性再生胶类等。它们的共同优点是弹性好、抗腐蚀、耐低温、寿命长且为冷施工,具有很好的发展前景。

目前,比较常用的屋面防水卷材有聚氯乙烯、氯丁橡胶、APP改性沥青卷材、三元乙丙橡胶等。这些新型屋面防水材料的施工方法和要求虽然各有不同,但在构造处理上仍是

以油毡屋面防水构造处理原则为基础,所以以下主要介绍油毡屋面防水构造。

1. 基本构造层次

卷材防水屋面基本构造层次如图 2-84 所示。

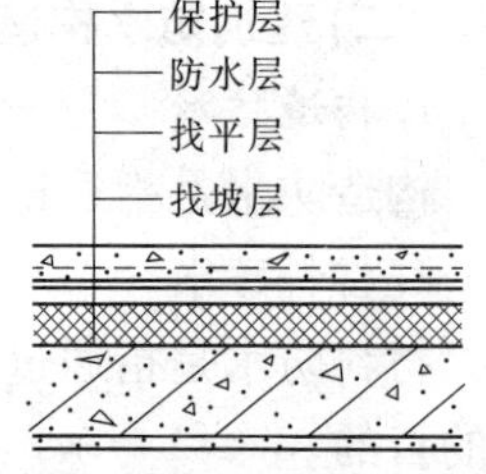

图 2-84 卷材防水屋面基本构造层次

1) 找坡层

当采用材料找坡时,宜采用质量轻、吸水率低和有一定强度的材料,坡度宜为 2%;钢筋混凝土屋面板若结构找坡,则建筑找坡层取消。

2) 找平层

避免卷材凹陷或断裂。保温层上的找平层需设置分格缝。分格缝纵横间距不宜大于 6 m,分格缝的宽度宜为 5 ~ 20 mm。找平层的分类见表 2-6。

表 2-6 找平层的分类

找平层分类	适用的基层	厚度(mm)	技术要求
水泥砂浆	现浇整体式混凝土板	15 ~ 20	1∶2.5 水泥砂浆
	整体材料保温层	20 ~ 25	
细石混凝土	装配式混凝土板	30 ~ 35	C20 混凝土,宜加钢筋网片
	板状材料保温层		C20 混凝土

3) 防水层

卷材屋面的防水层除要满足《屋面工程技术规范》(GB 50345—2012)对屋面防水等级和设防要求外,还应满足《屋面工程技术规范》(GB 50345—2012)对防水层厚度的要求。每道卷材防水层最小厚度见表 2-7,防水层卷材的做法见图 2-85。

表 2-7 每道卷材防水层最小厚度 (单位:mm)

防水等级	合成高分子防水卷材	高聚物改性沥青防水卷材	自粘聚合物改性沥青防水卷材	
			聚酯胎	无胎
Ⅰ级	1.2	3.0	3.0	1.5
Ⅱ级	1.5	4.0	3.0	2.0

注:表中数据摘自《屋面工程技术规范》(GB 50345—2012)。

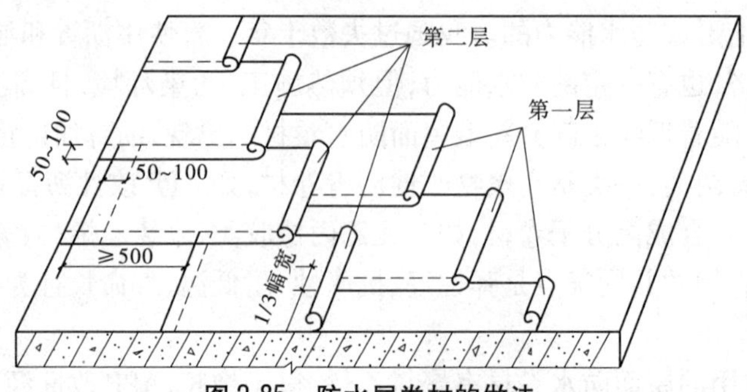

图 2-85 防水层卷材的做法

4）保护层

上人屋面保护层采用现浇细石混凝土或块体材料，不上人屋面保护层采用预制板或浅色涂料或铝箔或粒径为 10～30 mm 的卵石。块体材料、细石混凝土保护层和卷材防水层之间应采用低强度等级的砂浆作为隔离层。块体材料、细石混凝土保护层和女儿墙或山墙之间应预留宽度为 30 mm 的缝隙，缝隙内用密封胶封严。采用细石混凝土板保护层时，应设置分格缝，纵横间距不宜大于 6 m，分格缝宽 20 mm，并用密封胶封严。

2. 檐口及泛水细部构造

卷材防水屋面的檐口一般有自由落水、挑檐沟、女儿墙带檐沟、女儿墙外排水、女儿墙内排水等形式。其构造处理关键是卷材在檐口处的收头处理和雨水口处构造。构造处理分别如图 2-86～图 2-89 所示。

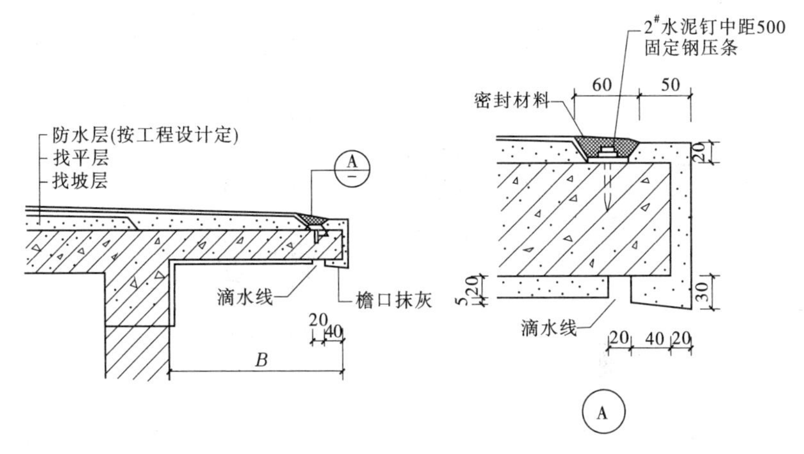

图 2-86　无组织排水挑檐

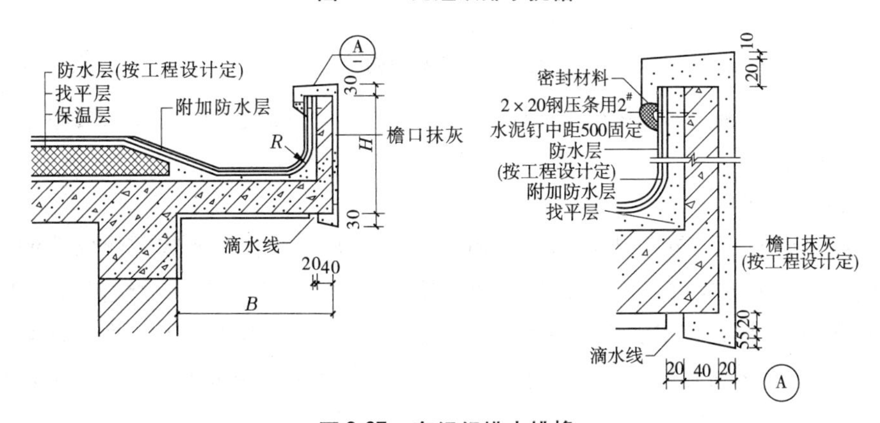

图 2-87　有组织排水挑檐

泛水主要指屋面防水层与垂直墙交接处的防水构造处理。卷材防水屋面垂直墙处泛水需注意三方面：一是在屋面与垂直墙面的交接缝处，卷材防水层下的找平层应抹成圆弧形，使卷材铺贴牢实，避免卷材架空或折断。二是将屋面的防水卷材、涂膜继续延伸至垂直墙面上，高度不小于 250 mm。防水层下增设附加防水层，附加防水层在平面和立面的宽度均不应小于 250 mm。三是块体材料、细石混凝土保护层与女儿墙或山墙之间应预留

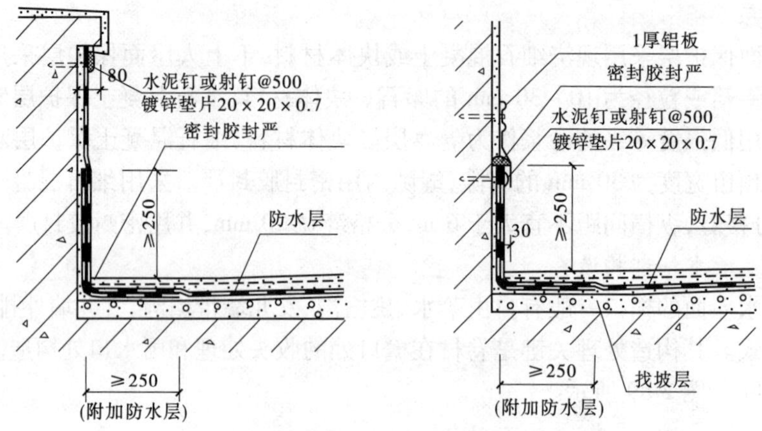

图 2-88 女儿墙泛水构造

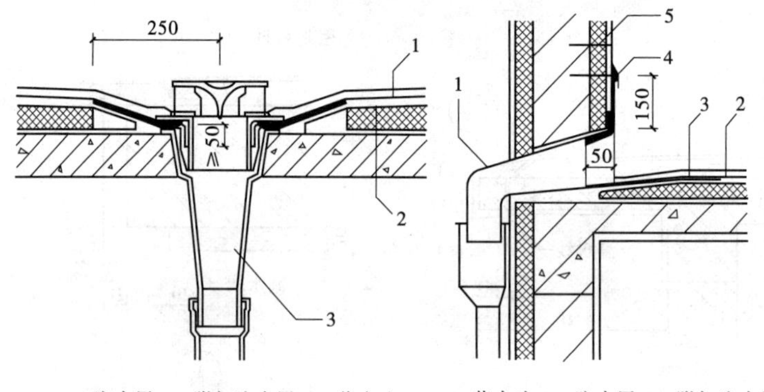

1—防水层;2—附加防水层;3—落水斗
(a)直式落水口

1—落水斗;2—防水层;3—附加防水层;
4—密封材料;5—水泥钉
(b)横式落水口

图 2-89 落水口构造

宽度为 30 mm 的缝隙,缝内用密封胶封严。做好泛水上口的卷材收头固定,防止卷材在垂直墙面上下滑。

(二)涂膜防水

涂膜防水屋面是用防水材料涂刷在屋面基层上,利用涂料干燥或固化以后的不透水性来达到防水目的的屋面。涂膜防水屋面使用的主要材料有:高聚物改性沥青防水涂料、高分子防水涂料、聚合物水泥防水涂料、胎体增强材料、接缝密封材料(改性石油沥青密封材料、合成高分子密封材料、硅酮耐候密封胶、硅酮结构密封胶)。每道涂膜防水层最小厚度见表 2-8。

表 2-8 每道涂膜防水层最小厚度

防水等级	合成高分子防水涂膜	聚合物水泥防水涂膜	高聚物改性沥青防水涂膜
Ⅰ级	1.5	1.5	2.0
Ⅱ级	2.0	2.0	3.0

涂膜防水是将可塑性和黏结力较强的高分子防水涂料直接涂刷在屋面基层上,形成一层满铺的不透水薄膜层,以形成屋面的防水能力,其成分主要有乳化沥青、氯丁橡胶类、丙烯酸树脂类等。其构造做法可参照卷材防水的做法。涂膜的基层应为混凝土或水泥砂浆,要求平整干燥,含水率在8% ~9%以下方可施工。涂膜材料由于防水性好、黏结力强、延伸性大和耐腐蚀、耐老化、无毒、冷作业、施工方便等优点,具有很好的发展前景。但涂膜防水目前的价格较昂贵。

(三)刚性防水

刚性防水是指以密实性混凝土或防水砂浆等刚性材料作为屋面防水层的防水构造。原刚性防水屋面在现行规范《屋面工程技术规范》(GB 50345—2012)中只能作为保护层,而且下列情况不得作为屋面的一道防水设防:混凝土结构层、Ⅰ型喷涂泡聚氨酯保温层、装饰瓦及不搭接瓦、隔汽层、细石混凝土、卷材或涂膜厚度不符合规范规定的防水层。

刚性防水屋面比较突出的问题是防水层施工完毕后易出现裂缝而造成屋面渗漏,主要有以下原因:一是细石混凝土由于温差影响而热胀冷缩;二是受建筑使用过程中屋面板变形的影响;三是防水层在养护过程中的干缩;四是受建筑沉降等原因产生变形的影响。

刚性防水屋面构造一般(自下而上)为结构层、找平层、隔离层、刚性防水层(见图2-90)。其中隔离层的作用主要是使刚性防水层免受屋面结构变形的影响,废机油、石灰砂浆、沥青、油毡、塑料布等均可作为隔离层使用;密实性细石混凝土防水屋面的做法:混凝土强度等级不低于C20,厚度为40 ~60 mm,并在其上部配置双向Φ(4 ~6)@150 ~200的钢丝网,钢筋宜配置在中层偏上位置,上面留出15 mm保护层厚度即可。具体见图2-90。

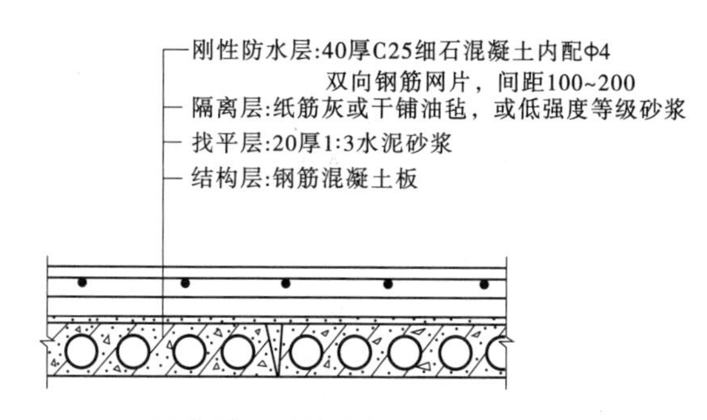

图2-90　刚性防水屋面组成示意图

刚性防水屋面分格缝设置部位主要在:结构变形敏感处(一般有预制板的支承端、屋面转折处、现浇与预制板交接处、屋脊、泛水等处),温度变形允许范围(分格缝间距≤6 m,每个分格缝区格面积为20 ~30 m²);分格缝的具体构造:宽度一般为20 mm,有平缝和凸缝两种构造。

三、墙身防潮

建筑地下部分的墙体和基础会受到土壤中潮气的影响,土壤中的潮气进入这部分材料的孔隙内形成毛细水,毛细水沿墙体上升,逐渐使地上部分墙体潮湿,影响了建筑的正常使用和安全,如图2-91所示。为了阻隔毛细水的上升,应当在墙体中设置防潮层。防

潮层分为水平防潮层和垂直防潮层两种形式。

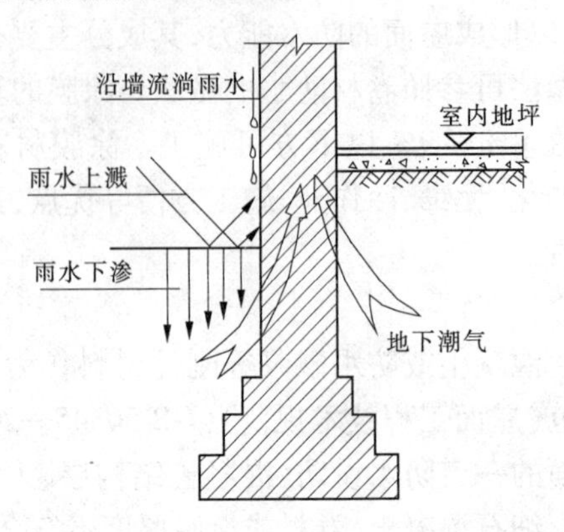

图 2-91　地下潮气对墙身的影响

(一) 水平防潮层

1. 防潮层的位置

所有墙体的根部均应设置水平防潮层。为了防止地表水反渗的影响,防潮层应设置在距室外地面 150 mm 以上的墙体内。同时,防潮层应设置在首层地坪结构层(如混凝土垫层)厚度范围之内的墙体之中,与地面垫层形成一个封闭的隔潮层。当首层地面为实铺时,防潮层的位置通常选择在 -0. 060 m 处,以保证隔潮的效果,如图 2-92(a)所示。防潮层位置关系到防潮的效果,位置不当,就不能完全阻隔地下潮气,如图 2-92(b)、(c)所示。

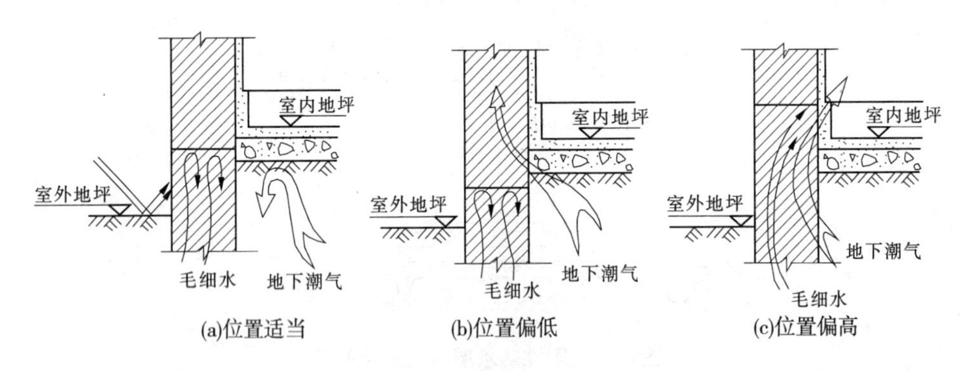

图 2-92　防潮层的位置

2. 防潮层的做法

1) 卷材防潮层

卷材防潮层的防潮性能较好,并具有相当的韧性,曾经被普遍采用。但由于卷材防潮层不能与砂浆有效地黏结,会把上下墙体结构分隔开,破坏了建筑的整体性,对抗震不利。同时,卷材的使用寿命往往低于建筑的耐久年限,失效后将无法起到防潮的作用。因此,目前卷材防潮层在建筑中使用得较少。

卷材防潮层多采用沥青油毡,分为干铺和粘贴两种做法。干铺法是在防潮层部位的墙体上用 20 mm 厚 1∶3水泥砂浆找平,然后干铺一层油毡;粘贴法是在找平层上做一毡二油防潮层。卷材的宽度应比墙体宽 20 mm,搭接长度不小于 100 mm。

2)防水砂浆防潮层

防水砂浆防潮层解决了卷材防潮层的缺陷,目前在实际工程中应用较多。由于防水砂浆属刚性材料,易产生裂缝,在基础沉降量大或有较大振动的建筑中应慎重使用。

防水砂浆防潮层是在防潮层部位抹 25 mm 厚掺入防水剂的 1:2水泥砂浆,防水剂的掺入量一般为水泥质量的 5%;也可以在防潮层部位用防水砂浆砌 3 ~5 皮砖,同样可以达到防潮的目的。

3)细石混凝土防潮层

细石混凝土防潮层的优点较多,它不破坏建筑的整体性,抗裂性能好,防潮效果也好,但施工较复杂。在条件允许时,细石混凝土防潮层可以与基础圈梁一并设置。

细石混凝土防潮层是在防潮层部位设置 60 mm 厚与墙体宽度相同的细石混凝土带,内配 3 Φ6 或 3 Φ8 钢筋。

(二)垂直防潮层

当室内地面出现高差或室内地面低于室外地面时。由于地面较低,一侧房间下部一定范围内墙体的另外一侧为潮湿土壤。为了保证这部分墙的干燥,除要分别按高差不同在墙内设置两道水平防潮层外,还要对两道水平防潮层之间的墙体做防潮处理,即垂直防潮层。垂直防潮层的具体做法为:在墙体靠回填土一侧用 20 mm 厚 1:2水泥砂浆抹灰,涂冷底子油一道,再刷两遍热沥青防潮,也可以抹 25 mm 厚防水砂浆。在另一侧的墙面,最好用水泥砂浆抹灰。

四、楼层防水

在厕所、盥洗室、淋浴室和实验室等用水频繁的房间,地面容易积水,应处理好楼地面的防水。楼层防水主要有楼地面排水和楼地面防水两种措施。

(一)楼地面排水

为防止用水房间地面积水外溢,用水房间地面应比相邻房间或走道地面低 20 ~30 mm,也可用门槛挡水。楼地面排水的通常做法是设置 1% ~1.5% 的排水坡度,并配置地漏。

(二)楼地面防水

现浇钢筋混凝土楼板是用水房间的常用做法。当房间有较高的防水要求时,还需在现浇楼板上设置一道防水层,为防止积水沿房间四周侵入墙身,应将防水层沿墙角向上翻起成泛水,高度一般高出楼地面 150 ~200 mm,如图 2-93 所示。

五、地层防潮

地面一般与土壤直接接触,土壤中水分会通过毛细作用引起地面受潮,影响正常使用。为避免潮湿对地面的影响,应做防潮处理。对防潮要求较高的房间,一般是在地面垫层与面层之间铺设热沥青、油毡等防潮层,并在垫层下设置粒径均匀的卵石、碎石或粗砂等切断毛细水的通道,如图 2-94(a)所示;在空气相对湿度较大的地区,由于地表温度低于室内空气温度,地面上易产生凝结水,引起地面返潮。必要时可在垫层上设保温层并在

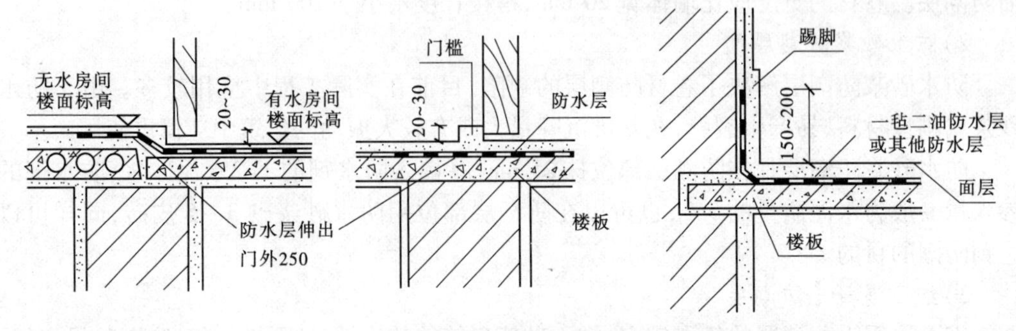

图 2-93　楼地面防水

其下设置防水层,如图 2-94(b)所示;或选用黏土砖、大阶砖、陶土板等材料做面层以改善冷凝水现象,如图 2-94(c)所示;对温差较大、地下水位高的房间,可采用架空式地坪构造,将地层底板搁置在地垄墙上,形成通风层,但造价较高,如图 2-94(d)所示。

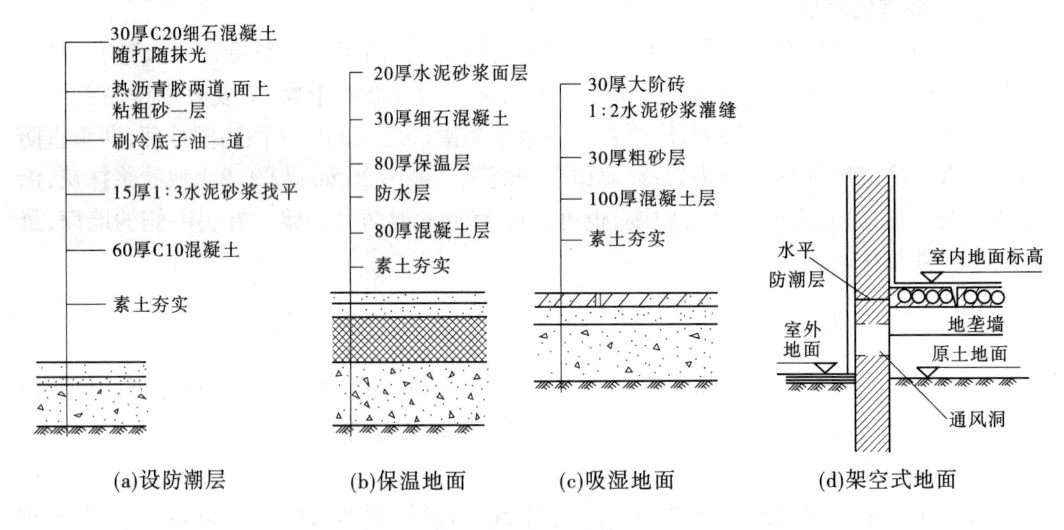

图 2-94　地层防潮

六、地下室的类型与组成、防潮与防水

(一)地下室的类型与组成

1. 地下室的类型

1)按使用性质分类

(1)普通地下室:普通的地下空间,一般按地下楼层进行设计,用作设备用房、储藏用房、商场、餐厅、车库等。

(2)人防地下室:有战备防空要求的地下空间。人防地下室应妥善解决紧急状态下的人员隐蔽与疏散,应有保证人身安全的技术措施。考虑和平年代的使用,人防地下室在功能上应能满足平战结合的使用要求。

2)按埋入地下深度分类

(1)全地下室:是指地下室地面低于室外地坪的高度超过该房间净高 1/2 者。

(2)半地下室:是指地下室地面低于室外地坪的高度超过该房间净高 1/3 且不超过 1/2 者。

2. 地下室的组成

地下室一般由墙体、底板、顶板、楼梯、门窗等部分组成。

1)墙体

地下室的墙体不仅要承受上部传来的垂直荷载,还要承受土、地下水、土壤冻结时的侧压力。所以,当采用砖墙时,厚度不宜小于 370 mm。当上部荷载较大或地下水位较高时,最好采用混凝土或钢筋混凝土墙,厚度不宜小于 200 mm。

2)底板

地下室的地坪主要承受地下室的使用荷载,当地下水位高于地下室的地坪时,还要承受地下水浮力的作用,所以地下室的底板应有足够的强度、刚度和抗渗能力,一般采用钢筋混凝土底板。

3)顶板

地下室的顶板主要承受建筑物首层的使用荷载,可采用现浇钢筋混凝土楼板或预制。

4)楼梯

地下室的楼梯一般与上部楼梯结合设置,当地下室的层高较小时,楼梯多为单跑式。对于防空地下室,应至少设置两部楼梯与地面相连,并且必须有一部楼梯通向安全出口。

5)门窗

地下室门窗的构造与地上部分相同,当为全地下室时,须设置采光井。采光井的作用是降低地下室采光窗外侧的地坪,以满足全地下室的采光和通风要求(见图 2-95)。

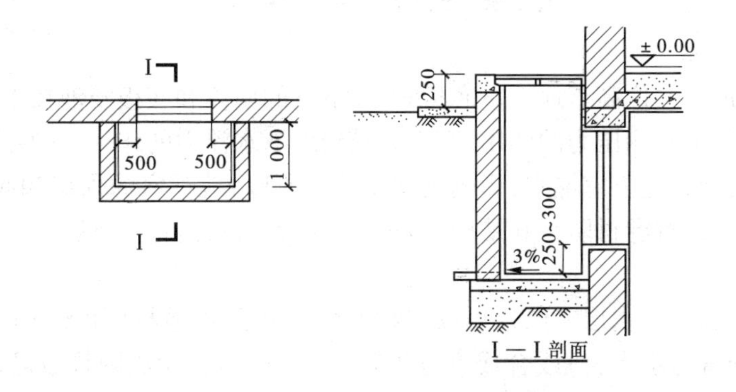

图 2-95　地下室采光井

(二)地下室防潮

由于地下室的墙身、底板埋在土中,长期受到潮气或地下水的侵蚀,会引起室内地面、墙面生霉,墙面装饰层脱落,严重时使室内进水,影响地下室的正常使用和建筑物的耐久性。因此,必须对地下室采取相应的防潮、防水措施,以保证地下室在使用时不受潮、不渗漏。

当地下水的最高水位低于地下室地坪 300 ~ 500 mm 时,地下室的墙体和底板只会受到土中潮气的影响,所以只需做防潮处理,即在地下室的墙体和底板中采用防潮构造。

当地下室的墙体采用砖墙时,墙体必须用水泥砂浆来砌筑,要求灰缝饱满,并在墙体的外侧设置垂直防潮层和在墙体的上下设置水平防潮层。

墙体垂直防潮层的做法是:先在墙外侧抹20 mm厚1∶2.5的水泥砂浆找平层,延伸到散水以上300 mm,找平层干燥后,上面刷一道冷底子油和二道热沥青,然后在墙外侧回填低渗透性的土壤,如黏土、灰土等,并逐层夯实,宽度不小于500 mm;墙体水平防潮层中一道设在地下室地坪以下60 mm处,一道设在室外地坪以上200 mm处(见图2-96(a))。如果墙体采用现浇钢筋混凝土墙,则不需做防潮处理。地下室防潮时,底板可采用非钢筋混凝土,其防潮构造见图2-96(b)。

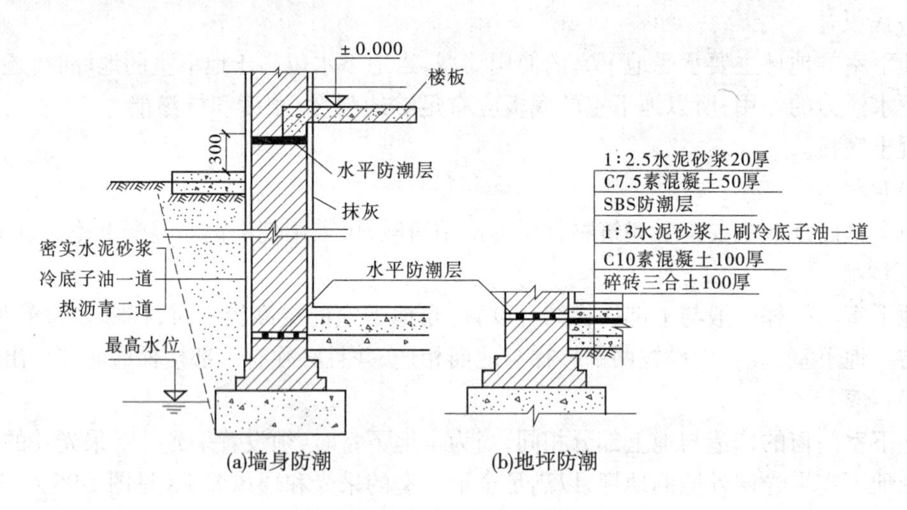

图2-96 地下室防潮处理构造

(三)地下室防水

当地下水的最高水位高于地下室底板时,地下室的墙体和底板浸泡在水中,这时地下室的外墙会受到地下水侧压力的作用,底板会受到地下水浮力的作用,这些压力水具有很强的渗透能力,会导致地下室漏水,影响正常使用。所以,地下室的外墙和底板必须采取防水措施。具体做法有卷材防水和结构自防水或混凝土构件自防水两种。

1. 卷材防水

目前工程中,卷材防水层一般采用高聚物改性沥青防水卷材(如SBS改性沥青防水卷材、APP改性沥青防水卷材)或合成高分子防水卷材(如三元乙丙橡胶防水卷材、再生胶防水卷材等)与相应的胶结材料黏结形成防水层。按照卷材防水层的位置不同,分外防水和内防水。

1)外防水

外防水是将卷材防水层满包在地下室墙体和底板外侧的做法。其构造要点是:先做底板防水层,并在外墙外侧伸出接茬,将墙体防水层与其搭接,并高出最高地下水位500~1 000 mm,然后在墙体防水层外侧砌半砖保护墙。应注意在墙体防水层的上部设垂直防潮层与其连接(见图2-97)。

2)内防水

内防水是将卷材防水层满包在地下室墙体和地坪结构层内侧的做法。内防水施工方便，但属于被动式防水，对防水不利，所以一般用于修缮工程（见图2-98）。

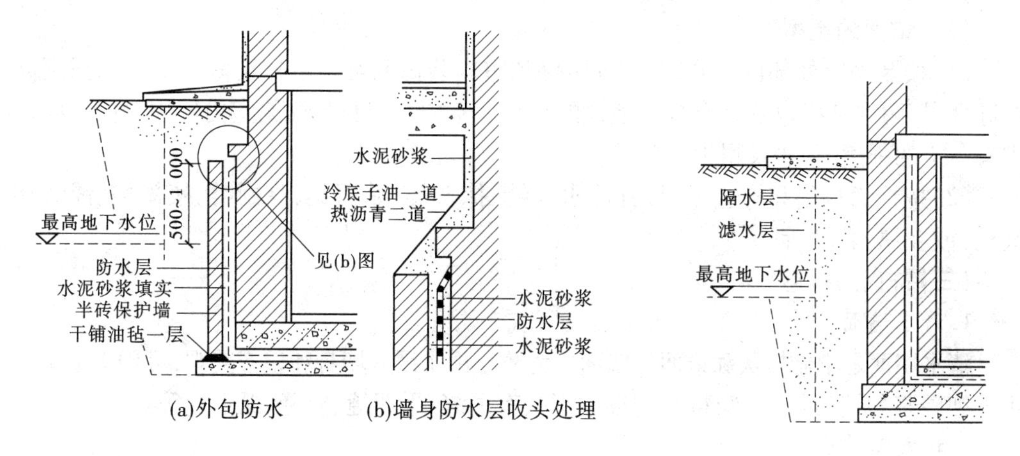

(a)外包防水　(b)墙身防水层收头处理

图2-97　地下室外防水构造

图2-98　地下室内防水构造

2.结构自防水

当地下室的墙体和地坪均为钢筋混凝土结构时，可通过增加混凝土的密实度或在混凝土中添加防水剂、加气剂等方法来提高混凝土的抗渗性能。这时，地下室就不需再专门设置防水层，这种防水做法称为结构自防水或混凝土构件自防水。地下室采用构件自防水时，外墙板的厚度不得小于200 mm，底板的厚度不得小于150 mm，以保证刚度和抗渗效果。为防止地下水对钢筋混凝土结构的侵蚀，在墙的外侧应先用水泥砂浆找平，然后刷热沥青隔离（见图2-99）。

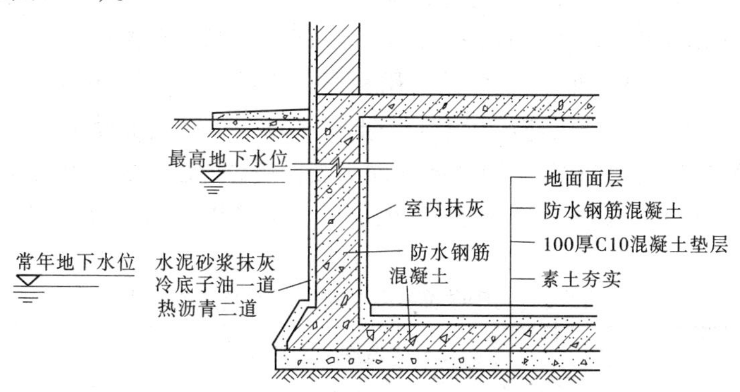

图2-99　地下室结构自防水构造

第六节　建筑装修

一、墙面装修

（一）饰面的作用

（1）保护墙体。增强墙体的坚固性、耐久性，延长墙体的使用年限。

（2）改善墙体的使用功能。提高墙体的保温、隔热和隔音能力。

(3)提高建筑的艺术效果,美化环境。

(二)饰面的类型

(1)按装修所处部位不同,有室外装修和室内装修两类。室外装修要求采用强度高、抗冻性强、耐水性好以及具有抗腐蚀性的材料。室内装修材料则因室内使用功能不同,要求有一定的强度、耐水及耐火性。

(2)按饰面材料和构造不同,有清水勾缝、抹灰类、贴面类、涂刷类、裱糊类、铺钉类、玻璃(或金属)幕墙等。

(三)饰面的构造

1. 清水墙面

清水墙面是不做抹灰和饰面的墙面。为防止雨水浸入墙身和整齐美观,可用1:1或1:2水泥细砂浆勾缝(或掺入颜料),勾缝的形式有平缝、平凹缝、斜缝、弧形缝等。

2. 抹灰类墙面

抹灰工程分为内抹灰和外抹灰。通常把位于室内各部位的抹灰叫内抹灰,如内墙面、顶棚、墙裙、踢脚线、内楼梯等。把位于室外各部位的抹灰叫外抹灰,如外墙面、雨篷、阳台等。

内抹灰主要起保护墙体、改善室内卫生条件、增强光线反射、美化环境的作用。

外抹灰主要起保护墙身不受风、雨、雪的侵蚀,提高墙面防潮、防风化、隔热及耐久性等作用,并且是对建筑表面进行艺术处理的措施之一。

抹灰分为一般抹灰和装饰抹灰两类。

(1)一般抹灰。有石灰砂浆、混合砂浆、水泥砂浆等。一般外墙抹灰为20~25 mm厚,内墙抹灰为15~20 mm厚,顶棚抹灰为12~15 mm厚。在构造上和施工时须分层操作,一般分为底层、中层和面层,各层的作用和要求不同。底层抹灰主要起到与基层墙体黏结和初步找平的作用;中层抹灰在于进一步找平以减少打底砂浆层干缩后可能出现的裂纹;面层抹灰主要起装饰作用,因此要求面层表面平整、无裂痕、颜色均匀。

(2)装饰抹灰。有水刷石、干粘石、斩假石等。表2-9是几种装饰抹灰的构造层次及施工工艺。

表2-9　几种装饰抹灰的构造层次及施工工艺

面层名称	构造层次及施工工艺
水刷石	15 mm厚1:3水泥砂浆打底,水泥纯浆一道,10 mm厚1:(1.2~1.4)水泥石渣粉面,凝结前用清水自上而下洗刷,使石渣露出表面
干粘石	15 mm厚1:3水泥砂浆打底,水泥纯浆一道,4~6 mm厚1:1水泥砂浆+803胶黏结层,3~5 mm厚彩色石渣面层(用甩或喷的方法施工)
斩假石	15 mm厚1:3水泥砂浆打底,水泥纯浆一道,10 mm厚1:(1.2~1.4)水泥石渣粉面,用剁斧斩去表面层水泥浆或石尖部分,使其显出凿纹

3. 贴面类墙面

贴面类装修指在内外墙面上通过挂和粘贴各种天然石板、人造石板、陶瓷面砖等的饰面方法。

下面简单介绍几种墙体贴面的做法。

1)陶瓷面砖饰面构造

陶瓷面砖应先放入水中浸泡,安装前取出晾干或擦干净,安装时先在基层上抹10~15 mm厚1:3水泥砂浆打底并划毛,再用1:0.3:3水泥石灰混合砂浆或用掺有107胶(水泥用量5%~7%)的1:2.5水泥砂浆满刮8~10 mm厚于面砖背面紧贴于墙上。对贴于外墙的面砖常在面砖之间留出一定缝隙。

2)陶瓷锦砖饰面构造

陶瓷锦砖也称马赛克,有陶瓷锦砖和玻璃锦砖之分。它的尺寸较小,根据其花色品种,可拼成各种花纹图案。铺贴时先按设计的图案将小块材正面向下贴在牛皮纸上,规格有325 mm×325 mm等,然后牛皮纸面向外用1:1水泥细砂浆将马赛克贴于饰面基层上,用木板压平,待半凝后将纸洗掉,同时修整饰面即可。

3)天然石材和人造石材饰面构造

常见天然石材饰面有花岗石、大理石和青石板等,具有强度高、耐久性好等特点,多用于高级装饰。常见人造石材饰面有预制水磨石板、人造大理石板等。

天然石材和人造石材安装方法相同,先在墙内或柱内预埋Φ6铁箍,间距依石材规格而定,铁箍内立Φ(8~12)竖筋,在竖筋上绑扎横筋,形成钢筋网。在石板上下边钻小孔,用双股16号钢丝绑扎固定在钢筋网上。上、下两块石板用不锈钢卡销固定。板与墙面之间预留20~30 mm缝隙,上部用定位活动木楔做临时固定,校正无误后,在板与墙之间浇筑1:3水泥砂浆,待砂浆初凝后,取掉定位活动木楔,继续上层石板的安装,如图2-100所示。

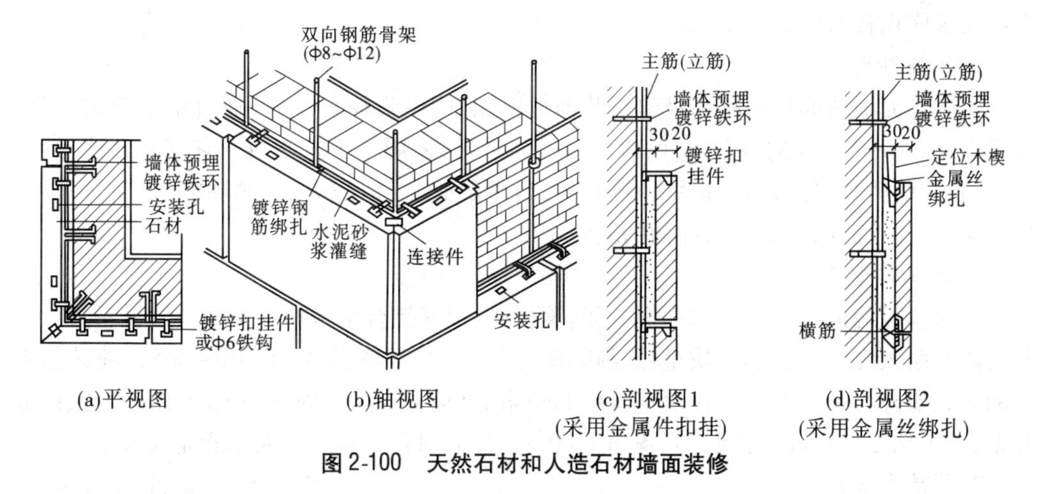

图2-100 天然石材和人造石材墙面装修

4. 涂刷类墙面

涂料饰面是在木基层表面或抹灰饰面的底灰、中灰及面灰上喷、刷涂料涂层的饰面。

涂料饰面是靠一层很薄的涂层起保护和装饰作用的,可以根据需要配成多种色彩。按涂刷材料种类不同,可分为刷浆类饰面、涂料类饰面、油漆类饰面三类。涂料饰面涂层薄,抗蚀能力差,外用乳液涂料使用年限一般为4~10年,但是由于涂料饰面施工简单、省工省料、工期短、效率高、自重轻、维修更新方便,所以在饰面装修工程中得到了较为广泛应用。

5.裱糊类墙面

裱糊类墙面装修用于建筑内墙,是将各种装饰性的墙纸、墙布、织锦等饰面装饰材料用胶粘贴到平整基层上的装修做法。裱糊类墙体饰面装饰性强,造价较经济,施工方法简便、效率高,饰面材料更换方便,在曲面和墙面转折处粘贴可以获得连续的饰面效果。

1)裱糊类墙面的基层处理

裱糊类墙面的饰面在施工前要对基层进行处理。处理后的基层应坚实牢固、表面平整光洁、线脚通畅顺直、不起尘、无砂粒和孔洞,同时应使基层保持干燥。处理方法为:在基层表面满刷一遍按1:0.5~1:1稀释的107胶水。

2)裱糊类墙面的饰面材料

裱糊类墙面的饰面材料种类很多,常用的有墙纸、墙布、锦缎、皮革、木皮等。锦缎、皮革和木皮裱糊墙面属于高级室内装修,用于室内使用要求较高的场所。这里主要介绍墙纸和墙布裱糊的施工及接缝处理。墙纸或墙布在施工前要先做浸水或润水处理,使其发生自由膨胀变形。裱糊的顺序为先上后下、先高后低。相邻面材可在接缝处使两幅材料重叠20 mm,用工具刀沿钢直尺进行裁切,然后将多余部分揭去,再用刮板刮平接缝。当饰面有拼花要求时,应使花纹重叠搭接。

6.铺钉类墙面

铺钉类墙面是在抹灰的基础上钉骨架,再在骨架上铺贴面板,板材贴面常以夹心板、密度板或其他木质板材做衬板,其上贴装饰面板,然后施涂料。

面板可采用天然木板或各种人造薄板以及硬木板、胶合板、纤维板、石膏板等,近年来金属面板应用日益广泛。常见的构造方法如下。

1)木质贴面板墙面

木质贴面板墙面是一种高级建筑装饰材料,利用珍贵树种木材,通过精密刨切,制得厚度为0.2~0.5 mm的微薄木片,以胶合板为基材,采用粘工艺制成。它安装方便,具有天然的纹理,美观华丽,亲切自然,有回归大自然的感觉,但防火、防潮性能欠佳。一般多用作宾馆、建筑的门厅以及大厅面的装修。

2)金属薄板墙面

金属薄板墙面是指利用薄钢板、不锈钢板、铝板或铝合金板作为墙面装修材料。金属板材具有耐久性能好、坚固、质量轻、易拆卸等特点,并且精密、轻盈、风格简洁、独具艺术风韵。金属外墙板一般悬挂在承重骨架的外墙上,施工方法多为预制装配,由于节点构造复杂,施工精度要求高,必须有完备的工具和经过培训有经验的工人才能完成操作。

7.幕墙类墙面

幕墙类墙面按幕墙面材料分为玻璃、金属、轻质混凝土挂板、天然花岗石板等幕墙。其中,玻璃幕墙是当代的一种新型墙体,不仅装饰效果好,而且质量轻、安装速度快,是外墙轻型化、装配化较理想的形式。

玻璃幕墙按玻璃镶嵌方式可分为明框玻璃幕墙、隐框玻璃幕墙、半隐框玻璃幕墙、全玻璃幕墙等。

(1)明框玻璃幕墙是指金属框架构件显露在外表面的玻璃幕墙。它是最传统的玻璃幕墙形式,玻璃采用镶嵌或压扣等机械方式镶嵌在铝框内,成为四边有铝框的幕墙构件,幕墙构件镶嵌在横梁上,形成横梁立柱外露、铝框分格明显的立面。明框玻璃幕墙工作性能可靠,使用寿命长,表面分格明显。

(2)隐框玻璃幕墙的玻璃用硅酮密封胶固定在金属框上。隐框玻璃幕墙均采用镀膜玻璃,由于镀膜玻璃具有单向透像的特性,从外侧看不到框料,达到隐框的效果。

(3)半隐框玻璃幕墙结合以上两种幕墙的特点,可以是横明竖隐,也可以是竖明横隐。根据立面的需要,选择隐藏的幕墙框架。如要强调竖向立面线条,可把横向框架隐藏在玻璃幕墙后面,造成竖明横隐。

(4)全玻璃幕墙是大片玻璃与支承框架均为玻璃的幕墙,又称玻璃框架玻璃幕墙。它是一种全透明、宽视野的玻璃幕墙,由于它透明、轻盈、空间渗透强,适用于大的公共建筑,目前正广泛地应用于展览大厅、候机室、建筑的大堂、采光顶和大门入口天棚等。

二、楼地面装修

楼地面装修主要是指楼板层和地坪层的面层装修。面层一般包括面层和面层下面的找平层两部分。楼地面的名称是以面层的材料和做法来命名的,如面层为水磨石,则该地面称为水磨石地面;如面层为木材,则该地面称为木地面。

地面按其材料和做法可分为四大类型,即整体地面、块料地面、塑料地面和木地面。

(一)整体地面

整体地面包括水泥砂浆地面、水磨石地面等现浇地面。

1. 水泥砂浆地面

水泥砂浆地面,即在混凝土垫层或结构层上抹水泥砂浆。一般有单层和双层两种做法。单层做法只抹一层20~25 mm厚1:2或1:2.5水泥砂浆;双层做法是增加一层10~20 mm厚1:3水泥砂浆找平层,表面只抹5~10 mm厚1:2水泥砂浆。双层做法虽增加了工序,但不易开裂。

水泥砂浆地面通常用作对地面要求不高的房间或进行二次装饰的商品房的地面。原因在于水泥砂浆地面构造简单、坚固,能防潮、防水且造价又较低。但水泥砂浆地面蓄热系数大,冬天感觉冷,空气湿度大时易产生凝结水,而且表面起灰,不易清洁。

2. 水磨石地面

水磨石地面一般分两层施工。在刚性垫层或结构层上用10~20 mm厚的1:3水泥砂浆找平,面铺10~15 mm厚1:(1.5~2)的水泥白石子,待面层达到一定强度后加水用磨石机磨光、打蜡即成。所用水泥为普通水泥,所用石子为中等硬度的方解石、大理石、白云石屑等。

为适应地面变形可能引起的面层开裂以及施工和维修方便,做好找平层后,用嵌条把地面分成若干小块,尺寸约1 000 mm。分块形状可以设计成各种图案。嵌条用料常为玻璃、塑料或金属条(铜条、铝条),嵌条高度同磨石面层厚度,用1:1水泥砂浆固定。嵌固砂浆不宜过高,否则会造成面层在嵌条两侧仅有水泥而无石子,影响美观(见图2-101)。

如果将普通水泥换成白水泥,并掺入不同颜料做成各种彩色地面,谓之美术水磨石地

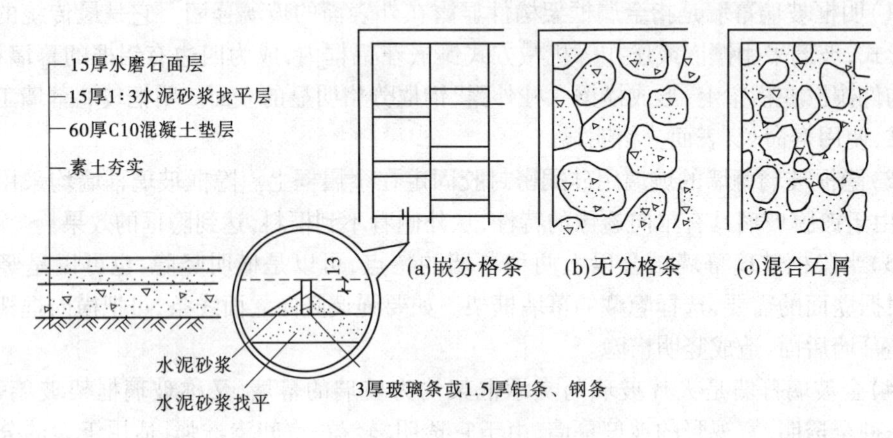

图 2-101 水磨石地面

面,但造价较普通水磨石高约4倍。

水磨石地面具有良好的耐磨性、耐久性、防水、防火性,并具有质地美观、表面光洁、不起尘、易清洁等优点。通常应用于居住建筑的浴室、厨房、厕所和公共建筑门厅、走道及主要房间地面、墙裙等。

(二)块料地面

块料地面是把地面材料加工成块(板)状,然后借助胶结材料贴或铺砌在结构层上。

胶结材料既起胶结作用又起找平作用,也有先做找平层再做胶结层的。常用胶结材料有水泥砂浆、油膏等,也有用细砂和细炉渣做结合层的。块料地面种类很多,常用的有陶瓷地砖地面、石板地面、陶瓷锦砖地面等。

1. 陶瓷地砖地面

陶瓷地砖又称墙地砖,其类型有釉面地砖、无光釉面砖和无釉防滑地砖及抛光同质地砖。陶瓷地砖有红、浅红、白、浅黄、浅绿、浅蓝等各种颜色。地砖色调均匀,砖面平整,抗腐耐磨,施工方便,且块大缝少,装饰效果好,特别是防滑地砖和抛光地砖又能防滑,因而越来越多地用于办公、商店、旅馆和住宅中。陶瓷地砖一般厚6~10 mm,其规格有500 mm×500 mm、400 mm×400 mm、300 mm×300 mm、250 mm×250 mm、200 mm×200 mm。块越大,价格越高,装饰效果越好。

2. 石板地面

石板地面包括天然石地面和人造石地面。

天然石有大理石和花岗石等。人造石有预制水磨石板、人造大理石板等。天然石地面的主要优点是装饰效果好、耐磨,但价格比较昂贵,属高档的地面装饰材料。

石板尺寸一般为500 mm×500 mm以上,铺设时需预先试铺,合适后再正式粘贴,其表面的平整度要求较高。构造做法是在混凝土垫层上先用20~30 mm厚1∶3~1∶4干硬性水泥砂浆找平,再用5~10 mm厚1∶1水泥砂浆铺贴石板,缝中灌稀水泥浆擦缝。

3. 陶瓷锦砖地面

陶瓷锦砖又称马赛克,是以优质瓷土烧制而成的小尺寸瓷砖,其特点与面砖相似。陶瓷锦砖有不同大小、形状和颜色,并由此可以组合成各种图案,使饰面能达到一定艺术效果。陶瓷锦砖块小缝多,主要用于防滑要求较高的卫生间、浴室等房间的地面。

(三)塑料地面

从广义上讲,塑料地面包括一切以有机物质为主所制成的地面覆盖材料。例如,有一定厚度平面状的块材或卷材形式的油地毡、橡胶地毯、涂料地面和涂布无缝地面。

塑料地面装饰效果好、色彩鲜艳、施工简单、维修保养方便、有一定弹性、脚感舒适、步行时噪声小,但它有容易老化、日久失去光泽、受压后产生凹陷、不耐高热、硬物刻画易留痕等缺点。

下面介绍聚氯乙烯塑料地面、涂料地面。

1. 聚氯乙烯塑料地面

聚氯乙烯塑料地面是以聚氯乙烯树脂为主要胶结材料,配以增塑剂、填充料、稳定剂、润滑剂和颜料,经高速混合、塑化、辊压或层压成型而成的。聚氯乙烯塑料地面品种繁多,就外形看,有块材和卷材之分;就材质看,有软质和半硬质之分;就结构看,有单层和多层复合之分;就颜色看,有单色和复色之分。聚氯乙烯塑料地面所用黏结剂也有多种,如溶剂性氯丁橡胶黏结剂、聚酯酸乙烯黏结剂、环氧树脂黏结剂、水乳型氯丁橡胶黏结剂等。

2. 涂料地面

涂料地面和涂布无缝地面的区别在于:前者以涂刷方法施工,涂层较薄;而后者以刮涂方式施工,涂层较厚。

用于地面的涂料有地板漆、过氯乙烯地面涂料、苯乙烯地面涂料等。这些涂料施工方便,造价较低,可以提高地面耐磨性和韧性以及不透水性,适用于民用建筑中的住宅、医院等。但由于过氯乙烯地面涂料、苯乙烯地面涂料是溶剂型的,施工时有大量有机溶剂逸出,污染环境;另外,由于涂层较薄、耐磨性差,所以不适用于人流密集、经常受到摩擦的公共场所。

(四)木地面

木地面的主要特点是有弹性、不起火、不反潮、导热系数小,常用于住宅、宾馆、体育馆、剧院舞台等建筑。木地面按其板材规格常采用条木地面和拼花木地面。条木地面一般为长条企口地板,50～150 mm 宽,左右板缝具有凹凸企口,铺设于基层木搁栅上(见图 2-102(b))。拼花木地板是由 200 mm×300 mm 窄条硬木地板纵横穿插镶铺而成的,铺设时在搁栅上斜铺毛板,拼花地板铺设于毛板上(见图 2-102(a))。

木地面按其构造方法有空铺、实铺和粘贴 3 种。空铺木地面耗木料多,现已较少采用,实铺木地面是直接在实体基层上铺设木地板。木搁栅固定在结构层上,可采用埋铅丝绑扎或 V 形铁件嵌固等方式。底层地面为了防潮,在结构层上涂刷冷底子油和热沥青。粘贴木地面直接粘贴在找平层上。粘贴材料常用沥青胶、环氧树脂、乳胶等。粘贴木地面省去搁栅,构造简单,但应注意保证粘贴质量和基层平整(见图 2-102(c))。

三、顶棚装修

顶棚是位于楼板层和屋顶最下面的装修层,以满足室内的使用和美观要求。按照顶棚的构造形式不同,顶棚分为直接式顶棚和悬吊式顶棚。

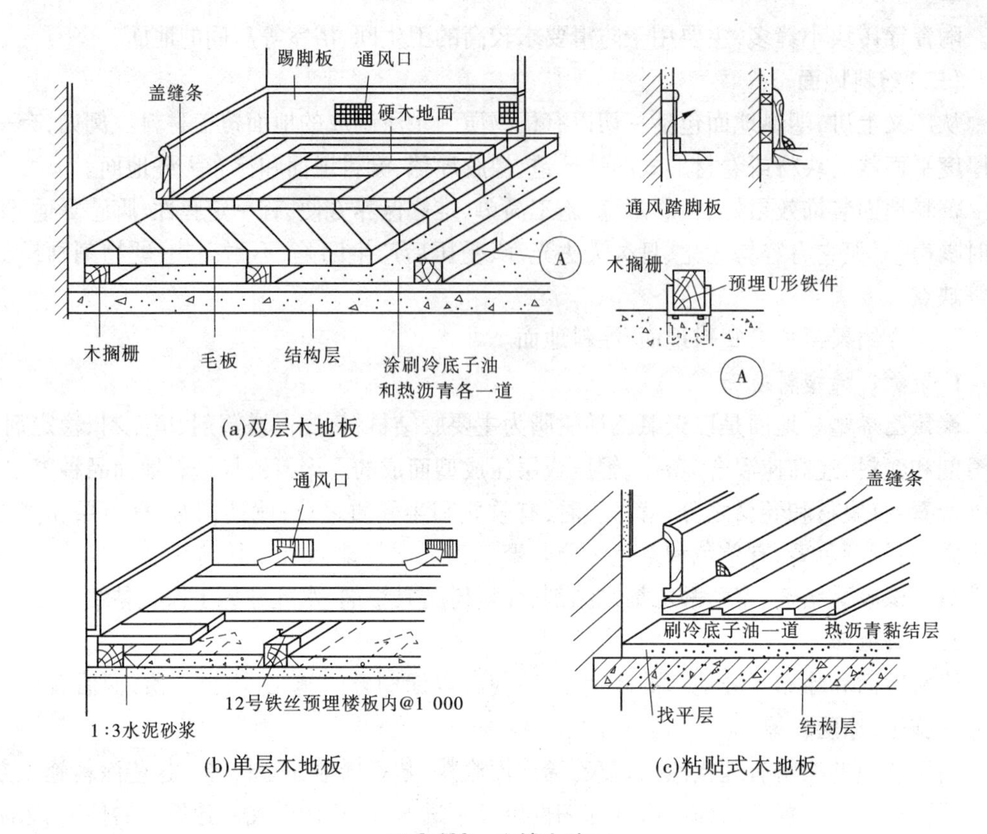

图2-102 实铺木地面

(一)直接式顶棚

直接式顶棚是直接在楼板层和屋顶的结构层下面喷涂、抹灰或贴面形成装修面层,这种顶棚叫作直接式顶棚。直接式顶棚的做法一般和室内墙面的做法相同,与上部结构层之间不留空隙,具有取材容易、构造简单、施工方便、造价较低的优点,所以得到广泛的应用。

1.喷涂顶棚

喷涂顶棚是在楼板或屋面板的底面填缝刮平后,直接喷涂大白浆、石灰浆等涂料形成顶棚。喷涂顶棚的厚度较薄,装饰效果一般,适用于对观瞻要求不高的建筑。

2.抹灰顶棚

抹灰顶棚是在楼板或屋面板的底面勾缝或刷素水泥浆后,进行表面抹灰,有的还在抹灰层的上面再刮仿瓷涂料或喷涂乳胶漆等涂料形成顶棚,其装饰效果优于喷涂顶棚,适用于室内装饰要求一般的建筑(见图2-103(a)、(b))。

3.贴面顶棚

贴面顶棚是在楼板或屋面板的底面用砂浆找平后,用胶黏剂粘贴墙纸、泡沫塑料板或装饰吸声板等形成顶棚。贴面顶棚的材料丰富,能满足室内不同的使用要求,如保温、隔热、吸声等(见图2-103(c))。

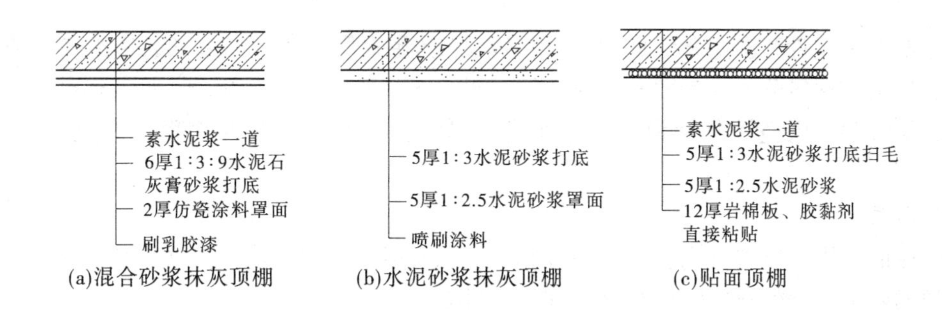

图2-103　直接式顶棚构造

(二)悬吊式顶棚

悬吊式顶棚悬吊在楼板层和屋顶的结构层下面，与结构层之间留有一定的空间，以满足遮挡不平整的结构底面、敷设管线、通风、隔音以及特殊的使用要求。同时，悬吊式顶棚的面层可做成高低错落、虚实对比、曲直组合等各种艺术形式，具有很强的装饰效果。但悬吊式顶棚构造复杂、施工繁杂、造价较高，适用于装修质量要求较高的建筑。

悬吊式顶棚一般由吊筋、骨架和面层组成。

1. 吊筋

吊筋又叫吊杆，是连接楼板层和屋顶的结构层与顶棚骨架的杆件，其形式和材料的选用与顶棚的重量、骨架的类型有关，一般有Φ(6～8)的钢筋、8号钢丝或Φ8的螺栓。吊筋与楼板和屋面板的连接方式与楼板和屋面板的类型有关(见图2-104)。

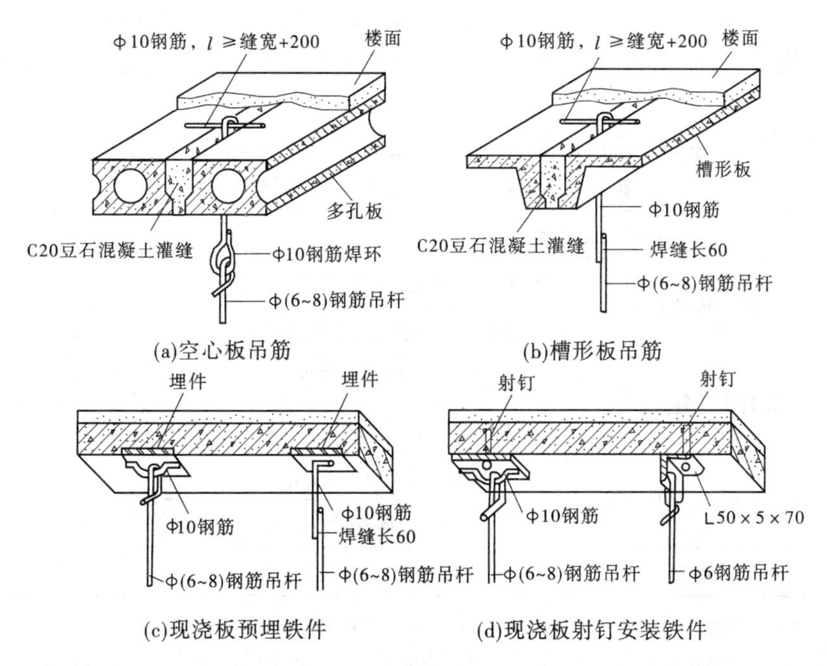

(c)现浇板预埋铁件　(d)现浇板射钉安装铁件

图2-104　吊筋与楼板的连接

2.骨架

骨架由主龙骨和次龙骨组成,其作用是承受顶棚荷载并将荷载由吊筋传给楼板或屋面板。骨架按材料分为木骨架和金属骨架两类。木骨架制作工效低、不耐火,现已较少采用。金属骨架多用轻钢龙骨和铝合金龙骨,一般是定型产品,装配化程度高,现被广泛采用。

3.面层

面层的作用是装饰室内,并满足室内的吸声、反射等特殊要求。其材料和构造形式应与骨架相匹配,一般有抹灰类、板材类和格栅类等。

第七节 建筑变形缝

一、变形缝的作用、类型及设置要求

由于温度变化、地基不均匀沉降和地震因素的影响,使建筑物发生裂缝或破坏。因此,在设计时事先将房屋划分成若干个独立的部分,使各部分能自由地变形,这种将建筑物垂直分开的预留缝称为变形缝。建筑物通过预留缝分为各个独立的区段,使各部分相对独立变形,互不影响。这种设变形缝的方式可防止房屋由于温度变化、地基不均匀沉降和地震因素影响产生的破坏。变形缝有伸缩缝、沉降缝、防震缝三种。

(一)伸缩缝

伸缩缝是在长度或宽度较大的建筑物中,为避免由于温度变化引起材料的热胀冷缩产生的内应力累计导致构件破坏,而沿建筑物的竖向将基础以上部分全部断开的垂直缝隙。伸缩缝的宽度一般为20~30 mm。由于基础埋在地下,受温度变化影响较小,所以不必断开。

砌体结构和钢筋混凝土结构伸缩缝的最大间距规定见表2-10和表2-11。

表2-10 砌体房屋伸缩缝的最大间距

屋盖或楼盖类别		间距(m)
整体式或装配整体式钢筋混凝土结构	有保温层或隔热层的屋盖、楼盖	50
	无保温层或隔热层的屋盖	40
装配式无檩体系钢筋混凝土结构	有保温层或隔热层的屋盖、楼盖	60
	无保温层或隔热层的屋盖	50
装配式有檩体系钢筋混凝土结构	有保温层或隔热层的屋盖	75
	无保温层或隔热层的屋盖	60
瓦材屋盖、木屋盖或楼盖、轻钢屋盖		100

注:1.层高大于5 m的砌体结构单层建筑,其伸缩缝间距可按表中数值乘以1.3。

2.温差较大且变化频繁的地区和严寒地区不采暖建筑物的墙体伸缩缝的最大间距应按表中数值予以适当减小。

表 2-11 钢筋混凝土结构伸缩缝的最大间距

结构类别		室内或土中(m)	露天(m)
排架结构	装配式	100	70
框架结构	装配式	75	50
	现浇式	55	35
剪力墙结构	装配式	65	40
	现浇式	45	30
挡土墙、地下室墙等类结构	装配式	40	30
	现浇式	30	20

注:1. 当屋面板上部无保温或隔热措施时,框架、剪力墙结构的伸缩缝间距可按表中"露天"栏的数值选用;排架结构的伸缩缝间距可按表中"室内或土中"栏的数值适当减小。

2. 排架结构的柱高低于 8 m 时应适当减小伸缩缝间距。

3. 伸缩缝间距应考虑施工条件的影响,必要时(如材料收缩较大或室内结构因施工时外露时间较长)宜适当减小伸缩缝间距。伸缩缝宽度一般为 20 ~ 30 mm。

(二)沉降缝

为减少地基不均匀沉降对建筑物造成的危害,在建筑物某些部位设置从基础到屋面全部断开的垂直缝称为沉降缝。

1. 沉降缝的设置原则

(1)建筑平面的转折部位。

(2)高度差异或荷载差异较大处。

(3)长高比过大的砌体承重结构或钢筋混凝土框架结构的适当部位。

(4)地基土的压缩性有显著差异处。

(5)建筑结构或基础类型不同处。

(6)分期建造房屋的交界处。

2. 沉降缝的缝宽

沉降缝的缝宽与地基情况和建筑物高度有关,其沉降缝宽度如表 2-12 所示,在软弱地基上其缝宽应适当增加。

表 2-12 房屋沉降缝的宽度

房屋层数	沉降缝宽度(mm)
2 ~ 3	50 ~ 80
4 ~ 5	80 ~ 120
5 层以上	不小于 120

(三)防震缝

防震缝是为了防止建筑物的各部分在地震荷载作用时相互撞击造成变形和破坏而设置的垂直缝。在设计烈度为 7 ~ 9 度的建筑中,防震缝将建筑物分成若干体型简单、结构

刚度均匀的独立单元,以减少和防止地震力对建筑物的破坏。

1. 防震缝的设置原则

(1)建筑平面体型复杂,有较长突出部分,应用防震缝将其分为简单规整的独立单元。

(2)建筑物(砌体结构)立面高差超过 6 m,在高差变化处须设防震缝。

(3)建筑物毗连部分结构的刚度、重量相差悬殊处。

(4)建筑物有错层且楼板高差较大时,须在高度变化处设防震缝。防震缝基础不一定断开,并应与伸缩缝、沉降缝协调布置。

2. 防震缝的缝宽

防震缝的缝宽与结构形式、设防烈度、建筑物高度有关。在砖混结构中,缝宽一般取 50 ~ 70 mm,多(高)层钢筋混凝土结构防震缝最小宽度见表 2-13。

表 2-13 多(高)层钢筋混凝土结构防震缝最小宽度 (单位:mm)

结构体系	建筑高度 $H \leqslant 15$ m	建筑高度 $H > 15$ m,每增高 5 m 加宽		
		7 度	8 度	9 度
框架结构、框架 - 剪力墙结构	70	20	33	50
剪力墙结构	50	14	23	35

二、变形缝的构造

(一)墙体变形缝

根据墙体的厚度不同,变形缝可做成平缝、错口缝或企口缝。墙较厚时采用企口缝或错口缝,有利于防水和保温,但抗震缝要做成平缝,以适应地震时的摇摆。

外墙变形缝的构造特点是保温、防水和立面美观。根据缝的大小,缝内一般填充具有防水、保温和防腐蚀性的弹性材料,如沥青麻丝、泡沫塑料、橡胶条、油膏等。变形缝外侧常用耐候性好的镀锌铁皮或铝板等覆盖。但应注意金属盖板的构造处理,要分别适应伸缩、沉降或震动的变形要求,如图 2-105 所示。内墙变形缝的构造主要考虑室内环境的装

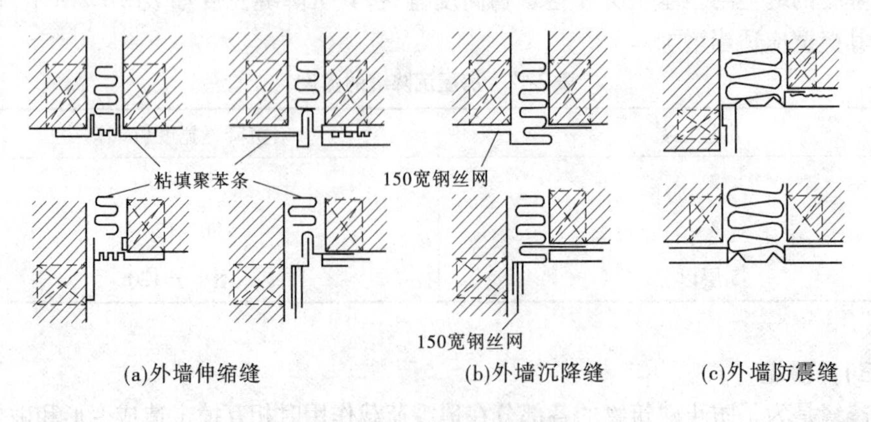

图 2-105 外墙变形缝构造

饰和协调,完整美观,有的还要考虑隔音、防火等要求,如图 2-106 所示。

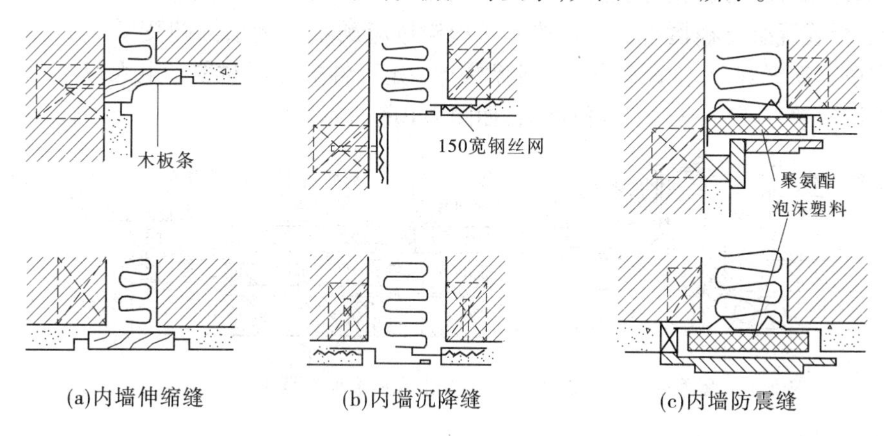

(a)内墙伸缩缝　(b)内墙沉降缝　(c)内墙防震缝

图 2-106　内墙变形缝构造

(二)楼地面变形缝

楼地面变形缝的位置与宽度应和墙体变形缝一致。其构造应方便行走、防火和防止灰下落、美观等,卫生间等有水环境还应考虑防水处理。楼地面变形缝的缝内常填充弹性的油膏、沥青麻丝、金属或橡胶类调节片,上铺与地面材料相同的活动盖板、金属盖板或橡胶片等,注意在地面与盖板之间要留 5 mm 缝隙。顶棚处变形缝可用木板、金属板或其他吊顶材料覆盖,如图 2-107 所示。

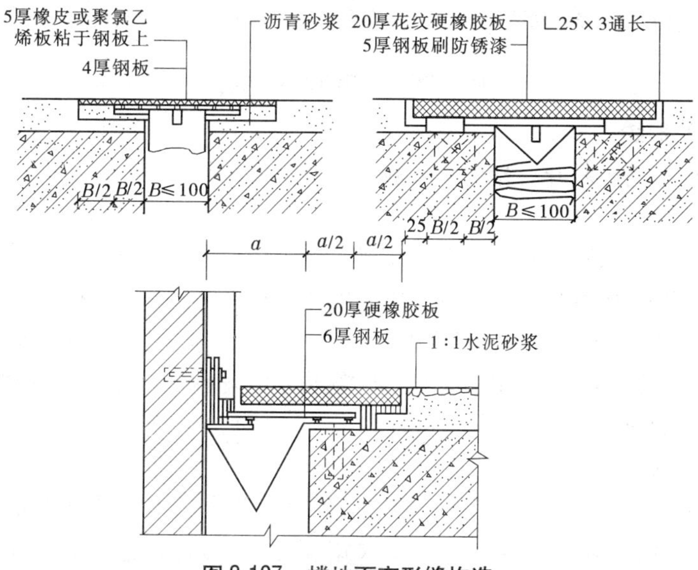

图 2-107　楼地面变形缝构造

(三)屋面变形缝

屋面变形缝在构造上应解决好防水、保温等问题。屋面变形缝一般按所处位置可分为等高屋面变形缝和不等高屋面变形缝;按使用要求又分为上人屋面变形缝和非上人屋面变形缝。非上人屋面通常在缝的一侧或两侧加砌矮墙或做混凝土矮墙,墙至少高出屋

面 250 mm,然后按屋面泛水构造要求将防水层沿矮墙上卷,固定于预埋木砖上,缝口用镀锌铁皮、铝板或混凝土板覆盖。盖板的形式和构造应满足两侧结构的变形要求。寒冷地区缝内应填充沥青麻丝、泡沫塑料、岩棉等具有一定弹性的保温材料。上人屋面因使用需要一般不设矮墙,应做好防水,避免渗漏,如图 2-108 所示。

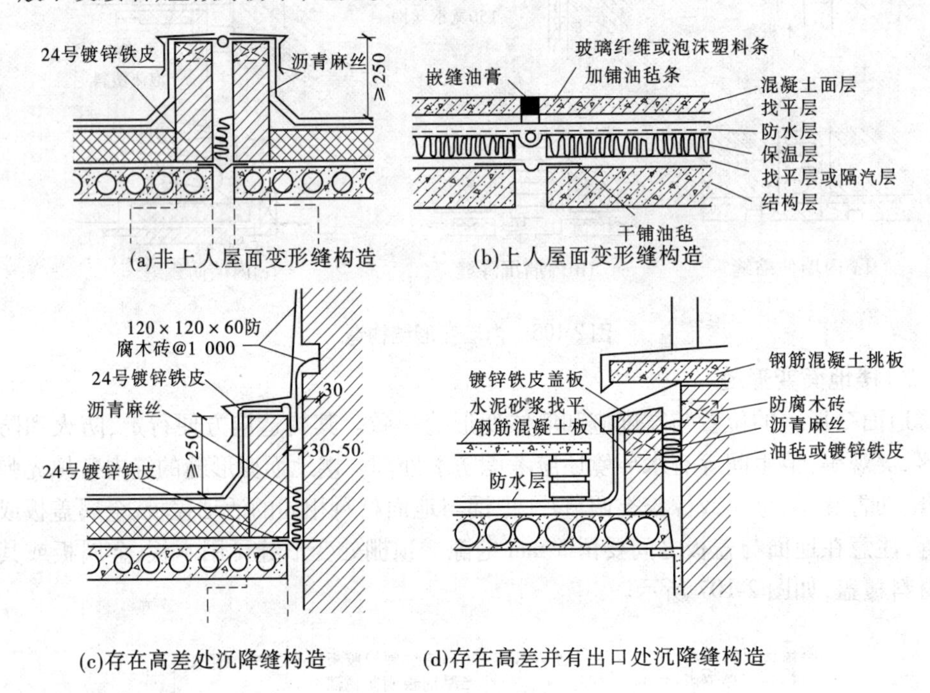

图 2-108 屋顶变形缝构造

(四)基础变形缝

沉降缝要求将基础断开。缝两侧一般分为双墙和单墙。

1. 双墙基础方案

双墙基础的一种做法是双墙双条形基础,地上独立的结构单元都有封闭、连续的纵横墙,结构空间刚度大,但基础偏心受力,并在沉降时相互影响;另一种做法是双墙挑梁基础,特点是保证一侧墙下条形基础正常均匀受压,另一侧采用纵向墙基础悬挑梁,梁上架设横向托墙梁,再做横墙,此方案适合相邻建筑物基础埋深相差较大或新建建筑物毗连的情况,如图 2-109 所示。

2. 单墙挑梁基础方案

缝的一侧做墙及墙下正常受压条形基础,而另一侧也做正常受压基础,两基础之间互不影响,用上部结构出挑实现变形缝的要求宽度,此方案尤其适合新旧建筑毗连时的情况。此时,应注意新旧建筑物的不同沉降,一般要计算新建建筑物的预计沉降量,如图 2-110所示。

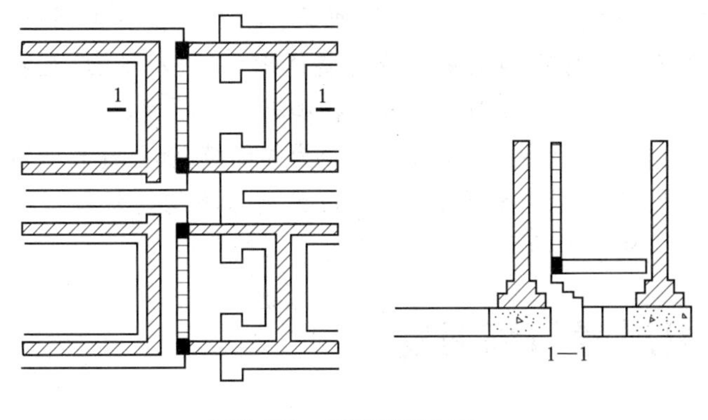

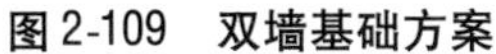

图 2-109　双墙基础方案

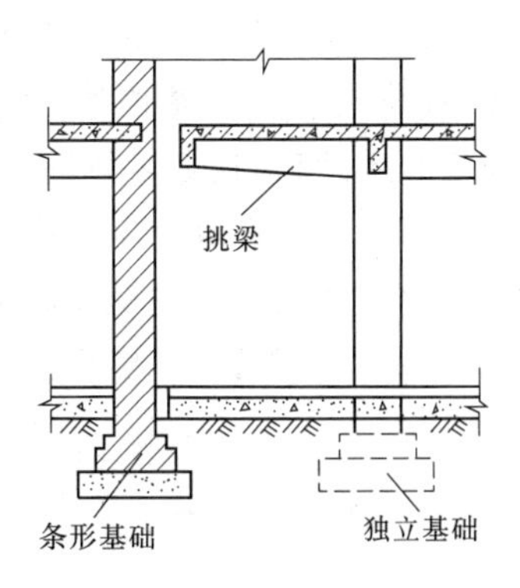

图 2-110　单墙基础方案

本章小结

民用建筑一般由基础、墙或柱、楼板层和地坪、楼梯、屋顶和门窗等部分组成，其构造形式主要受外界环境、建筑技术条件、经济条件等因素影响。

基础是建筑物地面以下的承重构件，由室外设计地面到基础底面的垂直距离称为基础的埋深，其主要受地基土层构造、冻结深度、地下水位、相邻建筑物基础等因素的影响。基础的类型按构造可分为：单独基础、条形基础、片筏基础、箱形基础和桩基础。

墙是房屋的承重构件，也是围护构件，隔墙与隔断都是分隔建筑物内部空间的非承重墙。墙体的细部构造包括勒脚、散水、明沟、窗台、门窗过梁、圈梁等。

门窗是房屋的围护构件。门的类型按开启方式分：平开门、弹簧门、推拉门、折叠门、转门等；窗的类型按开启方式分：平开窗、固定窗、悬窗、推拉窗等。木门窗主要由门（窗）框、门（窗）扇、五金件及其他附件组成。一般民用建筑供人日常生活的门，门扇高度不宜小于 2 100 mm，单扇门宽为 700 ~ 1 000 mm；一般平开窗的窗扇宽度不宜大于 500 mm，高度为 800 ~ 1 200 mm。

楼板层是多层房屋水平方向的承重构件，楼板主要由面层、结构层和顶棚层组成，必要时可根据实际情况增设附加层。按楼板所用材料的不同，可分为木楼板、钢筋混凝土楼板及压型钢板组合楼板，其中钢筋混凝土楼板按其施工方法不同可分为现浇整体式、预制装配式和装配整体式。地层是按其与土壤之间的关系分为实铺地层和空铺地层。

屋顶主要由屋面和支承结构组成，常见的屋顶类型有平屋顶、坡屋顶和曲面屋顶。屋顶的排水方式分为无组织排水和有组织排水两大类；屋顶由承重结构、屋面、顶棚和保温隔热层组成。

楼梯是建筑内部垂直交通设施，一般由楼梯段、楼梯平台、栏杆（栏板）组成。按施工方法分有预制装配式钢筋混凝土楼梯和现浇整体式钢筋混凝土楼梯，现浇整体式钢筋混凝土楼梯有板式和梁板式两种。楼梯的细部构造包括踏步面层和防滑构造、栏杆（栏板）和扶手、楼梯段的基础。台阶由踏步和平台组成。坡道的坡度一般取 1/12 ~ 1/6。

建筑防水构造类型有构造防水和材料防水，材料防水又可根据材料不同分为刚性防水、柔性防水和涂膜防水。屋面、楼层、墙身、地下室等构造需做好防水防潮的相应处理。

墙面装修按饰面材料和构造可分为清水勾缝、抹灰类、贴面类、涂刷类、裱糊类、铺钉类、玻璃(或金属)幕墙等;楼地面装修按其材料和做法可分为整体地面、块料地面、塑料地面和木地面;顶棚装修按照顶棚的构造形式可分为直接式顶棚和悬吊式顶棚。

将建筑物垂直分割开来的预留缝称为变形缝,根据其作用分为伸缩缝、沉降缝和防震缝。伸缩缝因为温度变化较大而设置,基础以上断开;沉降缝因为地基不均匀沉降而设置,从基础断开;在抗震设防烈度为7~9度的地区内应设防震缝。三缝可合为一个。

复习思考与练习题

一、名词解释

1.基础埋置深度　2.门窗过梁　3.纵横墙承重方案　4.材料找坡　5.结构找坡

6.刚性角　7.有组织排水　8.柔性防水　9.垂直防潮层　10.半地下室

11.全玻璃幕墙　12.变形缝

二、填空题

1.一幢民用建筑,一般是由______、______、______、______、______和______等几大部分构成的。

2.基础按构造形式可分为______、______、______、______和______。

3.我国标准砖的规格为__________________。

4.加固墙体的措施有:______、______、______、______等。

5.钢筋混凝土楼板按施工方式不同分为______、______和装配整体式钢筋混凝土楼板三种。

6.屋顶排水方式分为_______________和_______________两大类。

7.选择有组织排水时,每个落水管的汇水面积不宜超过______ m^2,其最大间距不宜超过______ m。

8.楼梯主要由__________、__________和__________三部分组成。

9.每个楼梯段的踏步数量一般不应超过__________级,也不应少于__________级。

10.柔性防水的优点是__________,其基本构造层次有______层。

11.水平防潮层的做法有__________、__________和__________三种。

12.变形缝的类型有__________、__________和__________三种。

三、问答题

1.影响建筑构造的因素有哪些?

2.一般在什么情况下应设置附加圈梁?具体的设置原则是什么?

3.勒脚的作用是什么?其具体做法有哪些?

4.在砖混结构中,根据抗震设防的规定,构造柱如何设置?其作用是什么?

5.影响基础埋深的因素主要有哪些方面?

6.门窗按开启方式如何分类?

7.门的具体尺寸应综合考虑哪些方面的因素?

8.窗的尺寸应综合考虑哪几个方面的内容?

9. 楼板层由哪些部分组成？各起什么作用？

10. 现浇钢筋混凝土楼板有哪几种结构类型？每种类型的传力方式是什么？各适用哪些情况？

11. 阳台的结构布置方案有哪些？

12. 常见的有组织排水方案有哪几种？

13. 楼梯平台宽度、栏杆（栏板）和扶手高度和楼梯净空高度各有什么规定？

14. 楼梯段基础的做法有哪些？

15. 楼梯踏面如何进行防滑处理？

16. 柔性防水的防水层构造要点是什么？

17. 墙身为什么要设置防潮层？

18. 地下室防潮与防水的构造要点分别有哪些？

19. 简述抹灰类墙面构造。

20. 伸缩缝的设置要求有哪些？

四、实训练习题

1. 图示构造柱构造。

2. 图示楼层和地层的构造组成层次。

3. 图示阳台的排水构造。

4. 图示梁板式雨篷构造。

5. 图示天然石材墙面装修构造做法。

6. 图示变形缝的构造做法。

第三章 民用建筑识图

学习目标

了解建筑工程设计各阶段的任务,建筑工程施工图的组成、用途和查阅方法;掌握建筑总平面图、建筑平面图、建筑立面图、建筑剖面图、建筑详图的形成、内容和识读方法,了解建筑详图的内容和作用;熟悉结构平面布置图和构件详图的内容及识读方法,以及建筑工程图的组成、建筑施工图的组成。

建筑工程设计一般分为方案设计、初步设计和施工图设计三个阶段。对于技术要求相对简单的民用建筑工程,可在方案设计审批后直接进入施工图设计。方案设计文件用于办理工程建设的有关手续。施工图是设计阶段最终形成的完整、详细的文件,是建筑施工的技术依据。因此,施工图设计文件必须满足施工的需要,整套图纸应该完整统一、尺寸齐全、明确无误。

一套建筑工程施工图一般包括建筑施工图(简称建施)、结构施工图(简称结施)、设备施工图(简称设施)等部分。各专业施工图一般都包括基本图(全面性内容的图纸)和详图(某构件或详细构造和尺寸等)。

建筑施工图是表达建筑的平面形状、内部布置、外部造型、构造做法及装修做法的图样,一般包括首页、建筑总平面图、建筑平面图、建筑立面图、建筑剖面图及建筑详图等。

结构施工图是表达建筑的结构类型,结构构件的布置、形状、大小、连接及详细做法的图样,一般包括结构设计说明、结构平面图和结构详图等。

设备施工图又分为给水排水施工图、采暖通风施工图和电气施工图等专业图。各专业图一般包括设计说明、平面布置图、系统图和详图。

各专业施工图的编排顺序一般是按照施工的先后顺序、图纸的主次关系或全面与局部关系而定的,即总体图在前,局部图在后;布置图在前,构件图在后;先施工的在前,后施工的在后。当我们拿到一套施工图时,一般应按照"先粗后细,从大到小,建筑结构,相互对照"的方法识读。

第一节 建筑施工图

一、首页及建筑总平面图

(一)首页

施工图的第一张图纸一般称为首页。首页是整套施工图的概括和必要补充,包括图纸目录和施工图设计总说明。

图纸目录是以表格形式列出的各专业图纸的图号及内容，以便查阅。一般先列新绘制图纸，后列选用的标准图或重复利用图。标准图有国标、省标、院标等形式。

施工图设计总说明的内容一般包括本施工图的设计依据、项目概况、设计标高、用料说明和室内外装修、门窗表及新技术、新材料的做法说明等方面。

（二）建筑总平面图

1. 图示方法与作用

建筑总平面图是将新建建筑周围一定范围内的新建、拟建、原有和拆除的建筑物、构筑物连同地形、地物用正投影法和相应图例在水平投影面上绘出的投影图，一般采用1∶500、1∶1 000、1∶2 000 的比例绘制。建筑总平面图是新建建筑定位、土方工程、施工放线及其他专业总平面图的依据。

2. 内容

建筑总平面图主要表达内容有：新建建筑的定位、朝向、标高，占地范围（红线）、外轮廓形状、层数；原有建筑的位置、层数；道路的位置、走向及与新建建筑的联系等；附近的地形、地物和绿化布置情况等；指北针或风玫瑰图及补充图例等。

3. 图例

建筑总平面图的常用图例见表 3-1。

表 3-1 建筑总平面图的常用图例

名称	图例	说明
新建建筑物	X= Y= ① 12F/2D H=59.00 m	新建建筑物以粗实线表示与室外地坪相接处 ±0.00 外墙定位轮廓线 建筑物一般以 ±0.00 高度处的外墙定位轴线交叉点坐标定位。轴线用细实线表示，并标明轴线号 根据不同设计阶段标注建筑编号，地上、地下层数，建筑高度，建筑出入口位置（两种表示方法均可，但同一图纸采用一种表示方法） 地下建筑物以粗虚线表示其轮廓 建筑上部（±0.00 以上）外挑建筑用细实线表示 建筑物上部连廓用细虚线表示并标注位置
原有建筑物		用细实线表示
计划扩建的预留地或建筑物		用中粗虚线表示
拆除的建筑物		用细实线表示
围墙及大门		

续表 3-1

名称	图例	说明
挡土墙	5.00 1.50	挡土墙根据不同设计阶段的需要标注 墙顶标高 墙底标高
坐标	1. X=105.00 Y=425.00 2. A=105.00 B=425.00	1. 表示地形测量坐标系 2. 表示自设坐标系 坐标数字平行于建筑标注
方格网交叉点标高	−0.50 | 77.85 | 78.35	“78. 35”为原地面标高 “77. 85”为设计标高 “ −0. 50”为施工高度 “ −”表示挖方,“ +”表示填方
室内地坪标高	151.00 (±0.00)	数字平行于建筑物书写
室外地坪标高	▼143.00	室外标高可采用等高线

4. 识读

以下简要介绍识读总平面图的方法(见图 3-1)。

(1)了解工程性质、图纸比例。以图 3-1 为例,该工程为某厂区的办公楼,总平面图的比例是 1∶500。

(2)了解新建建筑物的基本情况、用地范围、四周环境、道路布置等。从图中的用地红线可了解该厂区工程的用地范围是一五边形的地块,通过建筑四角的坐标可确定用地的位置。厂区入口在东南角,北面为琴石路,南面为南排河。办公楼的朝向为坐西朝东,西面为包材库,南面为原料库,层数为 5 层,室内地面绝对标高为 5. 57 m。

(3)了解经济技术指标。从经济技术指标中可了解该工程的总建筑面积、首层占地面积、建筑总层数等指标。

二、建筑平面图

(一)形成与作用

假想用一个水平的剖切平面,沿着房屋略高于窗台处将房屋剖切开,对剖切平面以下的部分向水平投影面作正投影,所得的水平剖面图称为建筑平面图。

建筑平面图主要反映建筑物各层的平面形状和大小,各层房间的分隔和联系(出入口、走廊、楼梯等的位置),墙和柱的位置、截面尺寸和材料,门、窗的类型和位置等情况。建筑平面图是施工放线、砌墙、安装门窗、编制预算、备料等的基本依据。

(二)内容及图示方法

建筑平面图一般包括首层平面图、标准层平面图、顶层平面图等。

建筑各层平面图的内容应包括:表示墙、柱及定位轴线编号、内外门窗位置及编号、

建（构）筑物一览表

编号	名称	层数	占地面积（m²）	建筑面积（m²）	备注
1	办公楼	5	1076.15	5868.93	
2	原料库	1	1802.00	1802.00	
3	数控车间	1	1378.00	1378.00	
4	压铸、加工、抛光（B）车间	1	3413.84	3413.84	
5	包材库	1	2108.00	2108.00	
6	模具车间	1	1612.00	1612.00	
7	压铸、加工、抛光（A）车间	1	3999.50	3999.50	
8	龙门式电镀车间	1	5300.00	5300.00	
9	成品库	1	1802.00	1802.00	
10	配电房、纯水处理、废水处理	1	1215.52	1215.52	
11	锅炉房	1	81.00	81.00	
12	瓦斯房	1	30.00	30.00	
13	油灌区		68.00		构筑物
14	宿舍及门卫	1,3	763.86	2177.58	
15	宿舍	3	706.86	2120.58	
16	食堂	1	617.76	617.76	
17	门卫	1	168.00	168.00	
18	车库	1	114.00	114.00	
19	员工车库	1	1113.00	1113.00	

主要经济技术指标

序号	名称	单位	数量	备注
1	总用地面积	m^2	72150.60	
2	建筑总占地面积	m^2	27369.49	
3	总建筑面积	m^2	34921.71	
4	建筑覆盖率	%	37.9	
5	容积率	比	0.48	
6	绿化覆盖面积	m^2	27259.80	
7	绿化覆盖率	%	37.8	
8	道路广场铺砌面积	m^2	17521.31	
9	室外停车位	辆	72	

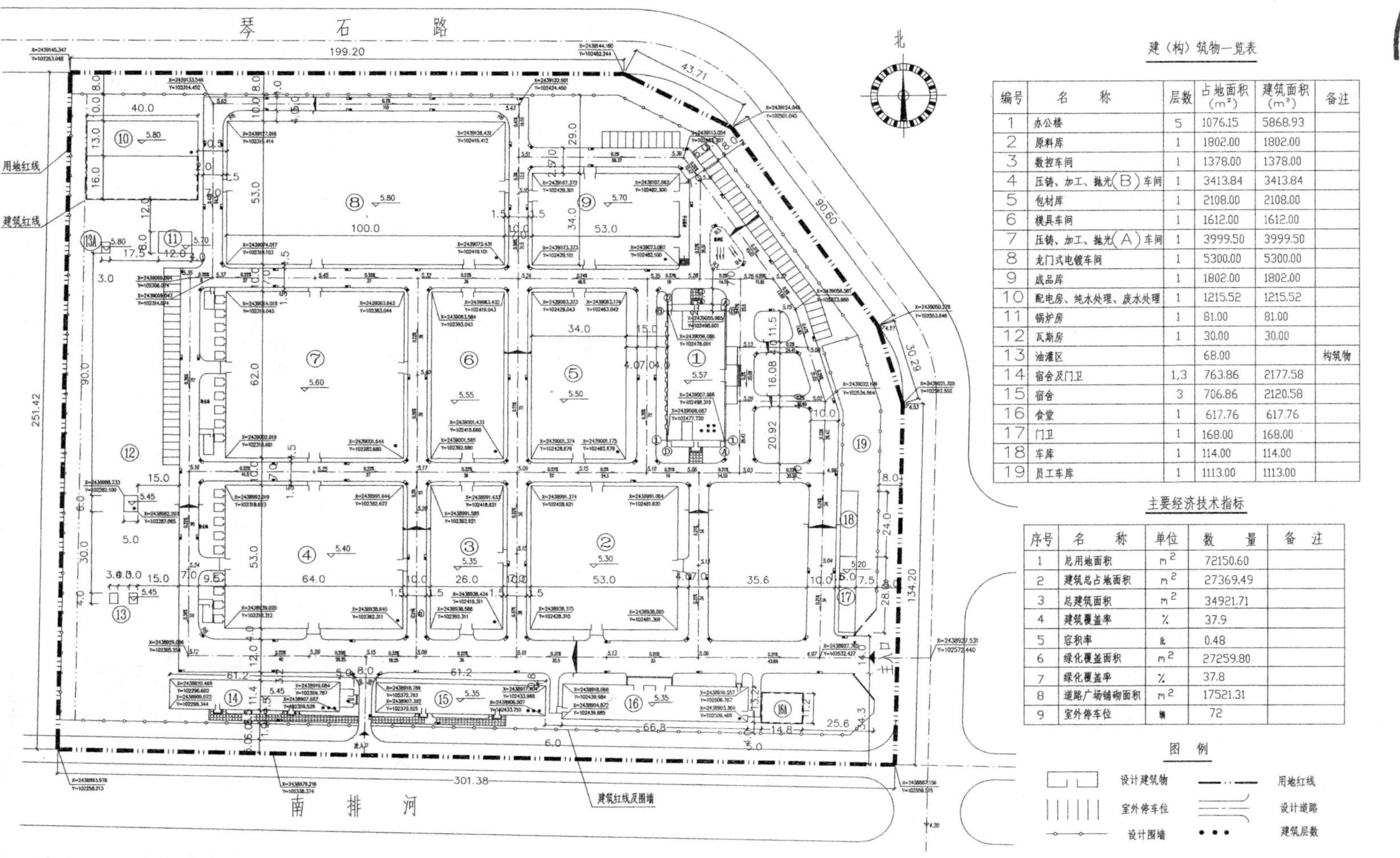

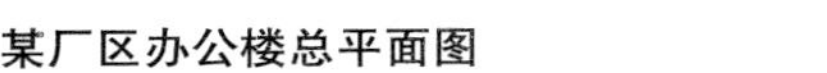
图 3-1 某厂区办公楼总平面图

房间名称;注出室内外各项尺寸及室内楼地面的标高;表示楼梯的位置及上下行方向;表示阳台、雨篷、台阶、散水、明沟、花台等的位置及尺寸;画出室内设备,如卫生器具、重要设备及隔断的位置、形状;表示地下室布局、墙上留洞、高窗等位置、尺寸;画出剖面图的剖切符号及编号;标注详图索引符号。

房屋各层平面图上与剖切平面相接触的墙、柱等的轮廓线用粗实线画出,断面画上材料图例(当图纸比例较小时,砖墙断面可不画出图例,钢筋混凝土柱和钢筋混凝土墙的断面涂黑表示);门的开启扇、窗台边线用中实线画出,其余可见轮廓线和尺寸线等均用细实线画出。建筑平面图常用的比例是1∶50、1∶100或1∶200,其中1∶100使用最多。

此外,建筑平面图还应包括屋顶平面图,有时还有局部平面图。屋顶平面图是将房屋的顶部单独向下所作的俯视图,主要表示屋顶的平面形式和屋面排水情况等,内容为屋顶檐口、檐沟、屋面坡度、分水线与雨水口的投影,上人孔、出屋顶水箱等。

(三)图例

建筑平面图的常用构造及配件图例见表3-2。

表3-2　建筑平面图的常用构造及配件图例

名称	图例	名称	图例	名称	图例
孔洞		墙内单扇推拉门		单层外开平开窗	
坑槽					
墙顶留洞	宽×高或直径	单扇双面弹簧门			
墙顶留槽	宽×高×深或直径				
烟道		双面弹簧门		左右推拉窗	
通风道					
楼梯顶层平面	下	单扇门			
楼梯标准层平面	下 上			上推窗	
楼梯首层平面	上	双扇门			

(四)识读

以下是识读底层平面图的方法(见图3-2),其余各层平面图的识读方法基本相同。

(1)了解图名和比例。从图3-2可知,此图是某厂区办公楼的底层平面图,比例为1:100。

(2)了解建筑的平面布置(房间分隔情况、房间的用途、各房间的联系)、定位轴线及各构件的位置。办公楼的底层是由内走道连接的各办公室、接待厅、配电室及男女卫生间。从图3-2还可看出该办公楼的定位轴线编号及尺寸。

(3)了解门窗的位置、编号和数量。底层门有七种:M-1、MC-1、FM-1211(乙)、FM-1024(乙)、LM-1024、GJM 30S-0921、GJLM 124C3-1524,窗有七种:TLC-0712、LC-0712、TLC-1536、TLC-3618、MQ-2、TLC-1811、LC-0933。

(4)了解平面尺寸和地面标高。图3-2的外部尺寸一共有三道,即总尺寸、轴线尺寸和细部尺寸。办公楼的总宽度为20.6 m,总长度为48 m,室内地面标高为±0.000,室外地坪标高为-0.450 m。

(5)了解其他建筑构配件。从图3-2可看出散水、明沟、踏步、坡道等的布置。

(6)了解剖面图的剖切位置、投影方向等。由剖切符号可知,1—1剖切平面位于④、⑤轴之间,剖切后向左投影,表达的是办公楼横向的布置情况。

三、建筑立面图

(一)形成与作用

建筑立面图是在与建筑物立面平行的铅垂投影面上所作的正投影图。建筑立面图主要表达建筑物的外形特征,门窗洞、雨篷、檐口、窗台等在高度方向的定位和外墙面的装饰。建筑立面图应包括投影方向可见的建筑外轮廓和墙面线脚、构配件、墙面做法及必要的尺寸和标高等。

(二)内容及图示方法

立面图的内容包括:画出室内外地面线及房屋的勒脚、台阶、门窗、雨篷、阳台等可见的建筑外轮廓线和墙面线脚、构配件、墙面做法;标出外墙各主要部位的尺寸和标高,如室外地面、窗台、窗上口、阳台、雨篷、檐口、女儿墙顶等;注出建筑物两端的定位轴线及其编号;标注索引符号;用文字说明外墙面装修的材料及其做法。

为使立面图主次分明、表达清晰,通常将建筑物外轮廓和有较大转折处的投影线用粗实线表示;外墙上突出、凹进的部位如壁柱、窗台、阳台、门窗洞等轮廓线用中粗实线表示;室外地坪线用加粗实线表示。

建筑立面图宜根据两端定位轴线号命名,如:①~⑩立面图、Ⓐ~Ⓔ立面图,无定位轴线的建筑物可按平面图各面的朝向确定名称,如南立面图、东立面图等。

(三)识读

以下简要介绍建筑立面图的识读步骤与方法(见图3-3)。

(1)了解图名和比例。从图3-3可知,这是某厂区办公楼的①~⑧立面图,比例为1:100。

(2)了解房屋的体型和外貌。建筑物①~⑧立面的轮廓是矩形。

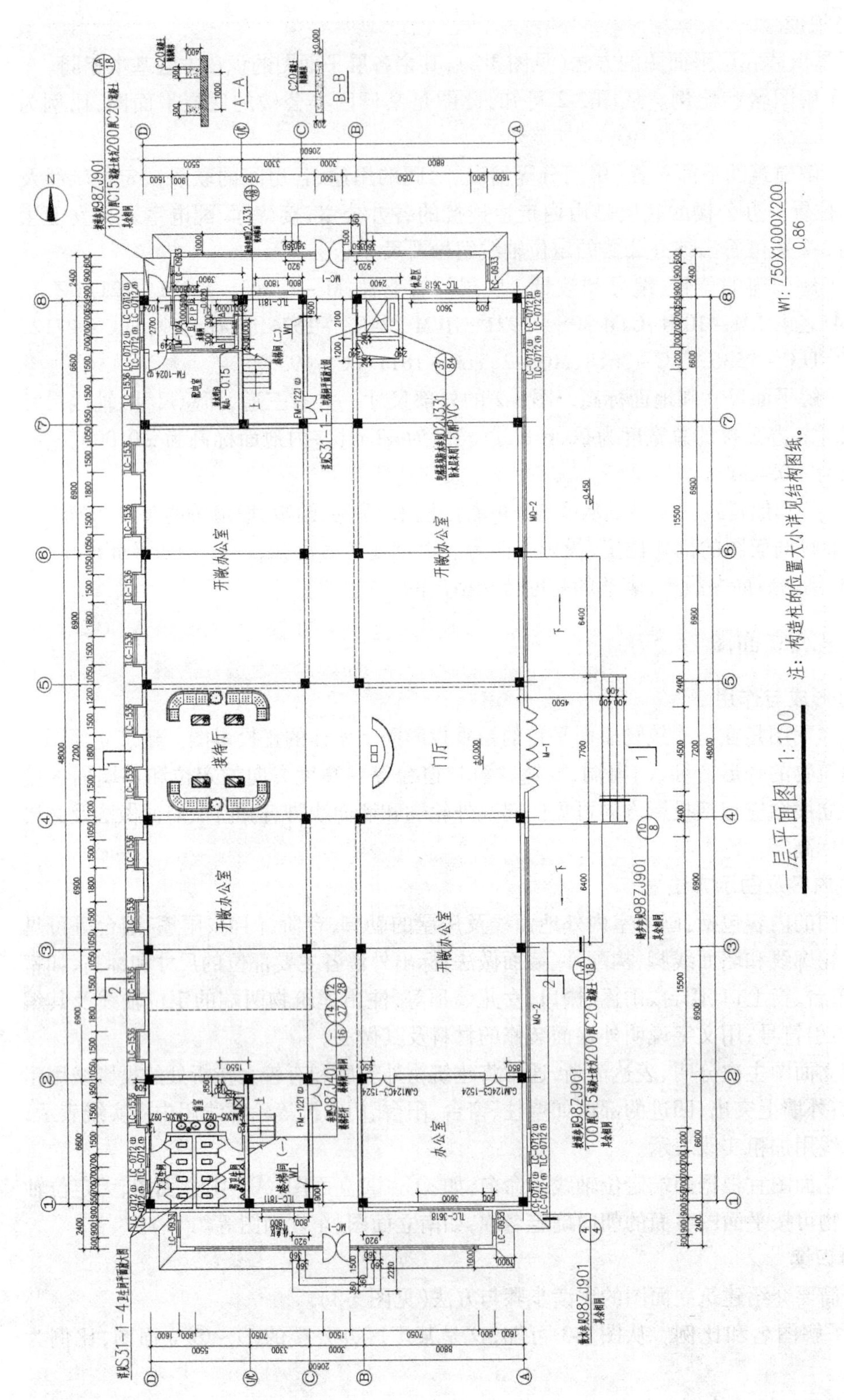

图 3-2 某厂区办公楼的底层平面图

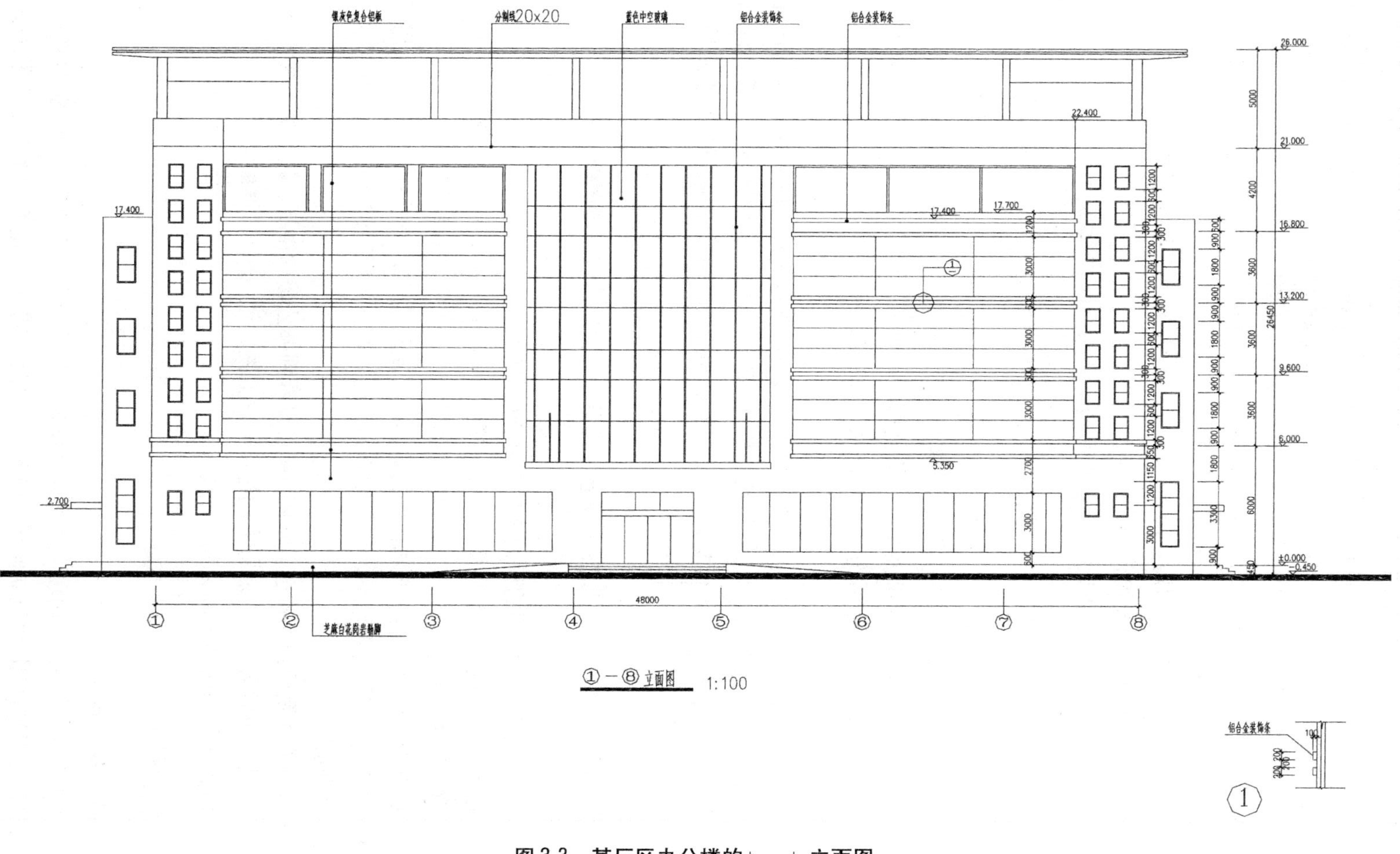

图3-3　某厂区办公楼的①～⑧立面图

(3)了解各部分的尺寸及标高。立面图的尺寸主要为竖向尺寸,有三道,最外面一道是建筑物的总高尺寸;中间一道是层高尺寸;最里面一道是房屋的室内外高差,门窗洞口高度、垂直方向的细部尺寸。该办公楼底层层高为6 m,二到四层的层高为3.6 m,第五层层高为4.2 m,总高为26 m,室内外高差为0.450 m。立面图的标高表示主要部位的高度。由图3-3看出,首层室内地面标高为±0.000,室外地坪标高-0.450 m,二层楼板面标高为6.000 m,三层楼板面标高为9.600 m,依此类推。

(4)了解外墙面的装饰等。从图3-3可看出立面的装饰,如外墙主要是蓝色中空玻璃的幕墙,搭配银灰色复合铝板及铝合金装饰条。

(5)了解详图索引情况。图3-3显示铝合金装饰条的大样,在本页1号详图中表示。

四、建筑剖面图

(一)形成与作用

假想用一个垂直剖切平面把房屋剖开,移去靠近观察者的部分,将留下部分作正投影,所得到的正投影图称为建筑剖面图。建筑剖面图用来表达建筑物内部垂直方向的结构形式、构造方式、分层情况、各部分的联系、各部位的高度等。

(二)内容

建筑剖面图的内容包括:表示被剖切到的墙、柱、门窗洞口及其定位轴线;表示室内外地面、各层楼面、屋顶及楼梯、阳台、雨篷、防潮层、踢脚板、室内外装修等剖到或看到的内容;标注室外地面标高、各层楼地面标高、外墙门窗洞和檐口标高及相应的尺寸;表示楼地面及屋顶各层的构造。

(三)图例

剖面图中被剖切到的构件,断面应画上材料图例。常用建筑材料图例见表3-3。

(四)识读

以下简要介绍建筑剖面图的识读步骤与方法(见图3-4)。

(1)了解图名和比例。该图是某厂区办公楼的1—1剖面图,比例为1:100。

(2)了解剖切位置和投影方向。在首层平面图中已经知道,这里不再重复。

(3)了解剖面图所表达的建筑物内部构造情况。剖面图中,一般不画基础部分,用折断线表示。由于剖面图所用比例较小,剖切到的砖墙一般不用画图例,钢筋混凝土柱、梁、楼板、墙涂黑表示。

(4)了解楼地面及屋顶的构造。从图3-4可以看到办公楼的楼板、梁、墙的布置情况。

(5)了解尺寸和标高。尺寸和标高的标注与立面图类似,这里不再重复。

(6)了解其他未剖切到的可见部分等情况。

五、建筑详图

(一)形成与作用

建筑详图也称大样图,是用较大比例详细画出建筑物细部构造的正投影图。建筑详图主要表达在建筑平面图、建筑立面图、建筑剖面图或说明中无法交待清楚的细部、构配件的构造,如外墙、檐口、窗台、楼梯、屋面、栏杆、门窗等的形式、做法、材料、尺寸等。建筑详图是建筑平面图、建筑立面图、建筑剖面图的补充和深化，是建筑工程细部施工、建筑构配件制作及编制预算的依据。

表 3-3　常用建筑材料图例

序号	名称	图例	说明	序号	名称	图例	说明
1	自然土壤		细斜线为45°(以下均相同)	13	多孔材料		包括珍珠岩，泡沫混凝土、泡沫塑料
2	夯实土壤			14	纤维材料		各种麻丝、石棉、纤维板
3	砂、灰土粉刷		粉刷的点较稀	15	松散材料		包括木屑、稻壳
4	砂砾石三合土			16	木材		木材横断面、左图为简化画法
5	普通砖		包括实心砖、多孔砖、砌块等砌体。断面较窄时，可涂红	17	胶合板		层次另注明
6	耐火砖		包括耐酸砖	18	石膏板		
7	空心砖		指非承重砖砌体	19	玻璃		包括各种玻璃
8	饰面砖		包括地砖、瓷砖、马赛克、人造大理石	20	橡胶		
9	毛石			21	塑料		包括各种塑料及有机玻璃
10	石材		包括砌体、贴面	22	金属		断面狭小时可涂黑
11	混凝土		断面狭窄时可涂黑	23	防水材料		上图用于多层或比例较大时
12	钢筋混凝土			24	网状材料		包括金属、塑料网

（二）内容与识读

下面以楼梯详图为例，介绍建筑详图的内容与识读方法。

楼梯详图一般包括楼梯平面图、楼梯剖面图和节点详图三部分。楼梯平面图是用一水平剖切平面，在该层往上的第一楼梯段（楼层平台以上、中间平台以下处）将楼梯剖开，然后向下投影所得的剖面图，剖切到的楼梯段在图中用45°折断线表示。楼梯平面图一般用1:50的比例绘制，通常只画出底层、中间层、顶层三个平面图。楼梯剖面图是用假想的铅垂剖切平面通过各层的一个楼梯段和门窗洞口将楼梯剖开，并向另一个未剖切到的楼梯段方向所作的正投影图。下面以图3-5为例，讲解楼梯详图的识读步骤与方法。

（1）了解楼梯的类型及楼梯段的上下方向。从图3-5可知，楼梯为平行双跑式，从楼层平台处标注的上、下箭头可知楼梯的走向。

（2）了解楼梯间的尺寸。楼梯间的开间为3.6 m、进深为6.9 m。

（3）了解楼梯段的宽度、踏步级数、踏面的宽度及楼梯段的水平投影长度。从图3-5可知每个楼梯段的宽度为1 630 mm，梯井宽100 mm，楼梯段的踏面个数均为10个（踏步级数为11级），踏面的宽度为280 mm，楼梯段的水平投影长度为280×10=2 800(mm)。

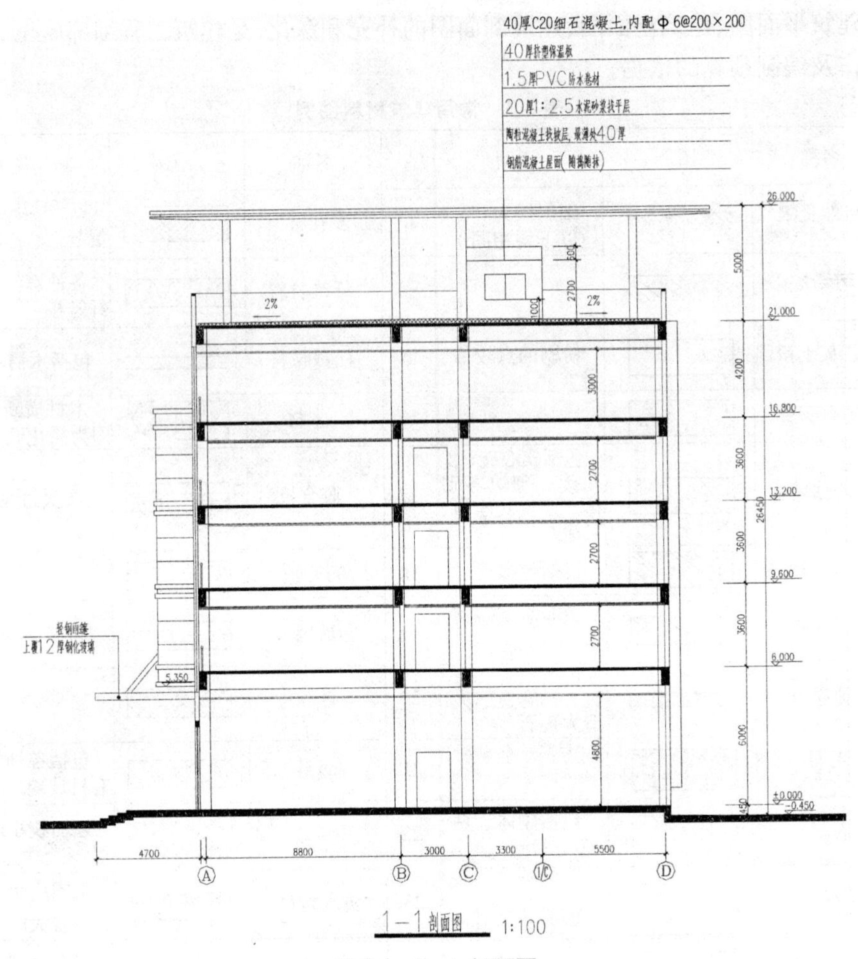

图3-4　1—1剖面图

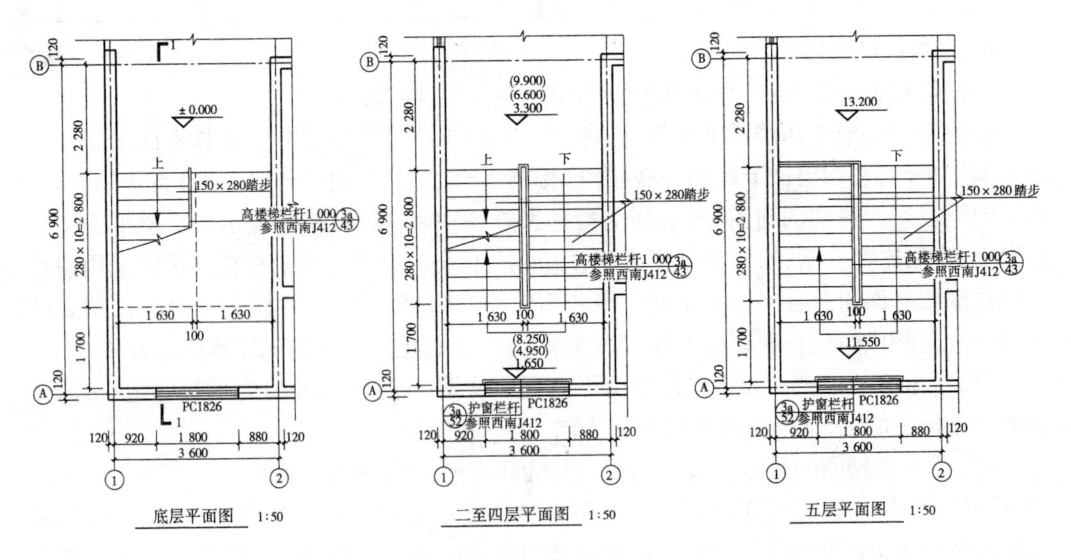

图3-5　楼梯详图

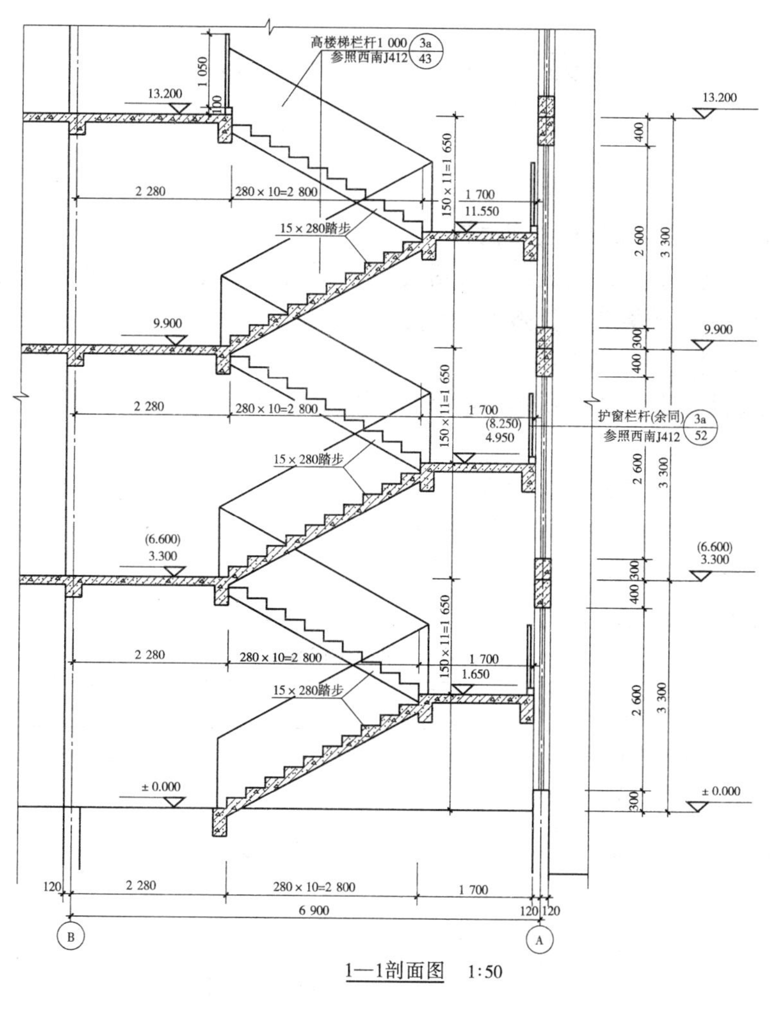

1—1剖面图　1∶50

续图 3-5

(4)了解各休息平台的宽度和标高。图 3-5 中各层的楼层平台宽度为 2 280 mm，标高分别为 ±0. 000、3. 300 m(6. 600 m、9. 900 m)、13. 200 m；中间平台宽度为 1 700 mm，标高为 1. 650 m(4. 950 m、8. 250 m)、11. 550 m。

(5)了解楼梯剖面图的剖切位置、投影方向等。从底层平面图的剖切符号中可以看出剖切面位于每楼层往上的第一个楼梯段宽度中间，剖切后向另一个楼梯段方向投影。

(6)了解楼梯段、平台、栏杆、扶手等相互间的连接构造及详图索引符号。

(7)明确踏步尺寸及栏杆的高度。从楼梯剖面图可知，踏步尺寸为 150 mm × 280 mm，栏杆的高度在楼梯段处为 1 000 mm、在顶层平台处高 1 050 mm。

第二节 结构施工图

一、概述

(一)结构施工图的作用与主要内容

结构施工图是结构设计的最终成果图,也是结构施工的指导性文件。它是进行构件制作、结构安装、编制预算和安排施工进度的依据。

结构施工图的主要内容有:

(1)结构设计说明。包括选用结构设计依据,材料的类型、规格、强度等级,施工注意事项,选用标准图集等。

(2)结构平面图。包括基础平面图、楼层结构平面图、屋面结构平面图。

(3)结构详图。包括基础及板、梁、柱详图,楼梯结构详图,其他详图等。

(二)常用构件的代号

为了简明扼要地图示各种结构构件,国标规定了各种常用构件的代号,见表3-4。

表3-4 常用构件代号

名称	代号	名称	代号	名称	代号
板	B	框架梁	KL	基础	J
屋面板	WB	框支梁	KZL	设备基础	SJ
空心板	KB	屋面框架梁	WKL	承台	CT
楼梯板	TB	檩条	LT	桩	ZH
梁	L	屋架	WJ	柱间支撑	ZC
屋面梁	WL	天窗架	CJ	垂直支撑	CC
吊车梁	DL	框架	KJ	水平支撑	SC
圈梁	QL	刚架	GJ	雨篷	YP
过梁	GL	柱	Z	阳台	YT
连系梁	LL	框架柱	KZ	预埋件	M
基础梁	JL	构造柱	GZ	天窗端壁	TD
楼梯梁	TL	暗柱	AZ	钢筋网	W

(三)钢筋混凝土构件图

1. 钢筋混凝土简介

混凝土是由水泥、石子、砂和水按一定比例配合,经搅拌、捣实、养护而成的一种人造石。混凝土是脆性材料,抗压强度高,抗拉强度低。混凝土的强度等级按抗压强度一般分为C15、C20、C25、C30、C35、C40、C45、C50、C55、C60、C65、C70、C75、C80十四个等级。钢筋抗拉强度高,而且能与混凝土良好黏结,可弥补混凝土的不足,因此在混凝土里加入一定数量钢筋成为钢筋混凝土，大大提高了构件的承载力。

2. 钢筋混凝土构件中的钢筋

1）钢筋的等级和代号

钢筋混凝土构件中常用的钢筋有热轧Ⅰ级普通低碳钢HPB300的光圆钢筋，热轧Ⅱ级HRB335、Ⅲ级HRB400、Ⅳ级HRB500普通低碳钢的带肋钢筋；热处理钢筋；冷拉钢筋；冷轧带肋钢筋等。常用钢筋的等级和代号见表3-5。

表3-5 常用钢筋的等级和代号

种类		代号	种类		代号
热轧钢筋	HPB300(Ⅰ)	Φ	冷拉钢筋	Ⅰ	$Φ^{l}$
	HRB335(Ⅱ)	Φ		Ⅱ	$Φ^{l}$
	HRB400(Ⅲ)	Φ		Ⅲ	$Φ^{l}$
	HRB500(Ⅳ)	Φ		Ⅳ	$Φ^{l}$
热处理钢筋		$Φ^{ht}$	冷轧带肋钢筋		$Φ^{R}$

2）钢筋的作用和分类

在钢筋混凝土结构中配置的钢筋按其作用不同可分为以下几种(见图3-6)：

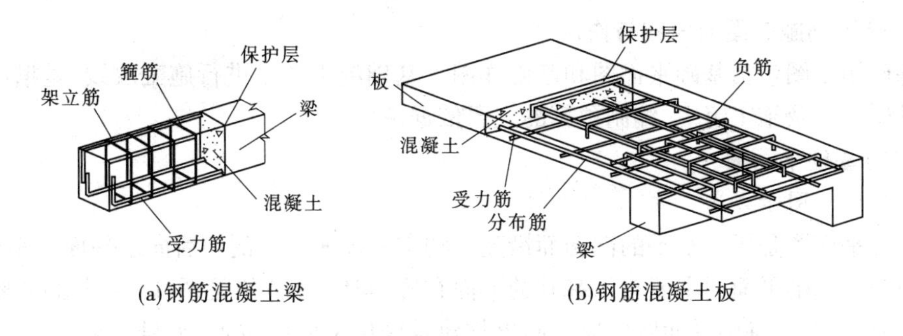

图3-6 钢筋混凝土构件中钢筋的种类

(1)受力筋。承受拉、压作用的钢筋。用于梁、板、柱、剪力墙等构件中。

(2)架立筋。用于梁内，作用是固定箍筋位置，与梁内的纵向受力钢筋形成钢筋骨架，并承受由于混凝土收缩及温度变化产生的应力。

(3)箍筋。梁、柱中承担剪力的钢筋，同时起固定受力筋和架立筋形成钢筋骨架的作用。

(4)分布筋。板中与受力筋垂直，在受力筋内侧的钢筋。其主要作用是固定受力筋的位置，并将荷载均匀地传给受力筋，同时可抵抗因混凝土收缩及温度变化的应力。

(5)负筋。现浇板边(或连续梁边)受负弯矩处放置的钢筋。

(6)其他钢筋。按构件的构造要求和施工安装要求而配置的构造筋、吊环等。

3）保护层和弯钩

为保护钢筋、防蚀防火，并加强钢筋与混凝土的黏结力，钢筋至构件表面应有一定厚度的混凝土，这就是保护层。梁的保护层最小厚度为25 mm，柱的保护层最小厚度为30

mm,板、墙的保护层厚度为 15 mm。为了使钢筋与混凝土具有良好的黏结力,应在光圆钢筋和箍筋两端做成半圆弯钩或直弯钩,带肋钢筋两端可不做弯钩。

3. 钢筋混凝土构件图的内容及图示方法

钢筋混凝土构件图由模板图、配筋图、预埋件详图和钢筋用量表等组成。

(1)模板图主要表达构件的外形尺寸,同时需标明预埋件的位置,预留孔洞的形状、尺寸及位置,是构件模板制作、安装的依据。简单的构件模板图可与配筋图合并表示。

(2)在配筋图中,构件轮廓用细实线表示,钢筋用粗实线表示,钢筋的断面用黑圆点表示。在配筋图中,钢筋的标注方法有两种形式:一种是标注钢筋的根数、级别和直径,如 3 Φ 20,表示 3 根直径为 20 mm 的Ⅱ级钢筋;另一种是标注钢筋的级别、直径和间距,如Φ 8@200 表示直径为 8 mm 的Ⅰ级钢筋间距 200 mm。为了清楚地表达钢筋的形状和尺寸,还需单独绘出钢筋详图,将钢筋形状用粗实线绘出,并标注每段尺寸。该尺寸不包括弯钩长度,一般钢筋所注尺寸为外皮尺寸,箍筋所注尺寸为内皮尺寸。

(3)在设预埋件的构件中还应预绘出预埋件详图。

(4)钢筋用量表是供预算和工程备料用的图。在钢筋用量表中应标明构件代号、构件数量,钢筋简图、编号、规格、直径、长度、根数、总长度、总重量等。

二、基础施工图

(一)基础施工图的内容与作用

基础施工图包括基础平面图和基础详图。基础施工图是进行施工放线、基槽(坑)开挖和基础施工及施工组织、编制预算的主要依据。

(二)基础平面图

1. 形成与图示方法

基础平面图是用一水平的剖切面沿建筑物室外地面以下剖切后向水平面投影得到的全剖面图。基础平面图主要表示基础的平面布置、与墙(柱)的关系,以及基础的形式、尺寸、构件编号等。基础平面图中应绘制出与建筑底层平面图位置、编号一致的定位轴线,被剖切到的墙和柱的断面轮廓用粗实线表示,基础底面的轮廓线用细实线表示,基础梁可用粗点划线表示。基础大放脚的材料及尺寸等可以不画,在基础详图中表示。

2. 识读

以下简要介绍基础平面图的识读(见图 3-7)。

(1)了解基础的类型。从图 3-7 可知基础采用的是桩基础。

(2)了解基础的材料。结合说明可知,基础材料为直径 400 mm 的预应力混凝土管桩,桩身混凝土等级强度为 C80。

(3)了解基础的平面布置情况及尺寸。从图 3-7 可看出,所有柱下均设置了桩基。

(4)了解施工要求。从说明中可知桩竖向承压承载力设计值≥1 200.00 kN,还规定锤击沉桩等方面的要求。

(三)基础详图

为了表达清楚基础的材料、构造、形状、截面尺寸、埋置深度及室内外地面、防潮层等情况,需要绘制基础详图(见图 3-7)。

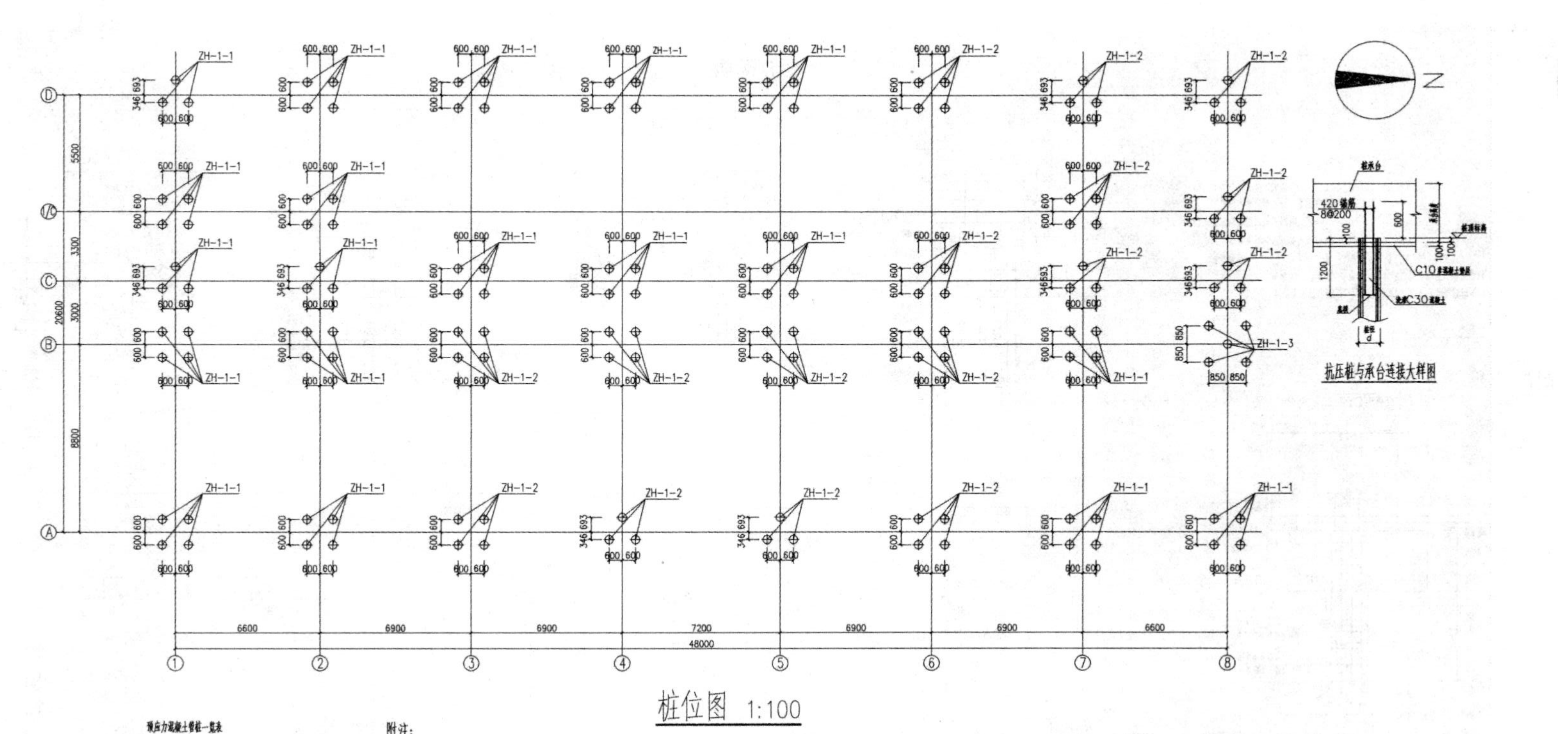

预应力混凝土管桩一览表

编号	管桩类型	桩顶相对标高(m)	桩底相对标高(m)	桩竖向承压承载力设计值	桩尖持力层
ZH-1-1	A	-2.000	-23.000	≥1200.00kN	全风化岩层
ZH-1-2	A	-2.000	-26.000	≥1200.00kN	全风化岩层
ZH-1-3	A	-2.700	-26.000	≥1200.00kN	全风化岩层

图例：ZH-*-*—管桩编号

附注：

1. ±0.000相当于绝对标高5.570m.
2. 管桩采用直径400mm的预应力混凝土管桩，桩身混凝土强度等级为C80(PHC桩)，壁厚不小于90mm，混凝土的有效预应力不低于4.1MPa，桩身的抗裂弯矩和极限弯矩分别不低于52kN·m和77kN·m，桩身竖向承载力设计值不低于2000kN.
3. 管桩进入持力层（全风化岩层）深度不小于1.0 d（d为桩径），且桩底标高应达到表中指定的数值.
4. 本建筑桩基础安全等级为二级. 设计依据：广东省标准《预应力混凝土管桩基础技术规程》(DBJ/T15-22-98)，以及珠海市建筑工程勘察设计院2003年12月提供的《桥椿金属（珠海）有限公司厂区建设场地岩土工程勘察报告》.
5. 沉桩方式为锤击沉桩. 单桩锤击数不超过2500击，且不小于500击；最后1m沉桩锤击数不超过300击，且不小于100击. 打桩以最后贯入度控制为主，桩长控制为辅. 最后贯入度：当有效桩长（桩顶标高—桩底标高）≤15.0m时，最后连续三阵（每阵10击）每阵不大于15mm，其余情况下为最后连续三阵（每阵10击）每阵不大于25mm；正式打桩前应进行试打，试打时采用高应变动测法测试，并根据综合分析结果，对收锤标准进行修正. 承包商应仔细分析地质报告，确保桩端到达指定的持力层.
6. 基桩质量应符合广东省标准《预应力混凝土管桩基础技术规程》(DBJ/T15-22-98)的要求. 运抵施工现场的管桩应有出厂合格证、质量检测报告、管桩技术性能等技术资料. 施打前应预先进行验收.
7. 基桩沉桩及成桩质量检测应按广东省标准《预应力混凝土管桩基础技术规程》(DBJ/T15-22-98)的要求进行. 接桩后应自然冷却至少8min后方能继续施打，严禁用冷水冷却或焊好即打. 施工前应进行严密的施工组织设计，合理规划打桩顺序，采取有效措施防止施打时的挤土效应造成已施工的基桩偏移和上浮. 应随时监测并采取有效措施防止损坏地下设施和场地周围建筑物.
8. 管桩基础成桩后，应按广东省标准《预应力混凝土管桩基础技术规程》(DBJ/T15-22-98)第7.2节中要求进行竖向承压静载试桩，试桩时加载至单桩竖向承载力设计值的1.65倍，试桩数量为总桩数的1%，且不应少于3根.
9. 防雷接地做法按电气专业图纸要求施工，施工时应与电气专业图纸密切配合.
10. 打桩时如遇孤石等特殊情况，须报设计院另行处理.
11. 承包商应将预应力管桩成品的技术资料提交设计院.

图 3-7　基础平面图

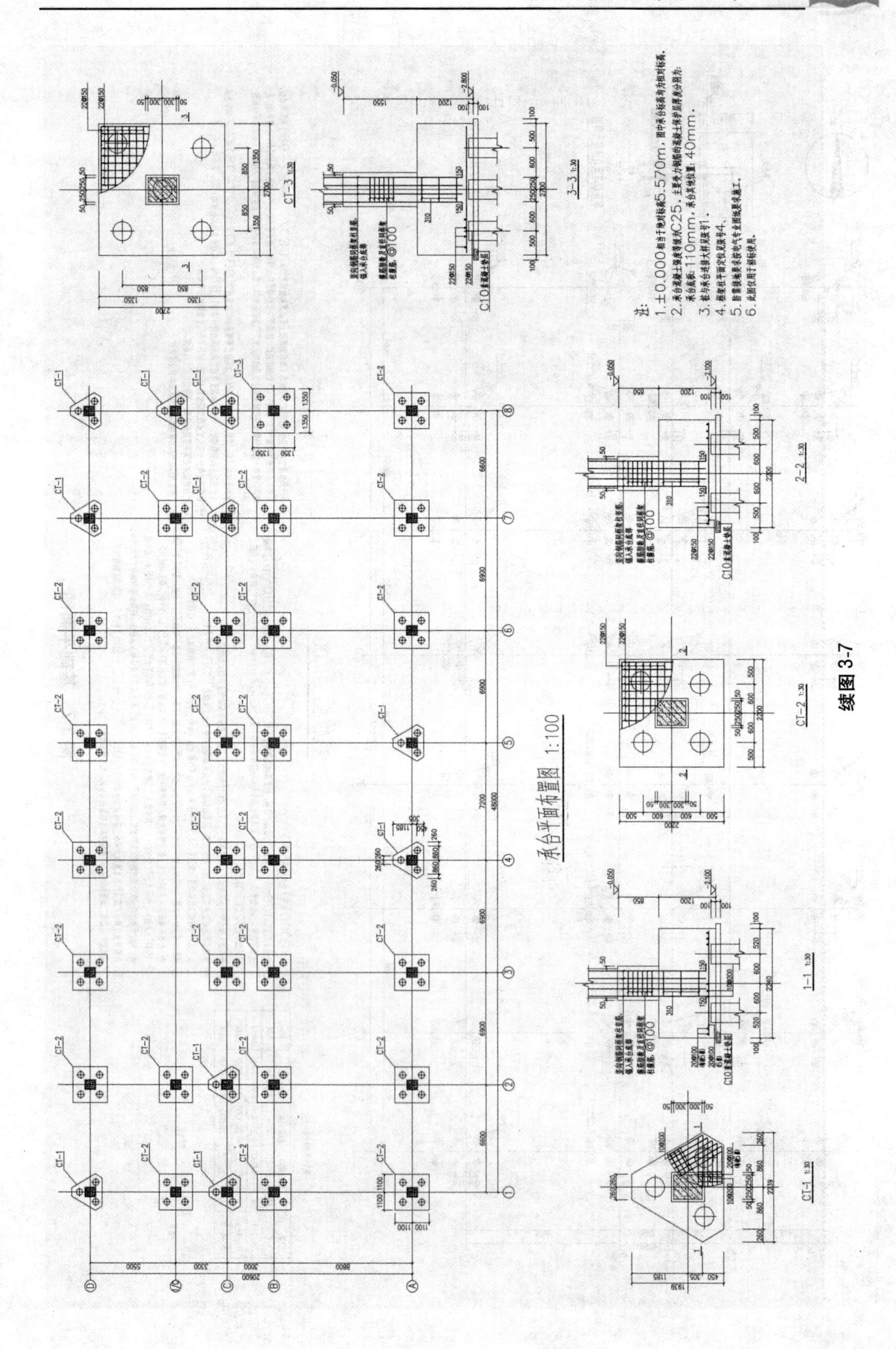

续图 3-7

在基础断面图中,用粗实线表示剖到的基础轮廓、不同材料分隔线及室内外地坪线,在构件的断面上绘出材料符号,并标注相应的标高及各部分尺寸。基础的详图包括平面及断面详图。在钢筋混凝土的基础详图中不仅要标注应有的标高及各部分尺寸,还应绘出钢筋,并标注钢筋编号、直径、等级、根数等。

三、楼层结构平面图

(一)楼层结构平面图的形成和作用

楼层结构平面图是假想用一个水平的剖切面沿楼板上皮剖切得到的全剖面图。楼层结构平面图用来表示该层楼板中板与梁、墙、柱等构件的平面布置情况,表示构件代号及配筋等构造做法,是各层构件安装及计算构件数量、施工预算的依据。楼层结构平面图有楼层与屋顶之分。

(二)楼层结构平面图的表示方法

在楼层结构平面图中,剖到或可见的墙身用中实线表示,楼板下方不可见的墙、梁、柱等轮廓线用中虚线表示,可见的楼板轮廓用细实线表示;被剖切到的柱的断面轮廓用粗实线表示,并画上材料图例(当比例较小时,钢筋混凝土用涂黑表示);梁与板的形状、厚度和标高可用重合断面图表示。

在楼层结构平面图中,预制板按实际布置情况用细实线绘制,相同布置时可用同一名称表示,并将该房间楼板画上对角线标注板的数量和构件代号。不可见的圈梁、过梁用粗虚线(单线)表示,并注明代号。现浇板可直接在板上绘出配筋图:用粗实线画出板中钢筋,每一种钢筋只画一根,并注明钢筋编号、直径、等级和数量等。楼梯间的结构布置需另画详图表示。

(三)楼层结构平面图的识读

下面以图 3-8 为例简要介绍识读步骤与方法。

(1)了解图名和比例。图 3-8 是某办公楼的一层结构平面布置图,比例为 1∶100。

(2)了解楼板所用材料。从说明第 1 条可知,混凝土的强度等级为 C30。

(3)了解楼板的厚度。

(4)了解楼板的配筋情况。按图 3-8 中说明的第 3 条:“未标注的分布钢筋均为Φ 6@200”,结合图可知,板底部的受力钢筋双向布置,均为直径 8 mm 的热轧光圆钢筋,间距 200 mm,板面的负筋为直径 8 mm 的热轧光圆钢筋,间距为 200 mm。钢筋具体的尺寸见图 3-8 中标注。

四、混凝土结构施工图平面整体表示方法

结构施工图平面整体表示方法(简称平法)是把结构构件的尺寸和配筋等,按照平面整体表示方法的制图规则,直接表达在各类构件的结构平面布置图上,再与标准构造详图相配合,构成一套完整的结构施工图。这样改变了传统的将构件从结构平面布置图中索引出来,再逐个绘制配筋详图的烦琐方法。

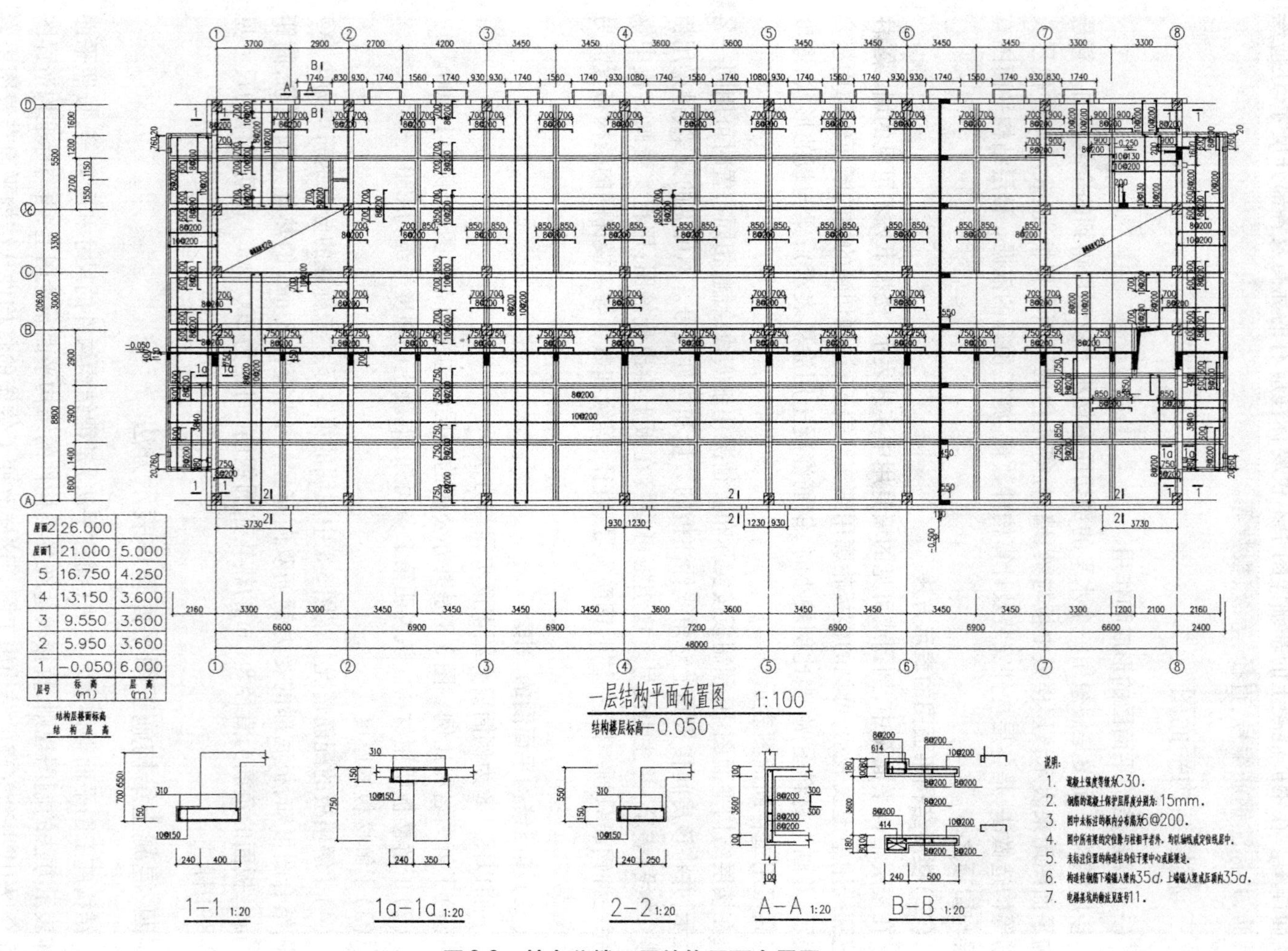

层号	标高(m)	层高(m)
屋面2	26.000	
屋面1	21.000	5.000
5	16.750	4.250
4	13.150	3.600
3	9.550	3.600
2	5.950	3.600
1	-0.050	6.000

结构层楼面标高
结构层高

图3-8 某办公楼一层结构平面布置图

国家建筑标准设计图集《混凝土结构施工图平面整体表示方法制图规则和构造详图》(G 101—1)介绍了常用的现浇钢筋混凝土柱、墙、梁三种构件的平法制图规则和构造详图两大部分内容。按该图集的规定,平法设计绘制的结构施工图,首先应用表格等方式注明各层的结构层楼地面标高、结构层高及相应的结构层号,并分别放在柱、墙、梁等各类构件的平法施工图中。下面简单介绍最常用的柱和梁的平法制图规则。

(一)柱平法制图规则

柱平法施工图是在柱平面布置图上采用列表注写方式或截面注写方式表达。

1. 列表注写方式

列表注写方式(见图3-9)是指在柱平面布置图上,分别在同一编号的柱中选择一个或几个截面标注几何参数代号,在柱表中注写柱号、柱段起止标高、几何尺寸(含柱截面对轴线的偏心情况)与配筋的具体数值,并配以各种柱截面形式及其箍筋类型图的方式。

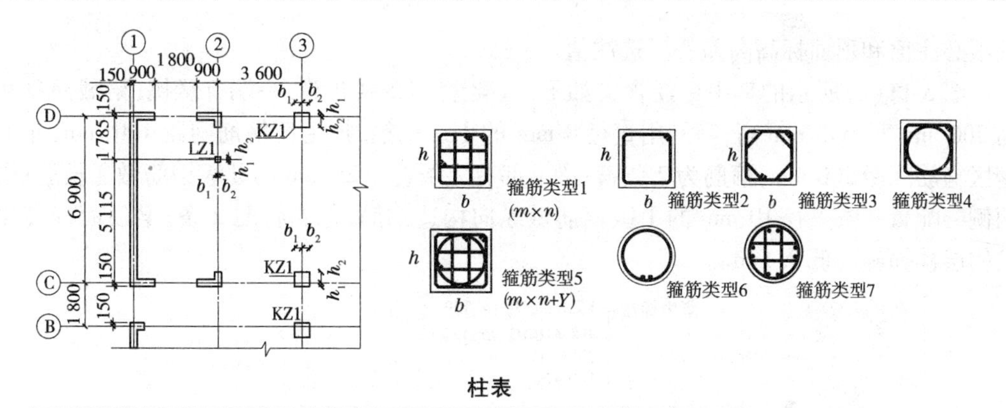

柱表

柱号	标高(m)	$b \times h$(圆柱直径D)	b_1	b_2	h_1	h_2	全部纵筋	角筋	b边一侧中部筋	h边一侧中部筋	箍筋类型号	箍筋	备注
KZ1	-0.030~19.470	750×770	375	375	150	550	24Φ25				1(5×4)	Φ10@100/200	
	19.470~37.470	650×600	325	325	150	450		4Φ22	5Φ22	4Φ20	1(4×4)	Φ10@100/200	
	37.470~59.070	550×500	275	275	150	350		4Φ22	5Φ22	4Φ20	1(4×4)	Φ8@100/200	
XZ1	-0.030~8.670						8Φ25				按标准构造详图	Φ10@200	③~⑧轴KZ1中设置

图3-9　柱平法施工图列表注写方式

2. 截面注写方式

截面注写方式(见图3-10)是指柱平面布置图的柱截面上,分别在同一编号的柱中选择一个截面并放大,直接注写截面尺寸和配筋具体数值的方式。

(二)梁平法制图规则

梁平法施工图是在梁平面布置图上采用平面注写方式或截面注写方式表达。

1. 平面注写方式

平面注写包括集中标注和原位标注。集中标注表达梁的通用数值,原位标注表达梁的特殊数值。当集中标注中的某项数值不适用于梁的某个部位时,采用原位标注,施工时原位标注取值优先。

1)集中标注

梁集中标注有编号、截面尺寸、箍筋、上部通长筋或架立筋、侧面纵向构造筋或受扭筋

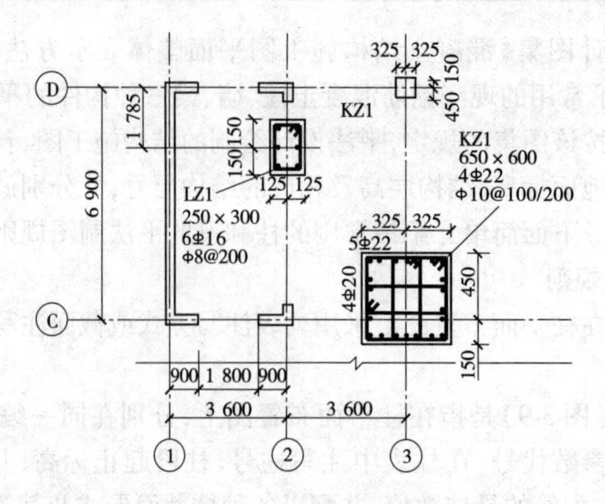

图 3-10　柱截面注写方式

五项必注值和顶面标高高差一项选注值。

图 3-11(a)所示的集中标注含义如下：框架梁 KL2 共 2 跨，一端有悬挑；梁截面尺寸为 300 mm 宽、650 mm 高；箍筋用直径 8 mm 的Ⅰ级钢筋，加密区箍筋间距 100 mm，非加密区箍筋间距 200 mm，箍筋为 2 肢箍；梁上部有 2 条直径 25 mm 的Ⅱ级钢筋做通长筋；梁两侧共配置 4 条直径 10 mm 的Ⅰ级钢筋做纵向构造钢筋，每侧各配 2 条；梁顶面标高比结构层楼面标高低 0. 1 m。

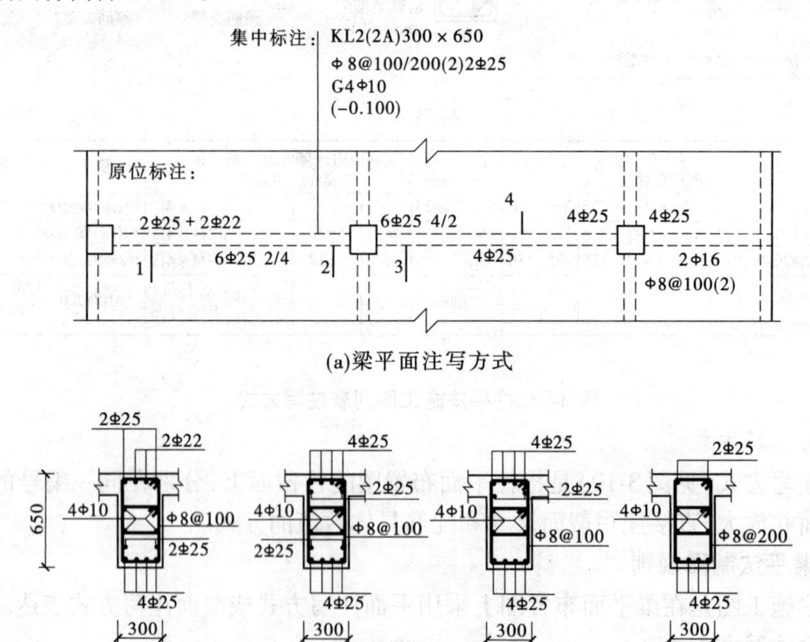

(a)梁平面注写方式

(b)梁传统表示方法

图 3-11　梁平面注写方式与梁传统表示方法的对比

2)原位标注

梁支座上部纵筋的标注包含贯通筋在内的所有纵筋。当上部纵筋多于一排时,用斜线“/”将各排纵筋自上而下分开。当同排纵筋有两种直径时,用加号“+”将两种直径的纵筋相连,注写时将角部纵筋写在前面。当梁中间支座两边的上部纵筋相同时,可仅在支座的一边标注配筋值,当两边的上部纵筋不同时,须在支座两边分别标注配筋值。

梁下部纵筋的表示方法与上部纵筋的表示方法基本相同。附加箍筋或吊筋直接画在平面图中的主梁上,注明总配筋值。

以图3-11(a)中框架梁KL2第一跨的原位标注为例,说明梁左端支座纵筋共有4条,其中2条是直径25 mm的Ⅱ级钢筋,分别放在两端角部,另2条是直径22 mm的Ⅱ级钢筋;右端支座纵筋为6条直径25 mm的Ⅱ级钢筋,分两排布置,上排4条,下排2条;梁底部有6条直径25 mm的Ⅱ级钢筋,分两排布置,上排2条、下排4条,全部伸入支座。对比图3-11(b)中四个采用传统的绘制截面图的表示方法,平面注写方式既减小了绘图工作量,又简单明了地表示了梁各部位的配筋。

2. 截面注写方式

截面注写方式是指在按标准层绘制的梁平面布置图上,分别在不同编号的梁中各选择一根梁,用剖面号引出配筋图,并在其上注写截面尺寸和配筋具体数值的方式(见图3-12)。截面注写方式既可以单独使用,也可与平面注写方式结合使用。

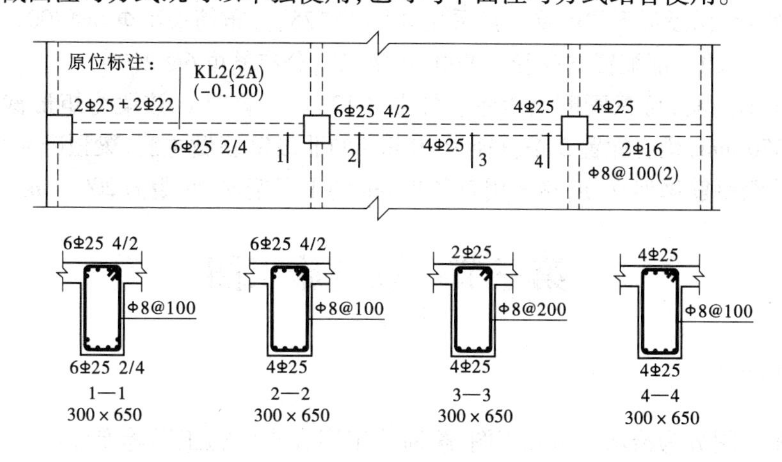

图3-12 梁截面注写方式

五、楼梯结构详图

楼梯结构详图一般包括楼梯结构平面图和楼梯配筋图(见图3-13)。

(一)楼梯结构平面图

楼梯结构平面图是设想沿上一楼层平台梁顶剖切后所作的水平投影。剖切到的墙用中实线表示;楼梯梁、板的轮廓线,可见的用细实线表示,不可见的则用细虚线表示。楼梯结构平面图主要反映各构件(如楼梯梁、梯段板、平台板及楼梯间的门窗过梁等)平面布置、代号、大小、定位尺寸以及它们的结构标高。楼梯结构平面图的识读方法与楼层结构平面图类似。

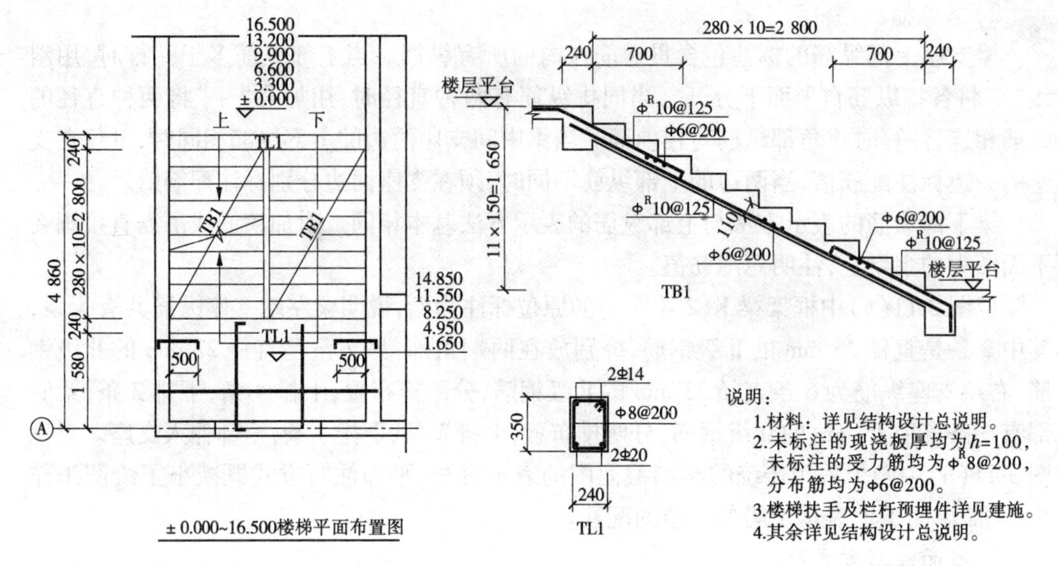

图3-13 楼梯结构详图

(二)楼梯配筋图

为了详细表示梯段板和楼梯梁的配筋,可以用较大的比例画出每个构件的配筋图。如图3-13所示,梯段板下层的受力筋采用$\Phi^R10@125$,分布筋采用Φ 6@200;在楼梯段的两端、斜板截面的上部配置支座受力筋$\Phi^R10@125$,分布筋Φ 6@200。

外形简单的梁,可只画断面表示。如图3-13中的梁TL1,该梁为矩形截面,尺寸为240 mm×350 mm,梁底配置2条直径为20 mm的Ⅱ级钢筋做主筋,梁顶配置2条直径为14 mm的Ⅱ级钢筋做架立筋,箍筋用直径8 mm的Ⅰ级钢筋,间距为200 mm。

第三节 设备施工图

一、概述

设备施工图分为给水排水施工图、暖通施工图和电气施工图等专业图。各专业图一般由基本图和详图两部分组成。基本图包括管线平面图、系统图和设计说明,详图表达各部分的加工、安装的详细尺寸及要求。

二、给水排水施工图

一般给水排水施工图包括:平面布置图、轴测图、详图和施工说明。

室内给水排水平面布置图表示供水管线、排水管网的平面走向以及用水房间的卫生设备、给水用具和污水排出的装置。图3-14为学生宿舍的给水排水平面布置图。

轴测图能够清晰地标注出管道的空间走向、尺寸和位置,以及用水设备及其型号、位置,立体感强,易于识别(见图3-15)。

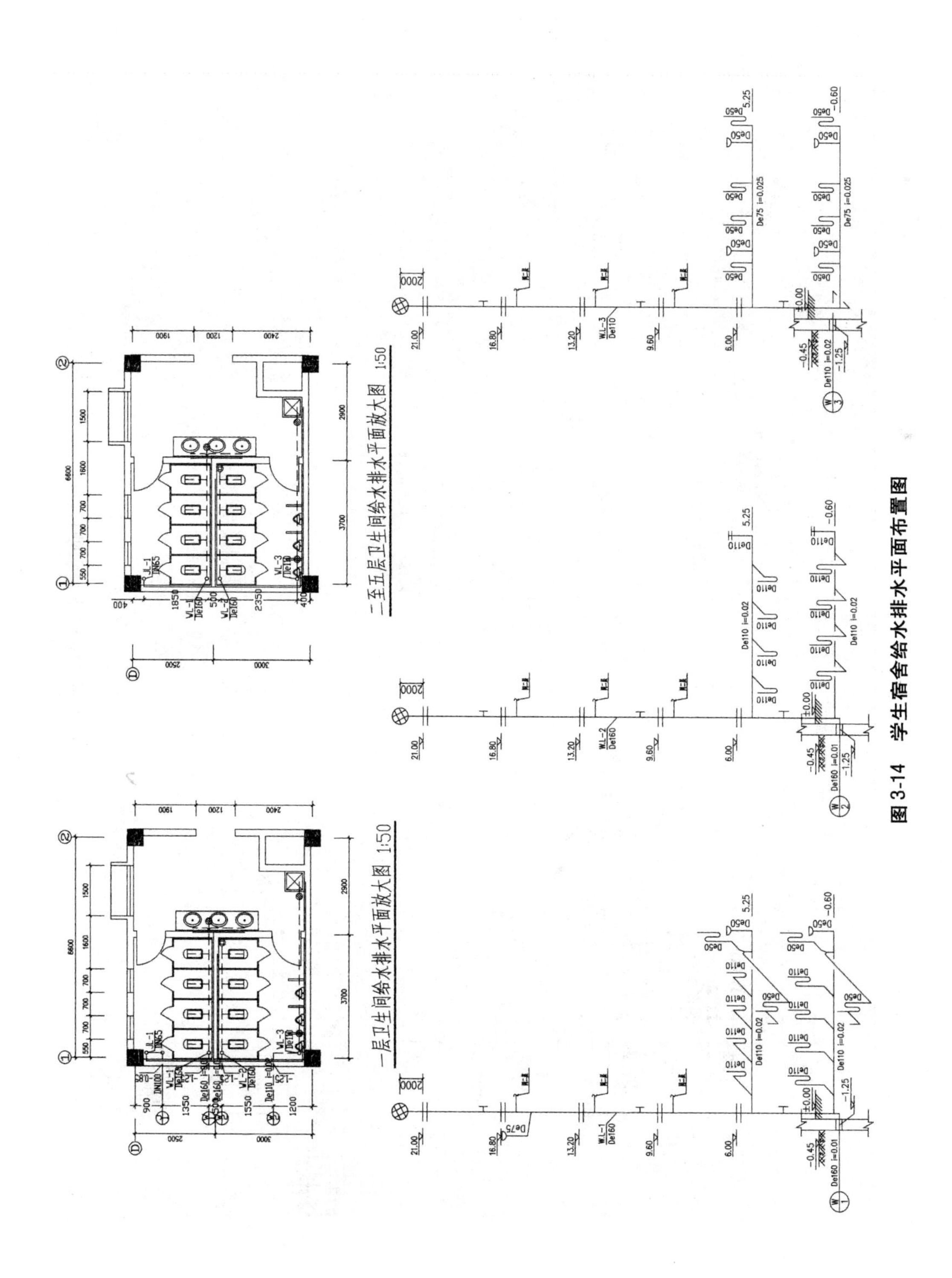

图 3-14　学生宿舍给水排水平面布置图

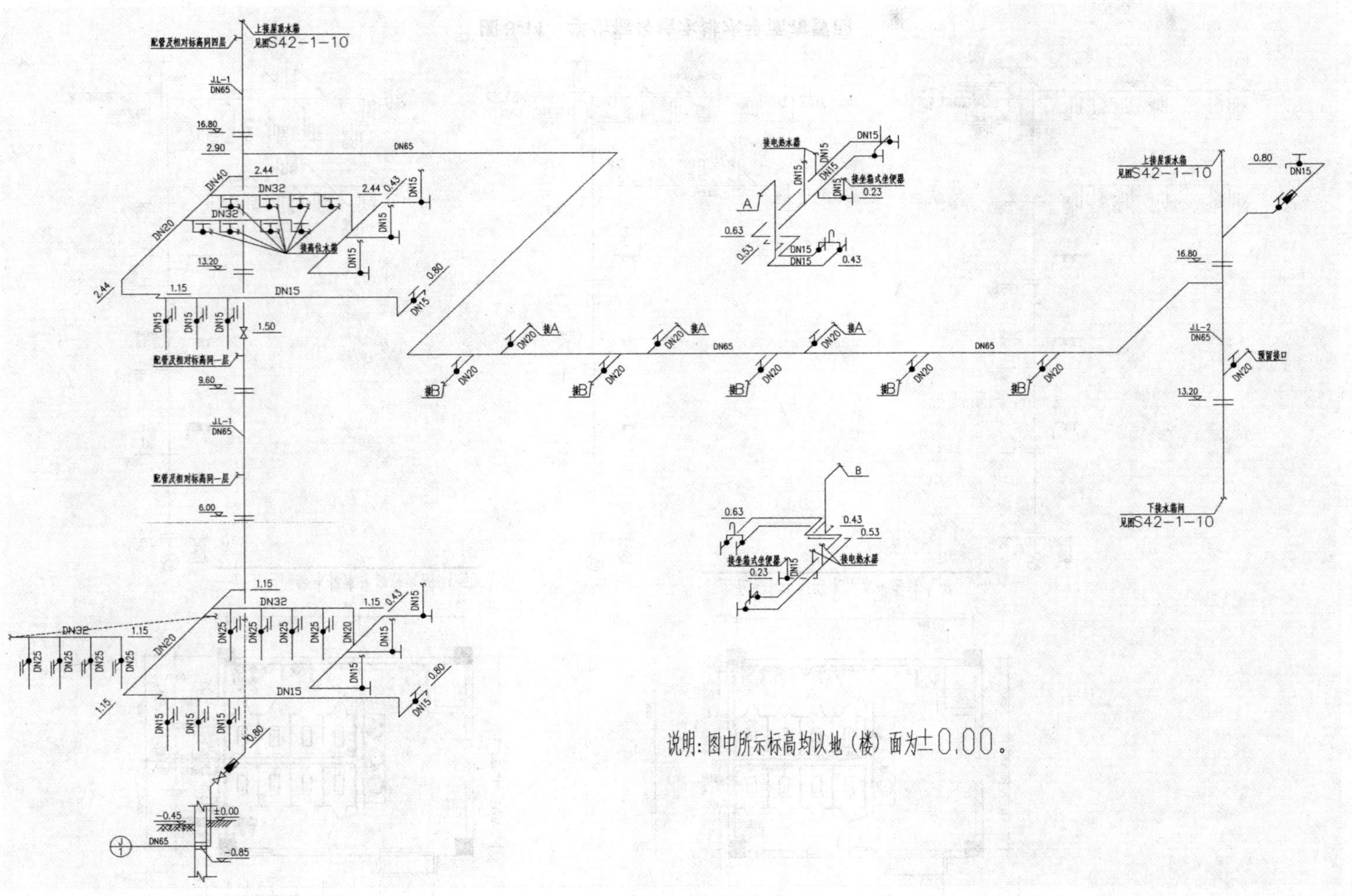

图3-15 学生宿舍给水排水轴测图

三、电气施工图

电气施工图主要包括:设计说明、外线总平面图、平面图、系统图、详图。识读电气施工图的步骤如下:

(1)熟悉各种电气工程图例与符号。

(2)了解建筑物的概况,结合建筑及结构施工图识读电气施工图。

(3)按照设计说明→电气外线总平面图→配电系统图→各层电气平面图→施工详图的顺序,先对工程有一个总体概念,再对照着系统图进行细致的理解。

(4)按照各种电气分项工程(照明、动力、电热、微电、防雷等)进行分类,仔细阅读电气平面图,弄清各电气的位置、配电方式及走向等。

本章小结

建筑工程设计一般分为方案设计、初步设计和施工图设计三个阶段。一套建筑工程施工图一般包括建筑施工图、结构施工图、设备施工图等部分。

建筑施工图包括首页、建筑总平面图、建筑平面图、建筑立面图、建筑剖面图及建筑详图等。首页是整套施工图的概括和必要补充,包括图纸目录和施工图设计总说明;建筑总平面图是将新建建筑周围一定范围内的新建、拟建、原有和拆除的建筑物、构筑物连同地形、地物用正投影法和相应图例在水平投影面上绘出的投影图,是新建建筑定位、土方工程、施工放线及其他专业总平面图的依据。建筑平面图是假想用水平面剖切整个房屋,对其下部分作水平正投影,主要反映建筑物各层的平面形状和大小,各层房间的分隔和联系,墙和柱的位置、截面尺寸和材料,门、窗的类型和位置等。建筑立面图是在与房屋立面平行的投影面上所作的正投影图,用以表示建筑物外形以及门窗洞、雨篷、檐口、窗台等在高度方向的定位和外墙面的装饰。建筑剖面图是假想用一垂直剖切面平剖切房屋,移去靠近观察者的部分,向留下部分作正投影所得到的正投影图,用来表达建筑物内部垂直方向的结构、构造、分层情况及各部分的高度与联系等。建筑详图是用于表达建筑平面图、建筑立面图、建筑剖面图或说明中无法交待清楚的细部、构配件构造而选用大比例绘制的图。

结构施工图包括结构设计说明、结构平面图和结构详图。基础平面图是假想用一个水平的剖切面沿建筑物室外地面以下剖切后向水平面投影得到的全剖面图。楼层结构平面图是假想用一个水平的剖切面沿楼板上皮剖切得到的全剖面图,包括楼板层。楼层结构平面图主要表示楼板中板与梁、墙、柱等构件的平面布置情况,表面构件代号及配筋等构造做法。平法结构施工图是把结构构件的尺寸和配筋等,直接表达在各类构件的结构平面布置图上,再与标准构造详图相配合的方法。柱平法施工图可采用列表注写方式或截面注写方式表达。梁平法施工图可采用平面注写方式或截面注写方式表达。楼梯结构详图一般包括楼梯结构平面图和楼梯配筋图。

给水排水施工图包括平面布置图、轴测图、详图和施工说明。

电气施工图主要包括设计说明、外线总平面图、平面图、系统图、详图。

复习思考与练习题

一、名词解释

1. 建筑施工图 2. 结构施工图 3. 建筑平面图 4. 楼层结构平面图 5. 结构施工图平面整体表示方法

二、填空题

1. 一套建筑工程施工图一般包括__________、__________和__________。

2. 建筑施工图一般包括__________、__________、__________、__________、__________及__________。

3. 结构施工图一般包括__________、__________和__________。

4. 柱平法施工图可采用__________和__________方式表达。

5. 梁平法施工图可采用__________和__________方式表达。

三、问答题

1. 建筑施工图包括哪些图?
2. 建筑总平面图的作用是什么?
3. 建筑平面图是如何形成的? 应标注哪些尺寸和标高?
4. 建筑立面图是如何形成的? 主要反映哪些内容? 有几种命名方式?
5. 什么是建筑剖面图? 它表达哪些内容?
6. 楼梯详图包括哪些内容? 从楼梯平面图和剖面图中能了解到哪些内容?
7. 结构施工图包括哪些图?
8. 钢筋的标注有哪两种形式?
9. 楼层结构平面图是怎样形成的?
10. 柱平法施工图可采用哪两种注写方式?
11. 梁平法施工图可采用哪两种注写方式?
12. 梁平法施工图的平面注写方式包括哪几种注写形式?

四、实训练习题

1. 识读一套建筑施工图。
2. 识读一套结构施工图。

第四章　单层厂房构造

学习目标

了解工业建筑的特点，厂房内部的起重运输设备，单层工业厂房屋面的保温与隔热构造，檐口与女儿墙等细部构造，金属梯及平台、走道板的构造；熟悉厂房的结构类型及主要结构构件，砖砌外墙的墙身、基础梁等构造，不同种类天窗的作用与特点；掌握单层工业厂房的柱网尺寸和定位轴线的标定方法，屋面的组成及特点，侧窗的作用、种类以及细部构造，大门的类型及特点，地面的要求及常用地面的构造做法。

第一节　单层厂房的构造组成

一、工业建筑概述

工业建筑是各种不同类型的工厂为工业生产需要而建造的各种不同用途的建筑物、构筑物的总称。直接用于工业生产的建筑物称为工业厂房，是产品生产及工人操作的场所。此外，还有作为生产辅助设施的构筑物，如烟囱、水塔、冷却塔、各种管道支架等。厂房建筑也和民用建筑一样，要体现适用、安全、经济、美观的建筑方针。

（一）工业建筑的特点

由于生产工艺复杂、生产环境要求多样，与民用建筑相比，工业厂房在设计配合、使用要求、室内通风与采光、屋面排水及构造等方面具有以下特点：

（1）厂房的生产工艺布置决定了厂房建筑平面的布置和形状。

（2）工业厂房内部空间大，柱网尺寸大，结构承载力大。

（3）厂房屋顶面积大，构造复杂。

（4）需满足生产工艺的某些特殊要求。

（二）工业建筑的分类

现代工业企业由于生产任务、生产工艺的不同而种类繁多。厂房建筑从不同的角度可以进行各种分类。

1. 按厂房用途分类

厂房建筑按厂房用途可分为主要生产厂房、辅助生产厂房、后勤管理用房等。

2. 按厂房内部生产环境分类

厂房建筑按厂房内部生产环境可分为热加工车间、冷加工车间、有侵蚀性介质作用的车间、恒温恒湿车间、洁净车间等类型。

3. 按厂房的层数分类

厂房建筑按厂房的层数可分为单层厂房、多层及高层厂房、组合式厂房等类型。

单层厂房主要适用于一些生产设备或振动比较大,原材料或产品比较重的机械、冶金等重工业厂房。单层厂房可以是单跨,也可以多跨联列(见图4-1)。

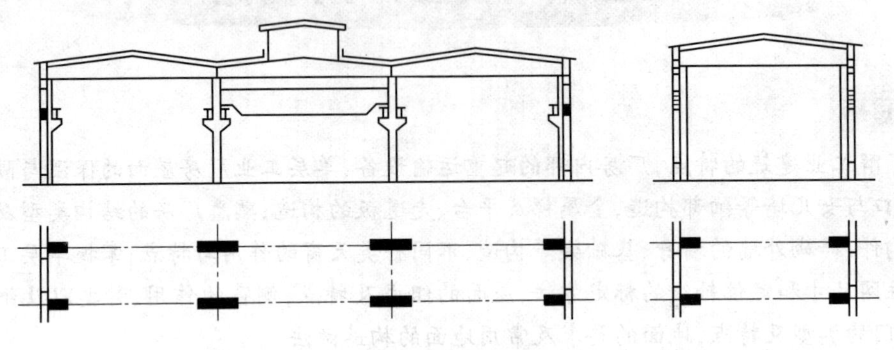

图4-1 单跨及多跨单层厂房

多层厂房主要适用于垂直方向组织生产及工艺流程的生产车间以及设备和产品均较轻的一些车间,如面粉加工、轻纺、电子、仪表等生产厂房。多层及高层厂房占地面积少、建筑面积大、造型美观,应予以提倡。

4. 按厂房承重结构的材料分类

厂房建筑按厂房承重结构的材料可分为砖石结构、钢筋混凝土结构、钢结构以及组合结构等类型。

二、单层厂房的结构类型与结构组成

(一)单层厂房的结构类型

单层工业厂房的结构类型主要有墙承重结构、排架结构和刚架结构等形式。

1. 墙承重结构

墙承重结构(见图4-2)采用砖墙、砖柱承重,屋架采用钢筋混凝土屋架或木屋架、钢木屋架。这种结构构造简单、造价低、施工方便,但承载力低,只适用于无吊车或吊车荷载小于5 t的厂房及辅助性建筑,其跨度一般在15 m以内。

2. 排架结构

排架结构是目前单层厂房中最基本的、应用比较普遍的结构形式。它的特点是把屋架看作一个刚度很大的横梁,屋架与柱子的连接为铰接,柱子与基础的连接为刚接。排架结构的优点是整体刚度好,稳定性强。排架结构厂房按其用料不同主要有两种类型。

1)装配式钢筋混凝土结构

装配式钢筋混凝土结构(见图4-3)采用的是钢筋混凝土或预应力钢筋混凝土构件,跨度可达30 m,高度可达20 m以上,吊车起吊重量可达150 t,适用范围很广。

2)钢屋架与钢筋混凝土柱组成的结构

钢屋架与钢筋混凝土柱组成的结构适用于跨度在30 m以上,吊车起重量可达150 t以上的厂房,如图4-4左半部分所示。

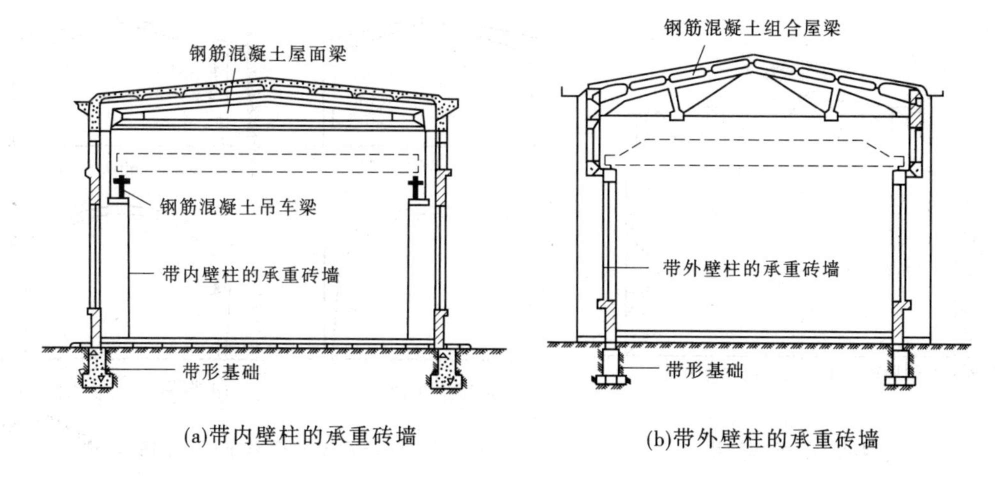

(a)带内壁柱的承重砖墙　　(b)带外壁柱的承重砖墙

图 4-2　墙承重结构

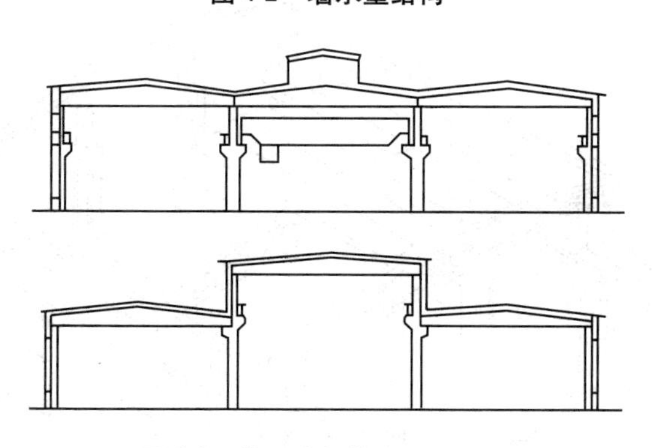

图 4-3　装配式钢筋混凝土结构

3. 刚架结构

刚架结构厂房按材料不同主要有两种类型。

1) 钢结构刚架

钢结构刚架的主要构件(屋架、柱、吊车梁等)都用钢材制作。屋架与柱做成刚接,以提高厂房的横向刚度。这种结构承载力大,抗震性能好,但耗钢量大,耐火性能差,适用于跨度较大、空间较高、吊车起重量大的重型和有振动荷载的厂房,如炼钢厂等,见图 4-4 右半部分。

2) 装配式钢筋混凝土门式刚架

装配式钢筋混凝土门式刚架(见图 4-5)是将屋架(或屋面梁)与柱子合并为一个构件,柱子与屋架(或屋面梁)的连接处为刚接,柱子与基础一般为铰接。目前,单层厂房中常用的是两铰和三铰刚架形式。其优点是梁柱合一、构件种类少、结构轻巧、空间宽敞,但刚度较差,适用于屋盖较轻的无桥式吊车或吊车吨位不大、跨度和高度较小的厂房。

(二) 单层厂房的结构组成

装配式钢筋混凝土排架结构是单层厂房常用的结构形式,其结构由承重结构和围护构件两部分组成,如图 4-6 所示。承重结构起支承上部荷载、增强结构刚度和提高稳定性的作用。

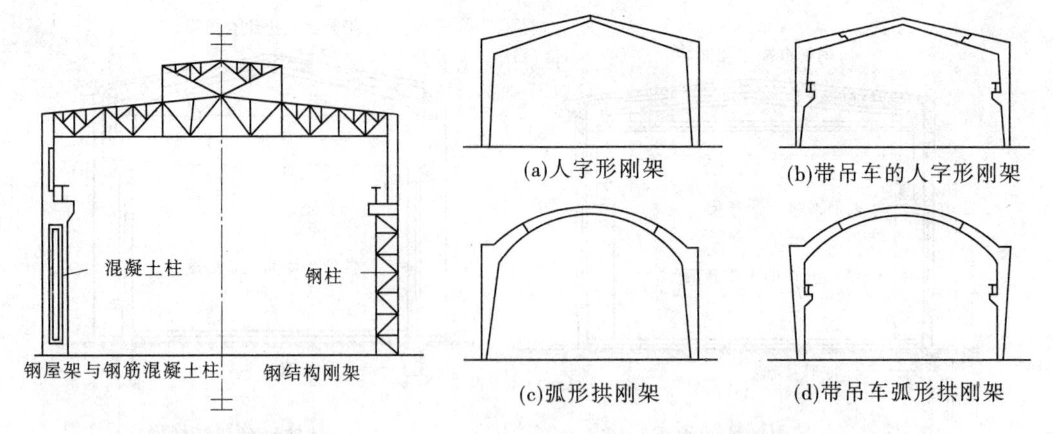

图 4-4　钢屋架结构　　　　图 4-5　装配式钢筋混凝土门式刚架结构

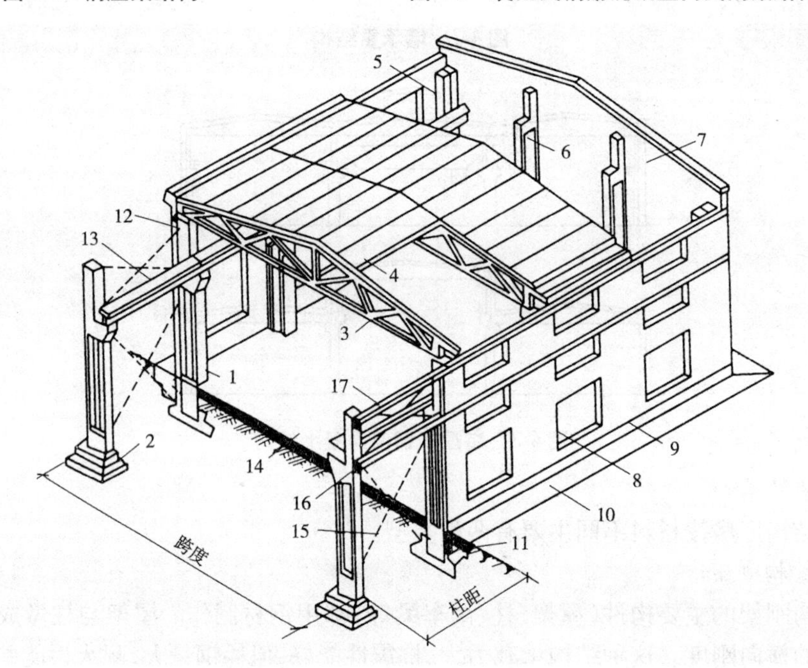

1—柱子；2—基础；3—屋架；4—屋面板；5—端部柱；6—抗风柱；7—山墙；8—窗洞口；9—勒脚；
10—散水；11—基础梁；12—纵向外墙；13—吊车梁；14—地面；15—柱间支撑；16—连续梁；17—圈梁

图 4-6　单层厂房结构组成

单层厂房的承重结构由横向排架、纵向连系构件和支撑系统三部分组成。

1. 横向排架

横向排架由基础、柱、屋架（或屋面梁）组成，它承受厂房的各种荷载。

2. 纵向连系构件

纵向连系构件由基础梁、连系梁、吊车梁、大型屋面板等组成。它们将横向排架连成一体，构成了坚固的骨架系统，保证了横向排架的稳定性和厂房的整体性。纵向连系构件还承受作用在山墙上的风荷载及吊车纵向制动力，并将它传给柱子。

3. 支撑系统

为了保证厂房的刚度,还设置屋架支撑、柱间支撑等支撑系统。

围护构件主要包括屋面、门、侧窗、天窗、外墙和地面等。这些构件除满足一般建筑构件的功能要求外,还要满足不同生产工艺的要求。另外,还有一些其他构造,如散水、地沟、坡道、吊车梯、室外消防梯、隔断等。

三、单层厂房内部的起重运输设备

由于工艺布置要求,生产过程中常需装卸、搬运各种原材料、半成品、成品或进行生产设备的检修工作,厂房内应设置必要的起重运输设备。起重运输设备中,以吊车对厂房的布置、结构选型等影响最大。

吊车主要有悬挂式单轨吊车、梁式吊车、桥式吊车等类型。

(一)悬挂式单轨吊车

悬挂式单轨吊车是一种简便的、主要布置在呈条状布置的生产流水线上部的起重和运输设备。它由钢导轨和电动葫芦两部分组成。悬挂式单轨吊车布置方便、运行灵活,主要适用于 50 kN 以下的轻型起吊和运输。

(二)梁式吊车

梁式吊车由梁架和电动葫芦组成,其梁架可悬挂在屋架下弦或屋面梁上,也可支承于吊车梁上(见图 4-7)。梁式吊车可服务到厂房固定跨间的全部面积。

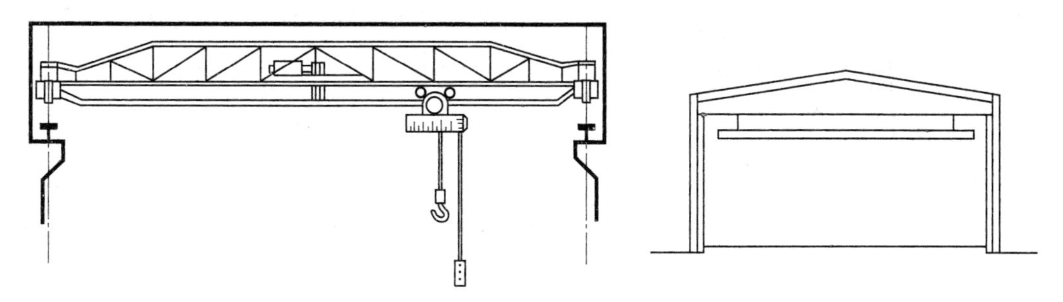

图 4-7 梁式吊车的两种形式

梁式吊车主要适用于车间固定跨间的轻型起吊和运输工作。当梁架采用悬挂式布置时,起吊重量一般不超过 50 kN,可在地面上手动或电动操纵;当梁架支承于吊车梁上时,起吊重量一般不超过 150 kN,可在地面上电动操纵,也可在吊车梁架一端的司机室内操纵。

(三)桥式吊车

桥式吊车由桥架和起重行车组成。桥架支承于吊车梁上,可沿吊车梁上的轨道在厂房固定跨间纵向运行;起重行车则沿桥架横向移动,一般在桥架一端的起重行车上或司机室内操作(见图 4-8)。

桥式吊车适用于跨度较大和起吊及运输较重的生产厂房,其起重范围可由 50 kN 至数千牛,在工业建筑中应用很广。

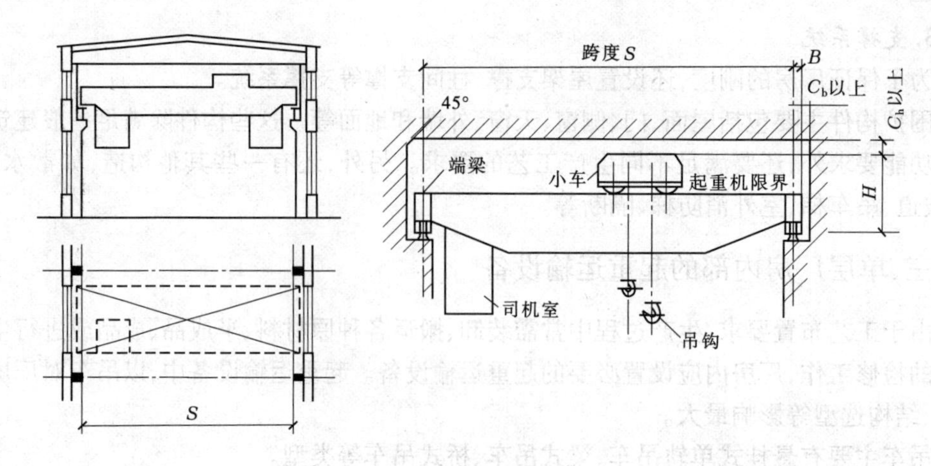

图4-8 桥式吊车

第二节 单层厂房的定位轴线

一、柱网

定位轴线是建筑中确定主要结构构件的位置和相互间标志尺寸的基线,也是建筑施工放线和设备安装的依据。柱子纵横两个方向的定位轴线在平面上形成的网格即为柱网。工业厂房的柱网尺寸由柱距(横向定位轴线间的尺寸)和跨度(纵向定位轴线间的尺寸)组成。

影响厂房跨度的因素主要是屋架和吊车的跨度,影响柱距的因素主要是吊车梁、连系梁、屋面板及墙板等构件的尺寸。柱网尺寸的选择与生产工艺、建筑结构、材料等因素密切相关,并应符合《厂房建筑模数协调标准》(GB/T 50006—2010)中的规定(见图4-9)。柱距应符合60M扩大模数,常用6 m尺寸,有时也采用12 m柱距;跨度在18 m以下时应采用30M扩大模数;在18 m以上时应采用60M扩大模数,常用9 m、12 m、15 m 、18 m、24 m、30 m、36 m等尺寸。厂房山墙处抗风柱柱距宜采用扩大模数15M数列。

单层厂房定位轴线的标定应使结构合理、构造简单,能够减少建筑构件的类型和规格,增加其通用性和互换性,扩大预制装配化程度,提高厂房建筑的工业化水平。轴线的标定位置通常由厂房的主要结构构件的布置情况决定。横向定位轴线一般通过屋面板、基础梁、吊车梁及纵向构件标志尺寸端部的位置,其间尺寸即为纵向构件的标志尺寸。纵向定位尺寸一般通过屋架或屋面大梁等横向构件标志尺寸端部的位置,其间尺寸即为横向构件的标志尺寸。以下介绍钢筋混凝土排架结构单层厂房中常见情况中柱与定位轴线的关系。

二、横向定位轴线

横向定位轴线主要用来标定屋面板、吊车梁、外墙板和纵向支承等纵向构件的标准尺寸长度。

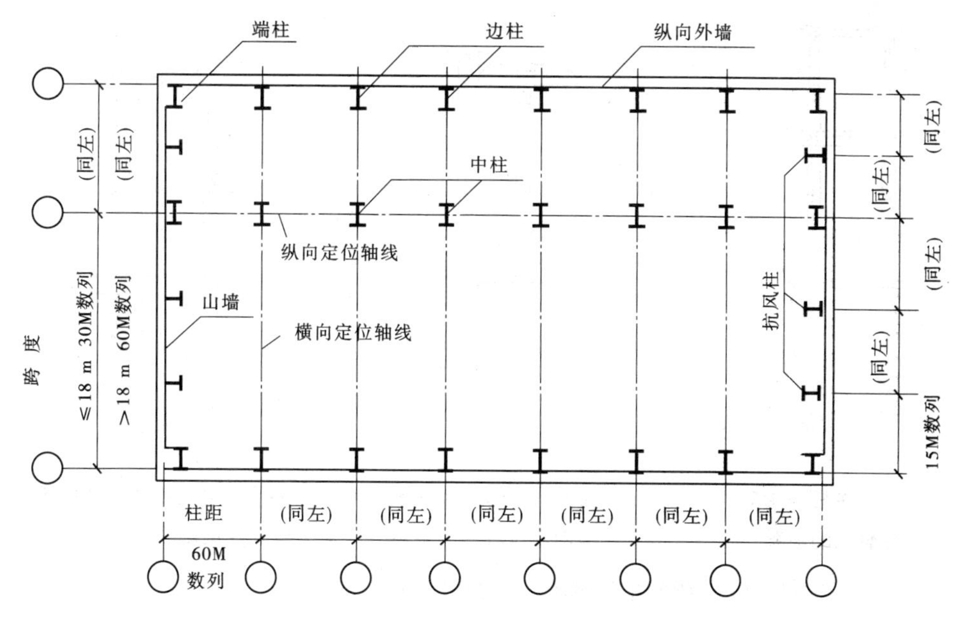

图 4-9　厂房柱网示意图

（一）中柱与横向定位轴线的联系

厂房中柱的横向定位轴线一般与中柱中心线和屋架中心线重合，如图 4-10 所示。

（二）山墙与横向定位轴线的联系

当山墙为砌体承重墙时，横向定位轴线可设在墙体中心线或距墙体内缘为墙材块体半块长或半块长倍数的位置上。当山墙为非承重墙时，山墙处的横向定位轴线一般与墙体内缘重合，端部柱的中心线向内移 600 mm。这样可以避免抗风柱与端部屋架发生矛盾，保证山墙抗风柱能通至屋架上弦，使抗风柱与屋架正常连接，将山墙的水平风荷载传至屋面和排架柱，如图 4-11 所示。

（三）横向变形缝处柱与横向定位轴线的联系

单层厂房横向变形缝处一般采用双柱、双轴线的定位轴线标定方法，如图 4-12 所示。双横向定位轴线间增加插入距 a_i，a_i等于变形缝的设置宽度 a_c。变形缝处柱子中心线自定位轴线各向两侧移 600 mm。伸缩缝处柱子内移，是考虑双柱间有一定的间距以便安装柱子，并为双柱的基础设置留出空间。但屋面板、吊车梁和墙板等构件在横向变形缝处会出现局部的悬挑。

三、纵向定位轴线

厂房两纵向定位轴线间的距离代表厂房的跨度，是屋架的标志跨度。

（一）外墙、边柱与纵向定位轴线的联系

外墙、边柱与纵向定位轴线的联系受吊车型号、起重量、厂房高度等参数影响，如图 4-13所示。在有吊车的厂房中，为使吊车与结构规格相协调，有如下关系：

$$L_k = L - 2e \tag{4-1}$$

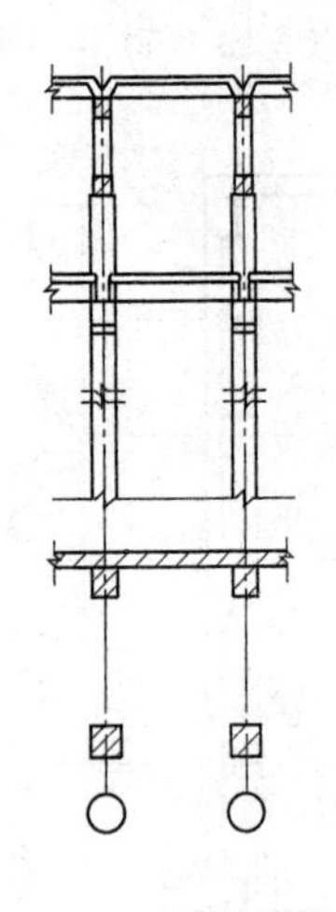

图 4-10　中柱与横向定位轴线的联系

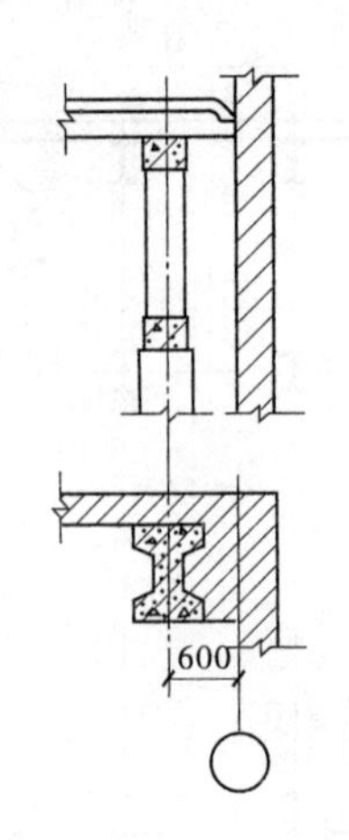

图 4-11　非承重墙与横向定位轴线的联系

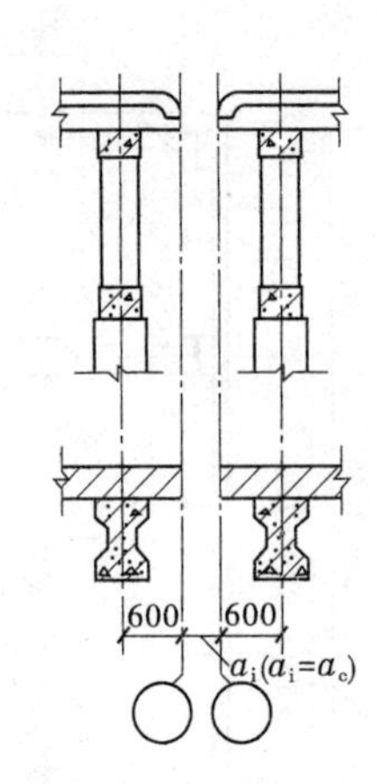

图 4-12　横向变形缝处柱与横向定位轴线的联系

式中　L——纵向定位轴线间的距离(厂房跨度),m;

L_k——吊车跨度(吊车轮距),m;

e——纵向定位轴线至吊车轨道中心线的距离,一般取 0.75 m,当吊车起重量大于 50 t 或有构造要求时,取 1 m。

对普通起重吊车,为保证吊车的安全运行,应有

$$e-(B+h)\geqslant K \tag{4-2}$$

式中　B——吊车的端部尺寸,m;

h——厂房柱上柱截面高度,m;

K——为保证吊车安全运行的安全空隙,m,其大小根据吊车起重量和安全要求确定。

外墙、边柱与纵向定位轴线的联系可分为封闭式结合和非封闭式结合两种(见图 4-14)。

1. 封闭式结合

封闭式结合的纵向定位轴线与柱外缘和墙内缘重合,屋架和屋面板紧靠外墙内缘,如图 4-14(a)所示。封闭式结合适用于无吊车或只有悬挂式吊车及吊车起重量小于 20 t、柱距为 6 m 的厂房。这种结合方式的屋面板与外墙间没有空隙,不需要设置填补空隙的补充构件,构造简单、施工方便,吊车荷载对柱的偏心距较小。

2. 非封闭式结合

非封闭式结合的纵向定位轴线与柱子外缘有一个距离 a_c,并使屋面板与墙内缘也有一定的空隙,如图 4-14(b)所示。距离 a_c 称为联系尺寸,可以用来调整吊车安全空隙,保证吊车的安全运行。联系尺寸 a_c 应符合 3M 扩大模数。

在非封闭式结合中,须注意保证屋架等在柱上应有的支承长度。如支承长度不能保证,则在柱头应伸出牛腿以保证制作长度。

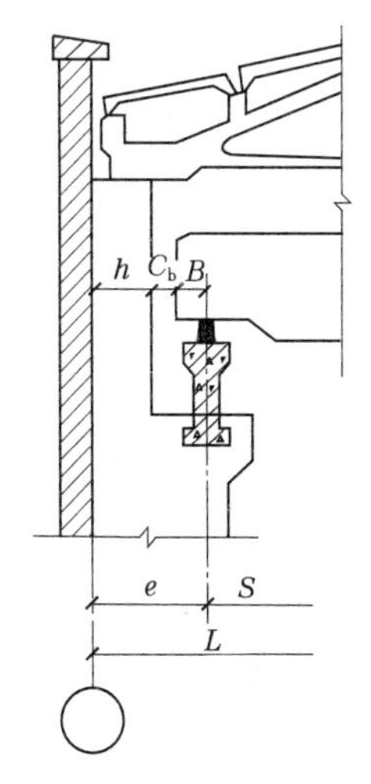

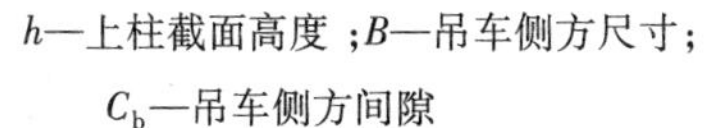
h—上柱截面高度；B—吊车侧方尺寸；
C_b—吊车侧方间隙

图 4-13　吊车与纵向边柱定位轴线的联系

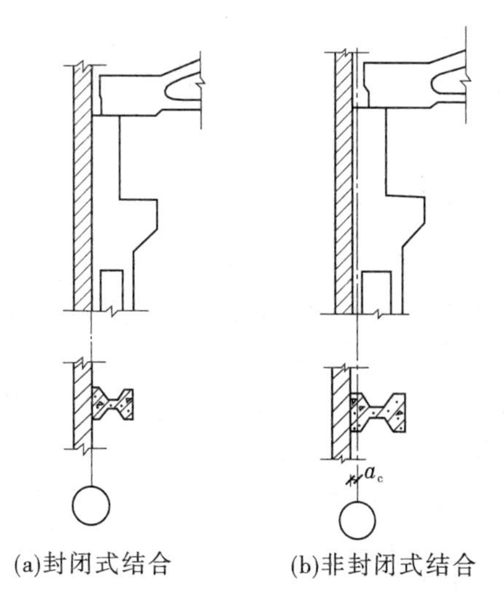

图 4-14　外墙、边柱与纵向定位轴线的联系

（二）中柱与纵向定位轴线的联系

中柱处的纵向定位轴线的标定与相邻跨厂房高度的关系、纵向变形缝的设置及吊车起重量等因素有关。

1. 等高跨中柱

1）无变形缝等高跨中柱

无变形缝等高跨的中柱，其上柱中心线应与纵向定位轴线相重合，即等高跨两侧屋架或屋面梁等的标志跨度皆以上柱中心线为准。

2）设变形缝等高跨中柱

对有必要设置纵向变形缝的厂房，一般有单柱纵向变形缝和双柱纵向变形缝。

2. 不等高跨中柱

两不等高跨中柱与纵向定位轴线的联系一般以高跨为主，应结合电车起重量和结构类型等选择标定方法。

1）无变形缝不等高跨中柱

无变形缝不等高跨中柱多为单柱。

2）设变形缝不等高跨中柱

一般情况下，不等高厂房在高低跨处的变形缝可用单柱处理，采用两根纵向定位轴线。若变形缝宽度为 a，则两纵向定位轴线间的插入距 $a_i = a_e$；若需设置联系尺寸 a_c，则有 $a_i = a_e + a_c$；当高低跨两屋架端部之间设有厚度为 t 的封墙时，纵向定位轴线的标定，则有 $a_i = a_e + a_c + t$。

3. 纵横跨相交处的定位轴线

有纵横跨相交的厂房，一般在交接处设置变形缝，两侧结构实际是各自独立的体系。纵横跨应有各自的柱列和定位轴线，各柱的定位轴线按前述各原则标定。

第三节 单层厂房的承重构件

一、基础与基础梁

(一)基础

基础承担作用在柱子上的全部荷载及基础梁上部分墙体荷载,并传给地基,具有承上传下的作用,是工业厂房中重要构件之一。单层厂房通常采用独立基础,根据施工工艺可分为现浇柱下独立基础和预制柱下杯形基础。

1.现浇柱下独立基础

基础与柱均为现场捣制,施工时应在基础顶面伸出柱子的预留筋,数量和柱中纵向受力筋相同,以与柱子连接,预留筋伸出长度根据柱的受力情况、钢筋规格及接头方式等来确定。其构造尺寸如图4-15所示。

2.预制柱下杯形基础

预制柱下杯形基础是在基础顶部做成杯口,钢筋混凝土预制柱插入并嵌固在杯口中。为便于安装,杯口尺寸应大于柱子截面尺寸,杯壁与柱壁之间应留有空隙,基础底面尺寸及配筋经计算确定;柱吊装插入后,用C20细石混凝土灌缝。其构造尺寸如图4-16所示。

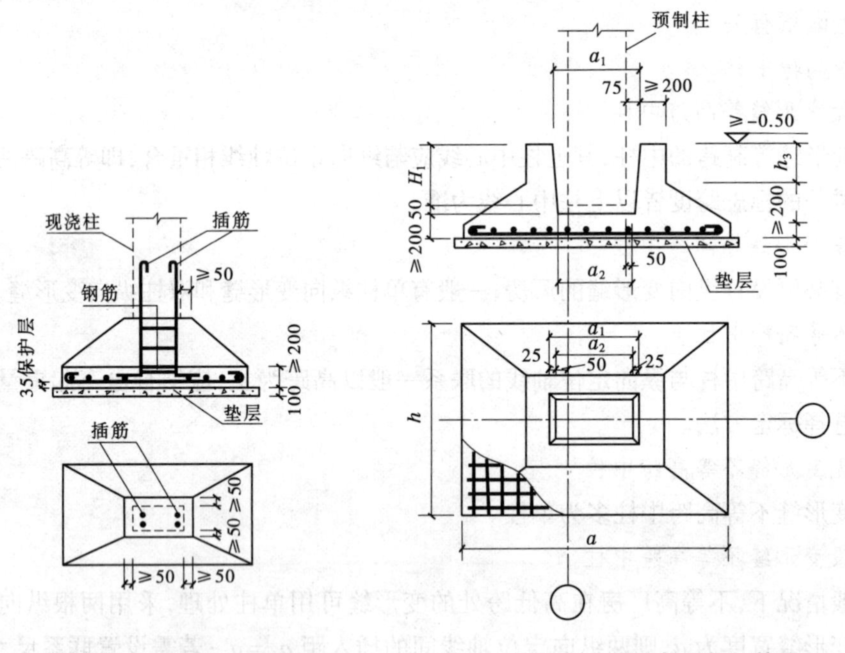

图4-15 现浇柱下独立基础　　图4-16 预制柱下杯形基础

(二)基础梁

当厂房采用钢筋混凝土柱承重时,常用基础梁来承托围护墙的重量,而不另作墙基础。这样可减少墙身和厂房排架间的不均匀沉降。基础梁位于墙身底部,其两端支承在柱基础杯口上,当柱基础较深时,通过混凝土垫块支承在杯口上,也可放置在高杯口基础上,或在柱上设牛腿来提高基础梁的标高,以减小墙体的工程量,如图4-17所示。钢筋混凝土基础梁常采用上宽下窄的倒梯形截面。

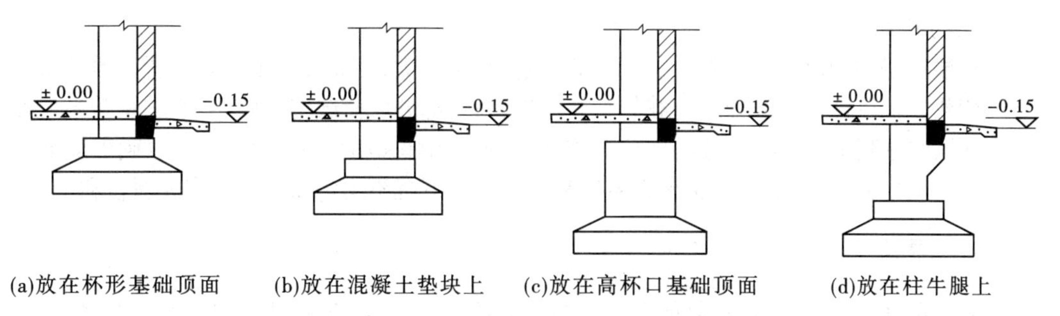

图 4-17 基础梁的位置与布置方式

基础梁顶高比室内地面低 50 ~ 100 mm,以便门洞口处的地面做面层保护基础梁;同时应比室外地面高 100 ~ 150 mm,以利于墙身防潮并做散水。基础梁下面的回填土一般不需夯实,应留有不小于 100 mm 的空隙,以利于基础梁随柱基础一起沉降,并避免在寒冷地区土壤冻胀引起基础梁反拱开裂。寒冷地区基础梁处的热桥效应会散失室内热量并影响使用,为此应在基础梁下面及两侧铺设松散材料。

二、柱

柱是厂房结构中主要的承重构件,承受屋盖和吊车传来的竖向荷载、风荷载及吊车启动、制动产生的水平荷载等。柱子按材料可分为钢筋混凝土柱和钢柱两种类型,一般单层工业厂房多采用钢筋混凝土柱。

(一)柱的截面形式

钢筋混凝土柱分为单肢柱和双肢柱两大类,单肢柱的截面形状有矩形、工字形和圆柱等,双肢柱的截面形状有平腹杆、斜腹杆和双肢管柱等,如图 4-18 所示。

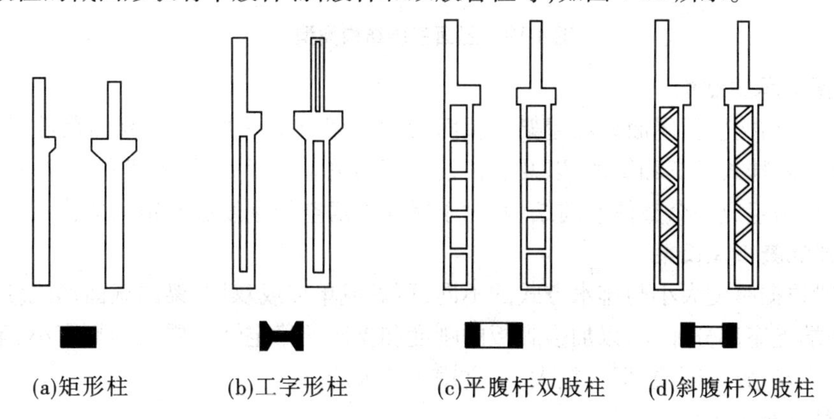

图 4-18 柱子的类型

(1)矩形柱:构造简单、施工方便,常用于无吊车或吊车荷载较小的厂房中。

(2)工字形柱:同矩形柱相比,节约材料 30% ~40% ,施工简单,是目前运用较广的形式,适应于吊车起重量不大于 300 kN 的厂房。

(3)双肢柱:由两根承受轴向力的肢杆和联系两肢杆的腹杆组成。腹杆分为水平和

倾斜两种,适用于高度大、吊车吨位大的厂房。

(二)抗风柱

单层厂房的山墙由于面积大,所受到的风荷载也很大,因此要在山墙处设置抗风柱来承受风荷载。抗风柱把一部分风荷载传给柱基础,另一部分风荷载传给屋架,通过屋盖系统传到厂房纵向柱列上去。抗风柱与屋架的连接一般采用弹簧板做成柔性连接,以确保既能有效地传递水平方向的风荷载,又允许屋架和抗风柱因下沉不均匀而在竖向有相对位移。

三、屋盖

屋盖的主要作用是围护和承重,它包括两部分:一是覆盖构件,如屋面板或檩条、瓦等;二是承重构件,如屋架和屋面梁。根据其构件布置方式的不同,屋顶结构可分为无檩结构和有檩结构两种,如图 4-19 所示。无檩结构的屋顶是将屋面板直接搁置在屋架或屋面梁上,这种结构屋面较重、刚度大,多用于大中型厂房;有檩结构的屋顶中,屋面一般采用瓦材(如槽瓦和石棉瓦等),屋架上先设置檩条,再在檩条上搁置瓦材。这种结构的屋面重量小、省材料,但屋面刚度差,一般只用于中小型的厂房中。

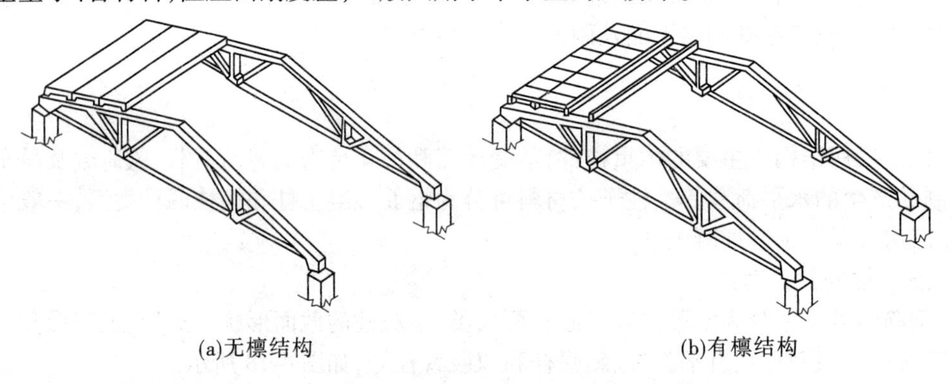

(a)无檩结构　　(b)有檩结构

图 4-19　屋面基层结构类型

(一)屋盖承重结构

屋盖承重结构包括屋面梁和屋架。屋面梁和屋架直接承受天窗、屋面荷载及安装于其上的顶棚、悬挂式吊车和管道,以及工艺设备等的重量。屋面梁、屋架和柱、屋面构件连接起来,使厂房组成一个整体空间结构,对于保证厂房空间刚度起着很大的作用。

1. 钢筋混凝土屋面梁

屋面梁根据跨度大小与排水方式的不同,可做成单坡或双坡,梁的截面形式多为工字形,梁的两端支座部分加厚,以加强腹板的刚度和支座的稳定性。屋面梁高度小、重心低、稳定性好,安装、施工简便,但自重大,不宜用于较大跨度。

2. 钢筋混凝土屋架

当厂房跨度较大时,采用屋架较为经济。按制作方法,屋架可分为普通钢筋混凝土屋架和预应力钢筋混凝土屋架。按其外形,屋架可分为三角形、梯形、拱形和折线形等多种形式,如图 4-20 所示;其中,折线形屋架是在拱形屋架加小墩的基础上演变而成的,基本上保持了拱形屋架外形合理的特点,又改善了屋顶坡度,且用料省、施工方便,是目前广泛采用的屋架形式。

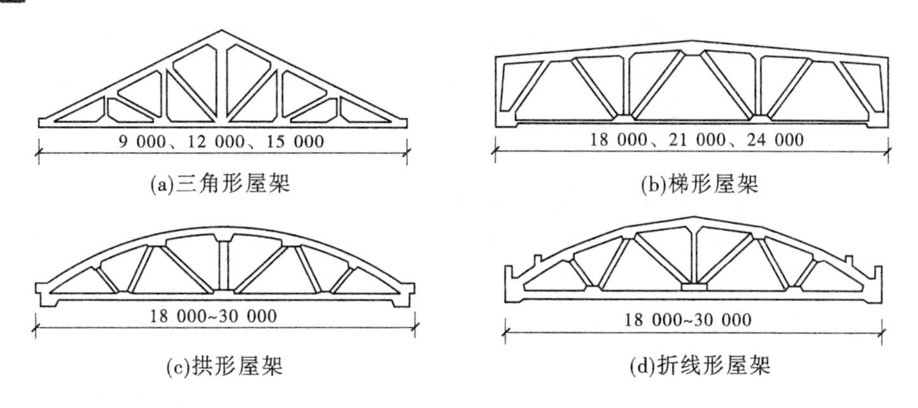

图 4-20 常见的钢筋混凝土屋架形式

(二)屋盖覆盖构件

1. 预应力混凝土屋面板

1)大型屋面板

预应力混凝土大型屋面板是工业厂房中应用最广泛的一种屋面板,常用的屋面板尺寸为 1.5 m×6 m。这种屋面板刚度较好,适用于大中型厂房或振动较大的厂房。大型屋面板与屋架的连接是通过屋面板肋部底面的预埋铁件与屋架上的预埋铁件进行焊接,板与板间的缝隙用不低于 C15 的细石混凝土填实。

2)F 形屋面板

F 形屋面板的纵部呈 F 形,利用屋面板的挑板搭盖住前边的屋面板,这种屋面板适用于无保温或辅助厂房。这是一种自防水型屋顶覆盖结构,屋面板的三个周边设有挡水翻口,屋面板之间的纵向板缝采用挑檐搭接方法,横向板缝另用盖瓦盖缝,屋脊处用脊瓦盖缝。

另外,还有填补较窄空当的窄屋面板(嵌板)、自由落水的檐口板、有组织排水的屋面天沟部位的天沟板。

2. 檩条与小型屋面板或槽瓦

在有檩体系屋面中,檩条支承槽瓦或小型屋面板,并将屋面荷载传递给屋架。檩条和屋架上弦焊接。钢筋混凝土檩条分为预应力和非预应力两种,其常用的断面形式有 T 形和 L 形,如图 4-21 所示。

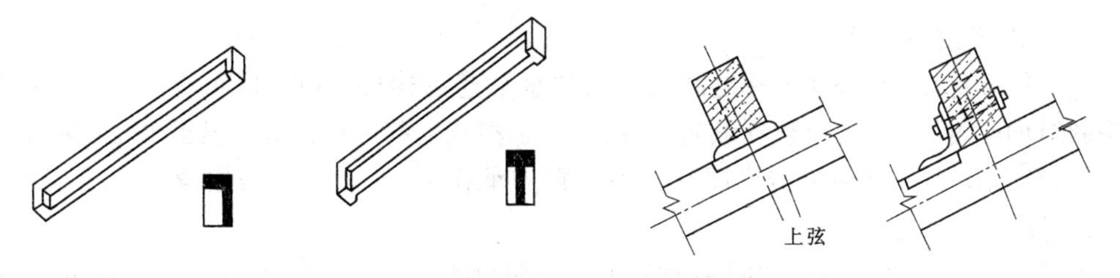

图 4-21 檩条及檩条与屋架的连接

四、吊车梁、连系梁和圈梁

(一)吊车梁

在有桥式或梁式吊车的厂房中,需在牛腿上设置吊车梁,吊车在吊车梁上铺设的轨道上行走。吊车梁直接承受吊车自重、吊车最大起重量及吊车启动或刹车时所产生的纵、横向水平冲击力并将之传给柱子。此外,还具有传递厂房纵向荷载、增强厂房纵向刚度、保证厂房稳定性的作用。

1.吊车梁的类型

吊车梁按截面形式可分为等截面T形梁、工字形吊车梁和鱼腹式吊车梁等,如图4-22所示。等截面T形梁、工字形吊车梁顶部翼缘较宽,以增加承压面积、提高横向刚度和便于安装吊车轨道,梁的腹板较薄,在支座处应加厚,以利于抗剪;鱼腹式吊车梁是将梁的腹梁制成抛物线形(鱼腹形),以符合梁的受力特点,充分发挥材料强度、节约材料和减轻自重,但制作较复杂,适用于柱距大、吊车荷载大的厂房。

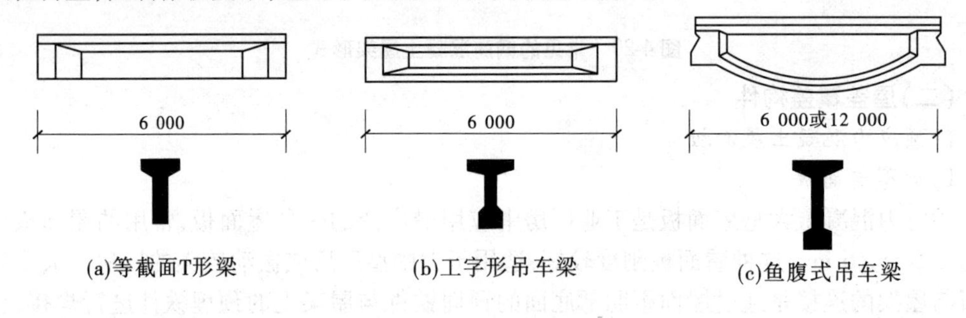

图4-22 吊车梁的形式

2.吊车梁与柱的连接

吊车梁上翼缘的埋件和上柱埋件间用钢板或与角钢焊接;吊车梁底部埋件和牛腿顶面埋件用垫板焊接,吊车梁的对接头及吊车梁与上柱之间的缝隙用C20混凝土填实。

3.吊车轨道在吊车梁上的固定

吊车轨道有轻型和重型两类,重型的可使用铁路钢轨。吊车梁的翼缘上留有安装孔,安装轨道前应先用C20细石混凝土做垫层并精确找平,然后铺设钢垫板或压板,用螺栓固定。

4.车挡在吊车梁上的固定

为防止吊车在行驶中刹车失灵而冲撞墙体,应在吊车梁的尽端设置车挡,如图4-23所示。

(二)连系梁和圈梁

连系梁又称墙梁,是柱与柱之间在纵向的水平连系构件,如图4-24所示。它可增强厂房的纵向刚度,传递风荷载到纵向列柱,并可承担其上部墙体荷载。其截面形式有矩形和L形,分别用于一砖和一砖半厚墙体中。它支承在牛腿上,一般采用螺栓连接或焊接固定,如图4-25所示。

圈梁是指连续设置在墙体同一水平面上交圈封闭的梁。圈梁不承受砖墙重量,其作用是将墙体向厂房排架柱、抗风柱等箍在一起,以加强厂房的整体刚度和墙身的稳定性,圈梁埋置在墙内,同柱子连接仅起拉结作用。

圈梁一般在柱顶处设置一道;有吊车的厂房应在吊车梁附近增设一道;当厂房很高时,应根据厂房刚度的需要,综合考虑墙体高度、地基、抗震等情况,按上密下疏的原则设置多道圈梁。圈梁构造与民用建筑中的圈梁相同,常采用现浇,将柱上预留筋与圈梁浇筑

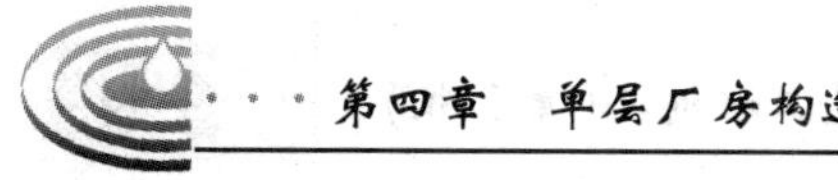

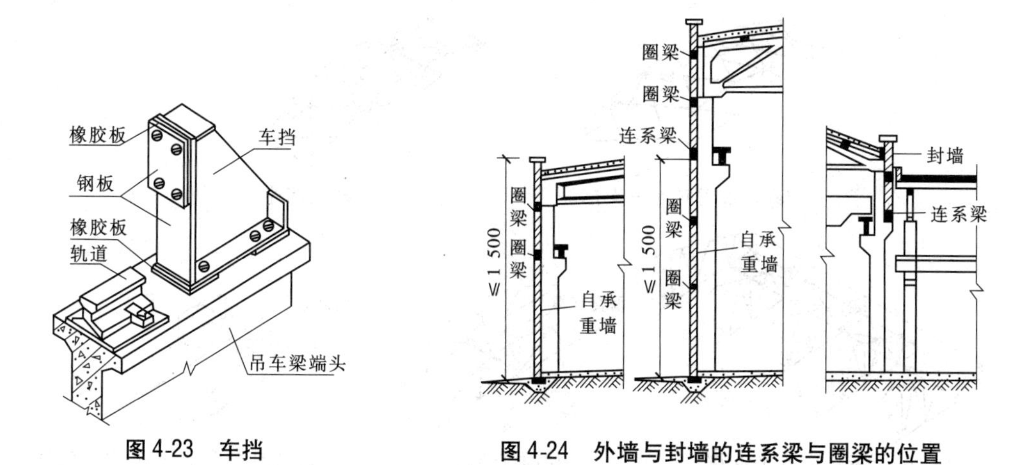

图 4-23 车挡

图 4-24 外墙与封墙的连系梁与圈梁的位置

在一起,如图 4-26 所示。连系梁和圈梁的设置通常与窗过梁结合起来兼做过梁用。

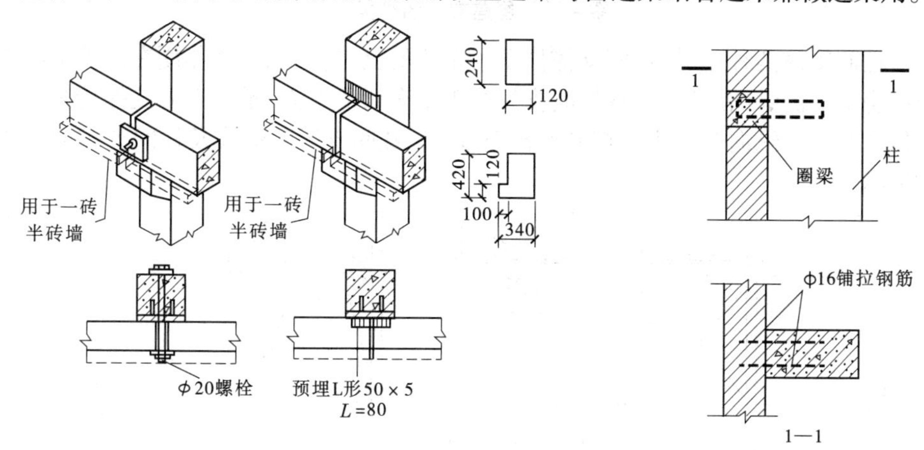

图 4-25 连系梁与柱的连接

图 4-26 圈梁与柱子的连接

五、支撑

在单层厂房结构中,由于作用在厂房的水平力(如水平荷载、吊车水平刹车力)比较大,而装配式厂房中大多数构件节点为铰接,整体刚度差,为保证厂房的整体刚度和稳定性,必须按结构要求布置必要的支撑构件。支撑可分为屋盖支撑和柱间支撑两类。

屋盖支撑、柱间支撑、连系梁和圈梁等,在装配式单层厂房结构中联系各个主要承重构件以构成厂房结构空间骨架,保证厂房结构和构件的承载能力、稳定性和整体刚度。

(一)屋盖支撑

屋盖支撑的主要作用是保证屋架上、下弦杆件的稳定,传递山墙风荷载,并将屋架、天窗架和山墙等平面结构连接起来,使屋盖结构形成一个稳定的空间体系,屋盖支撑包括(上、下弦)横向水平支撑、(上、下弦)纵向水平支撑、垂直支撑和纵向水平系杆(或称加筋杆)等,如图 4-27 所示。

(二)柱间支撑

柱间支撑主要起加强厂房的纵向刚度和稳定性的作用。依据位置可分为上柱柱间支

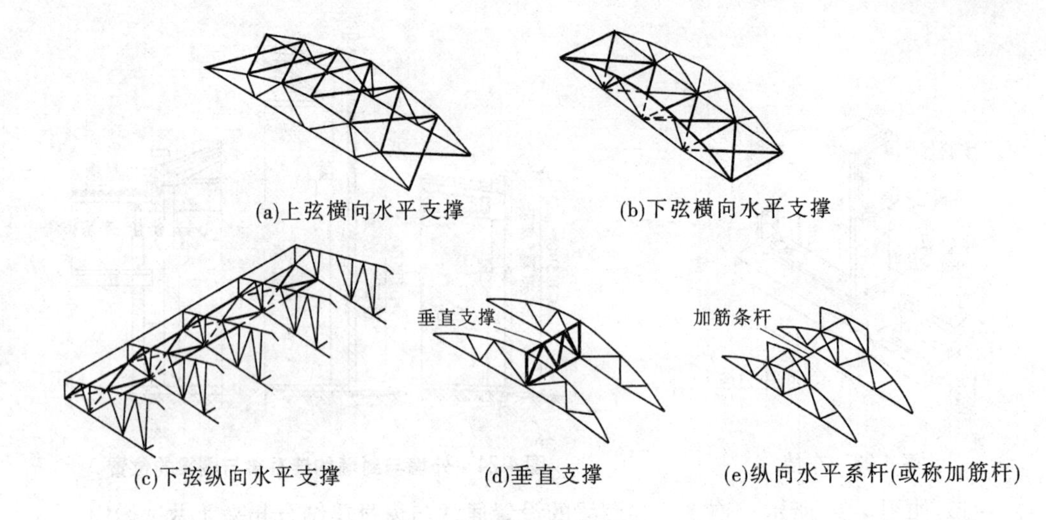

图 4-27　屋盖支撑的种类

撑和下柱柱间支撑两种:上柱柱间支撑位于吊车梁的上方,用以承受作用在山墙上的风力并保证厂房上部的纵向刚度;下柱柱间支撑位于吊车梁的下方,承受上方支撑传来的力和吊车梁传来的吊车纵向制动力并把它们传至基础。柱间支撑的形式及柱间支撑的连接如图 4-28所示。

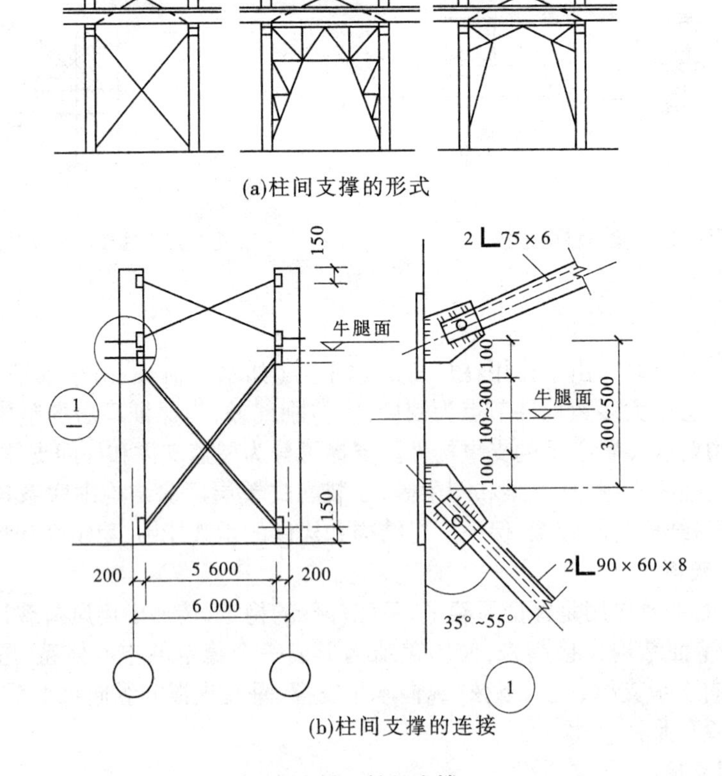

图 4-28　柱间支撑

柱间支撑通常设置在厂房变形缝区段的中央或邻近中央部位的柱间，依据抗震需要再在两端柱距内增设柱间支撑。柱间支撑一般采用钢材制作，多采用交叉式，支撑斜杆与柱上预埋件焊接。当柱间需要放置设备或柱距较大，采用交叉式支撑有困难时，可采用门架式支撑。

第四节　单层厂房的围护构件

一、外墙、侧窗与大门

（一）外墙

单层厂房的外墙依据结构形式可分为承重和非承重两种。当单层厂房为墙承重结构时，外墙为承重墙，直接承担屋盖和起重运输设备等荷载；当单层厂房为骨架承重结构时，外墙为非承重墙，不承受荷载只起维护作用。单层厂房外墙的高度与跨度都比较大，又要承受较大的风荷载，还要受到生产及运输设备振动的影响，因此要求外墙具有足够的刚度和稳定性。厂房外墙常采用砖砌或预制的大型墙板，也可只设置开敞式的挡雨板，做成不封闭外墙。外墙与柱、屋架、屋面板连接如图 4-29 所示。

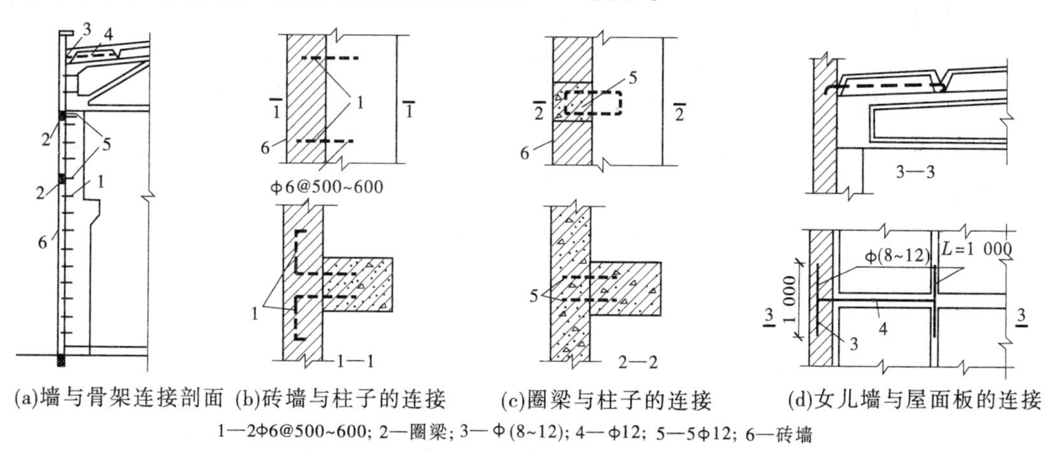

图 4-29　外墙与柱、屋架、屋面板连接

1. 墙板布置

墙板在墙面上的布置广泛采用的是横向布置方式，其次是混合布置方式，竖向布置采用较少，如图 4-30 所示。

2. 墙板连接

墙板连接应安全可靠，便于制作、安装和检修，一般分柔性连接和刚性连接两类。

（二）侧窗与大门

1. 侧窗

工业厂房的通风、采光，应以侧窗为主、以天窗为辅。因为侧窗可获得较大面积，构造简单，施工方便，造价较低。工业厂房侧窗与民用建筑侧窗的开启方式及构造形式基本相同，主要区别是工业厂房侧窗面积大，因而对其整体刚度应有可靠的构造保证。侧窗在外

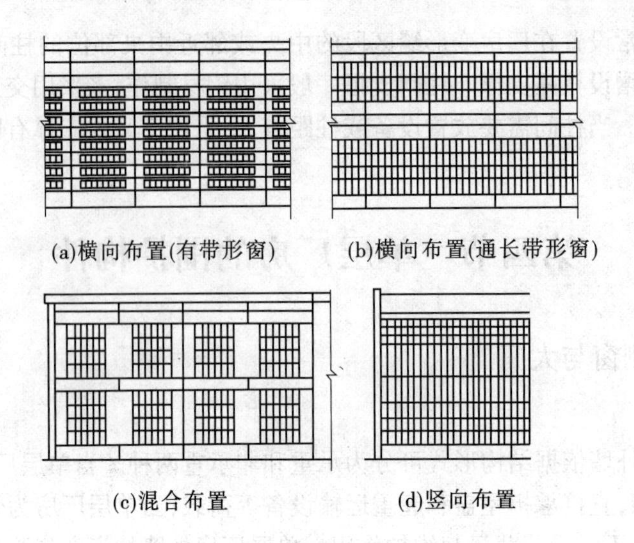

图 4-30 墙板布置方式

墙上的位置应有利于采光和兼顾墙梁的最佳标高。侧窗根据生产性质的特点应分别满足防水、防爆、恒温、防风沙和防阳光直射等要求。

2. 大门

工业厂房大门主要是供日常车辆和人通行,并供紧急情况疏散之用。因此,门的尺寸应根据所需运输工具类型、规格、运输货物的外形并考虑通行方便等因素来确定。一般门的宽度应比满装货物时的车辆宽600 ~ 1 000 mm,高度应高出400 ~ 600 mm。车间大门的类型较多,这是由车间性质、运输、材料及构造等因素所决定的。按开启方式,可分为平开门、推拉门、折叠门、升降门、上翻门和卷帘门等。

二、屋面与天窗

(一)屋面

单层厂房的屋面与民用建筑屋面的作用、要求和构造基本相同,但也存在许多差异,如单层厂房的屋面面积大,且其屋面构造较复杂;屋面板通常采用装配式,接缝多,且厂房屋面要受到温差、吊车的冲击荷载和机械振动的影响,易产生变形,致使屋面接缝处极易开裂引起渗水。因此,单层厂房的屋面主要的问题仍然是排水和防水,另外应具有一定的保温、隔热性能,对于一些有特殊需要的厂房屋面,有时还要考虑防爆、泄压和防腐蚀等方面的问题。

屋面排水方式分为无组织排水和有组织排水两类。无组织排水适用在年降雨量小于900 mm,檐口高度小于10 m的单跨厂房、多跨厂房的边跨、工艺上有特殊要求的厂房(如冶炼车间)、积灰较多的车间和具有腐蚀性介质作用的铜冶炼车间;有组织排水除与民用建筑相似的内排水、檐沟(天沟)外排水外,还有内落外排水和长天沟外排水等形式(见图4-31)。

屋面防水按其材料和构造做法可分为柔性防水屋面、刚性防水屋面和构件自防水屋面。

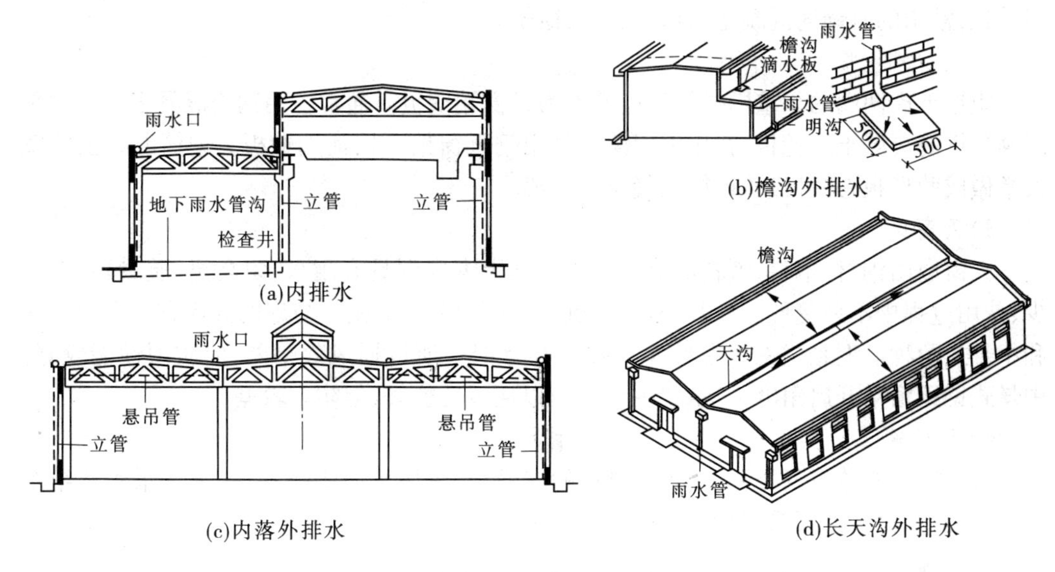

图 4-31　屋面的排水方式

（二）天窗

在大跨度和多跨的单层厂房中，为获得较均匀的采光，或为了通风和排出高温的余热等，常在屋顶设置天窗。天窗的类型有很多，其中矩形天窗、平天窗、下沉式天窗和锯齿形天窗是主要选用的形式，如图 4-32 所示。

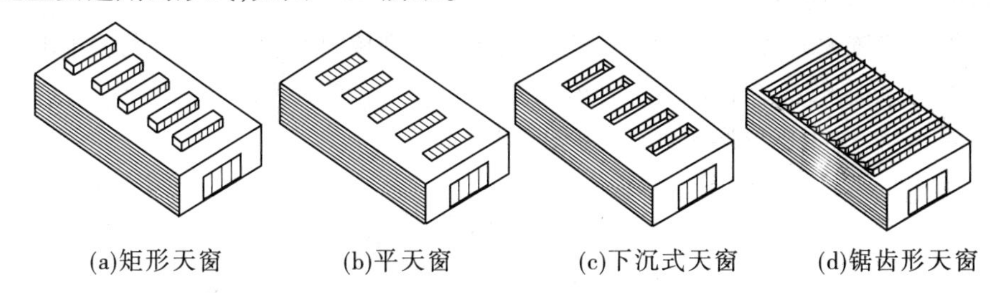

图 4-32　天窗的类型

1. 矩形天窗

矩形天窗应用较普遍，一般是沿着厂房的纵向布置，主要由天窗架、天窗端壁板、天窗侧板、天窗扇和天窗屋面板等组成（见图 4-33）。矩形天窗沿厂房纵向布置，在厂房屋面两端和变形缝两侧的第一柱间常不设天窗，一方面可以简化构造，另一方面还可作为屋面检修和消防的通道。在每一段天窗的端部应设置上天窗屋面的消防检修梯。

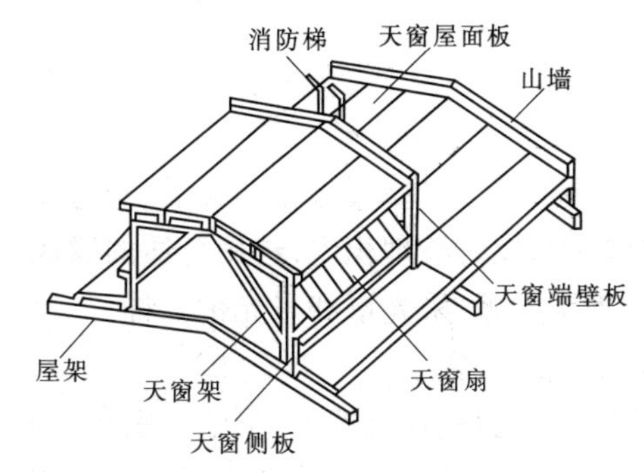

图 4-33　矩形天窗

1）天窗架

天窗架是天窗的承重结构，它直接支承在屋架上，天窗架的材料一般与屋架一致,常用的有钢筋混凝土天窗架、钢天窗架。

2)天窗端壁板

矩形天窗两端的承重围护结构构件称为天窗端壁板。通常在用钢筋混凝土屋架时采用预制钢筋混凝土端壁板,在用钢屋架时采用钢天窗架石棉瓦端壁板。钢筋混凝土端壁板常做成肋形板,并可代替钢筋混凝土天窗架。

3)天窗扇

天窗扇由钢材、木材、塑料等材料制作。钢天窗扇因具有耐久、耐高温、质量轻、挡光少、使用过程中不易变形、关闭严密等优点而被广泛采用。钢天窗扇的开启方式有上悬式和中悬式两种。上悬式钢天窗最大开启角度为45°,所以通风效果差,但防雨性能较好。中悬式钢天窗扇开启角度可达60°~80°,所以通风性能好,但防水较差。

4)天窗檐口

天窗檐口构造有两类:一类是带挑檐的屋面板,采用无组织排水;一类是采用有组织排水时设檐沟板,也可采用带檐沟屋面板。

5)天窗侧板

在天窗扇下部需设置天窗侧板,侧板的作用是防止雨水溅入及防止因屋面积雪挡住天窗。从屋面到侧板上缘的距离一般为300 mm,积雪较深的地区可采用500 mm。侧板的形式应与屋面板相适应:采用钢筋混凝土∏形天窗架和钢筋混凝土大型屋面板时,采用长度与天窗架间距相同的钢筋混凝土槽板;当屋面为有檩体系时,侧板可采用水泥石棉瓦、压型钢板等轻质材料。

当室外风速较大时,矩形天窗可能产生风倒灌的现象,使热量和烟尘无法排出。在天窗两侧加设挡风板,使天窗口的气流能经常处于负压,保证了天窗的顺利通风,这就形成了矩形通风天窗,也叫矩形避风天窗(见图4-34)。

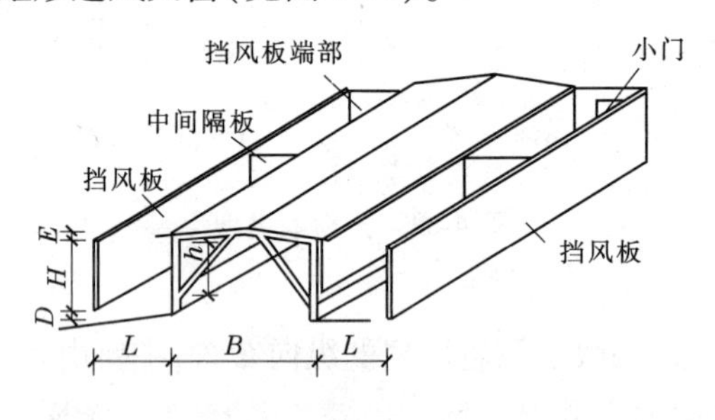

图4-34 矩形通风天窗

2. 平天窗

平天窗采光效果好,且布局灵活、构造简单、适应性强,但应注意避免眩光,做好玻璃的安全防护,及时清理积尘,选用合适的通风措施。平天窗适用于一般冷加工车间。平天窗可分为采光板、采光罩和采光带三种。

3. 下沉式天窗

下沉式天窗是在屋架上、下弦分别布置屋面板,利用上、下屋面板之间的高差构成天窗,做通风和采光口,从而取消了天窗架和挡风板,降低了高度、减轻了荷载,但增加了构造和施工的复杂程度。根据其下沉部位的不同,下沉式天窗可分为纵向下沉式天窗、横向下沉式天窗和井式天窗三种类型(见图 4-35)。

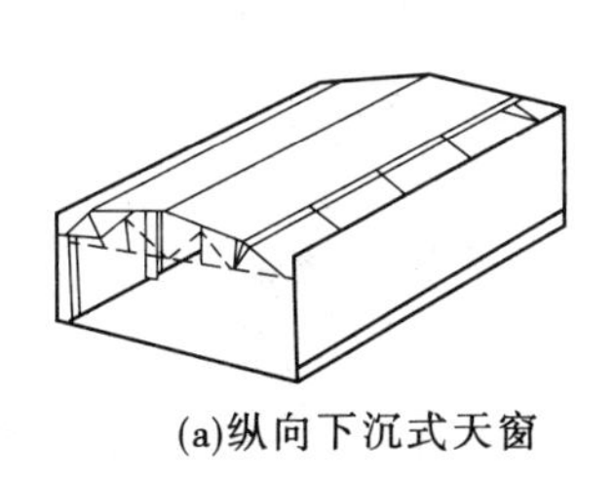

(a)纵向下沉式天窗

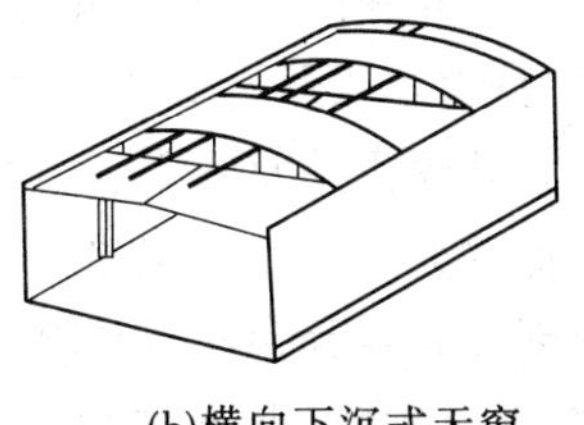

(b)横向下沉式天窗

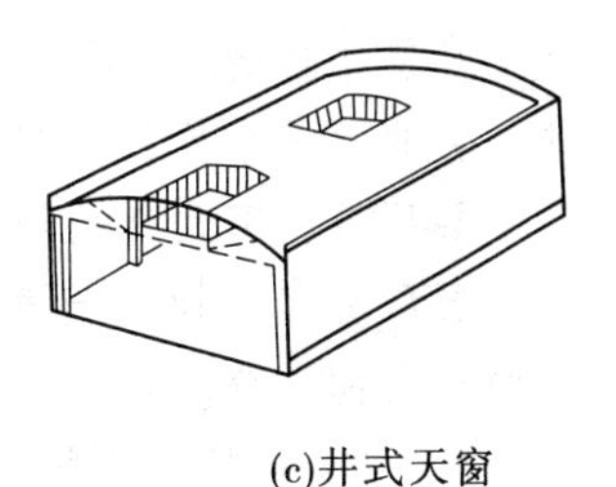

(c)井式天窗

图 4-35 下沉式天窗

三、地面及其他构造

(一)地面

1. 地面的特点及要求

厂房地面较民用建筑地面具有面积大、承受的荷载大且复杂、耗材多、造价所占比例大等特点。此外,为满足生产上的需要,还要采取一定的构造措施。例如,生产中有爆炸危险的车间,地面应满足防爆要求;精密仪器仪表车间,地面应满足防尘要求;有化学腐蚀的车间,应满足防腐蚀的要求;常有水的地面,则应设置排水坡度等。因此,厂房地面应依据生产上的具体情况,正确、合理地选择地面材料和构造措施,在满足生产使用的同时,力求做到坚固、耐用、经济。

2. 地面的组成

工业厂房地面构造与民用建筑的地面构造基本相似,一般由面层、垫层和基层(或地基)组成。当有特殊使用要求时,可相应增设找平层、结合层、防水层、保温层和隔音层等。

3. 地面的类型

在实践中,地面类型多按构造特点和面层材料来分,可分为单层整体地面(如矿渣和素土地面等)、多层整体地面(如水磨石和混凝土地面等)及块料地面(如陶板和石板地面)等。

(二)设施

1. 金属梯

在厂房中,由于生产操作和检修要求,需设置各种金属梯,主要包括作业平台钢梯、吊车钢梯屋面检修及消防等金属梯。

2. 吊车走道板

吊车走道板又称安全走道板,是为维修吊车而沿吊车梁顶设置的安全通道。

3. 隔断

在厂房中,出于生产、管理、安全、卫生等要求,需将厂房内部分隔成不同的生产工段或办公室、工具管理室和临时仓库等辅助用房,这种起分隔作用的构件即为隔断。

本章小结

工业建筑主要按厂房用途、厂房内部生产环境和厂房的层数等进行分类。

单层厂房的结构类型主要有墙承重结构、排架结构和刚架结构等形式。装配式钢筋混凝土排架结构是单层厂房常用的结构形式,其构造由承重结构和围护构件两部分组成。单层厂房的承重结构由横向排架、纵向连系构件和支撑系统三部分组成。

单层厂房内部起重运输设备有悬挂式单轨吊车、梁式吊车、桥式吊车。

单层厂房定位轴线是确定厂房主要承重构件位置及其标志尺寸的基准线。定位轴线有纵向和横向之分。定位轴线的划分是在柱网布置的基础上进行的。

目前,单层厂房常用的是骨架承重结构,其承重构件包括基础、柱、吊车梁、屋盖结构和支撑系统等;其围护结构包括地面、外墙、屋面、侧窗、天窗和大门等。

复习思考与练习题

一、名词解释

1. 工业建筑 2. 柱网 3. 跨度 4. 柱距 5. 封闭式结合 6. 非封闭式结合

二、填空题

1. 钢筋混凝土柱分为________和________两大类。

2. 根据构件布置方式的不同,屋顶结构可分为________和________两种。

3. 单层厂房的支撑分为________和________两类。

4. 矩形天窗由________、________、________、________和________五部分组成。

三、问答题

1. 工业建筑有哪些特点?工业建筑有哪些类型?
2. 排架结构单层工业厂房主要由哪些结构构件组成?其作用是什么?
3. 厂房内部起重运输设备主要有哪些?其特点和范围是什么?
4. 选择厂房柱网尺寸时应遵守什么原则和要求?
5. 如何标定单层排架结构各种位置的柱的定位轴线?
6. 单层厂房基础有哪些类型?杯形基础的构造是什么?
7. 说明基础梁在基础上的搁置方式及其断面形式。
8. 柱子在构造上有哪些要求?为什么单层厂房在山墙处要设抗风柱?
9. 屋盖结构是由哪两大部分组成的?
10. 简述吊车梁与柱的连接构造和方法。车挡起什么作用?
11. 圈梁和连续梁的作用各是什么?
12. 单层厂房支撑系统包括哪两部分?屋盖支撑包括哪些?柱间支撑怎么布置?
13. 单层厂房为什么要设天窗?天窗包括哪些形式?
14. 矩形通风天窗是怎么形成的?

四、实训练习题

识读一套单层厂房施工图,找出定位轴线与各承重构件的关系。

第五章 建筑设计概述

学习目标

了解建筑设计的基本知识，熟悉建筑设计的内容与程序，掌握民用建筑设计和工业建筑设计的内容和要求。

第一节 建筑设计的内容与程序

建筑物的建造是一个比较复杂的物质生产过程，要经过设想、选择、评估、决策、设计、施工、竣工验收到交付使用等若干阶段。这些阶段依照本身固有的规律、严格的先后顺序，有机地联系在一起。其中，设计工作是整个工程的决定性环节，是组织施工的依据，直接关系着工程质量和将来的使用效果，具有较强的政策性、技术性和综合性。

一、建筑设计的内容

人们习惯上将设计单项建筑物或建筑群所做的全部工作统称为建筑设计，其实确切地应称为建筑工程设计。它包括建筑设计、结构设计、设备设计三个方面的内容。

（一）建筑设计

建筑设计是由注册建筑工程师根据审批下达的设计任务书和国家有关政策规定，在满足总体规划的前提下，综合分析其建筑功能、建筑规模、建筑标准、材料供应、施工水平、地段特点、气候条件等因素，提出建筑设计方案，直至完成全部建筑施工图设计。建筑设计的目的在于确定使用空间存在的形式，它在整个建筑工程设计中起着主导和先行的作用。

（二）结构设计

结构设计是由注册结构工程师根据建筑设计完成的结构方案与选型，确定结构布置，进行结构计算与构件设计，直至完成全部结构施工图设计。结构设计的目的在于确定使用空间存在的可能。

（三）设备设计

设备设计是由相应专业工程师根据建筑设计完成给水排水、采暖通风、空气调节、电气照明以及通信、动力、能源等专业的方案、选型、布置以及施工图设计。设备设计的目的在于改进完善建筑空间的使用条件。

以上几个方面的工作既有分工，又有密切配合，形成一个整体。各专业设计的图纸、计算书、说明书及预算书汇总，就形成一个建筑工程的完整文件，作为建筑施工的依据。

二、建筑设计的程序

(一)设计前的准备工作

1. 熟悉设计任务书

设计任务书是经上级主管部门批准提供给设计单位进行设计的依据性文件,具体着手设计前,首先需要熟悉设计任务书,明确建设项目的设计要求。具体内容包括:

(1)建设项目总的要求和建造目的的说明。

(2)建筑物的具体使用要求、建筑面积以及各类用途房间之间的面积分配。

(3)建设项目的总投资和单方造价、土建设备及室外工程的投资分配。

(4)建设基地范围、大小,原有建筑、道路、地段环境的现状,并附有地形测量图。

(5)供电、供水、采暖和空调等设备方面的要求,并附有电源、水源的接用许可文件。

(6)设计期限及建设进度计划安排要求。

2. 收集设计基本资料

设计基本资料包括气象资料、地形和地质水文资料、水电等设备管线资料和设计项目的有关定额指标等。

3. 设计前的调查研究

调查研究主要内容是建筑物的使用要求、材料供应和基地勘测、当地传统的建筑设计布局和风俗习惯等。

(二)建筑设计阶段

民用建筑工程一般应分为方案设计、初步设计和施工图设计三个阶段。小型和简单的建筑工程,经有关主管部门同意,并且合同中有不做初步设计的约定,可由方案设计代替初步设计,在方案设计审批后直接进入施工图设计。

1. 方案设计阶段

方案设计是建筑设计的第一阶段,它的主要任务是提供给主管部门审批的设计方案,也是初步设计和施工图设计的依据。方案设计的图纸和文件包括:

(1)设计说明。包括工程设计依据、设计要求及主要技术经济指标、总平面设计说明、建筑设计说明、结构设计说明、建筑电气设计说明、给水排水设计说明、采暖通风与空气调节设计说明、热能动力设计说明、投资估算编制说明及投资估算表等。

(2)设计图。包括总平面图、建筑设计图(各层平面图及主要剖面图、立面图),以及透视图、鸟瞰图、模型等。常用比例为1∶50、1∶100、1∶200或1∶1 000。

2. 初步设计阶段

初步设计阶段是方案设计具体化的阶段,其主要任务是在批准的方案设计基础上,进一步确定建筑设计各专业之间的技术问题。初步设计的内容包括:

(1)设计总说明。包括工程设计的主要依据、规模、设计指导思想、总指标等。

(2)有关专业的设计图纸。包括总平面图(设计说明书、总平面图及鸟瞰图等)、建筑专业设计图(设计说明书、各层平面图及主要剖面图、立面图)、结构专业设计图(设计说明书及结构布置图)、设备专业设计图(电气、给水排水等专业设计说明书、设计图纸、主要设备表、计算书)等。

(3)工程概算书(单位工程概算书、单项工程综合概算书及建设项目总概算书)。

3. 施工图设计阶段

施工图设计是建筑设计的最后阶段。它的主要任务是绘制满足施工要求的全套图纸。

施工图设计的内容包括:确定全部工程尺寸和用料,绘制建筑、结构、设备等的全部施工图纸,编制工程说明书、结构计算书和预算书。

施工图设计的图纸及设计文件有:

(1)建筑总说明。

(2)建筑总平面。常用比例为1∶500、1∶1 000、1∶2 000,应详细标明基地上建筑物、道路、设施等所在位置的尺寸、标高,并附有说明。

(3)各层建筑平面图,各个立面图及必要的剖面图。常用比例为1∶100、1∶200。

(4)建筑构造节点详图。根据需要可采用1∶1、1∶5、1∶10、1∶20等比例尺,主要包括檐口、墙身和各构件的节点,楼梯、门窗以及各部分的装饰大样等。

(5)各专业相应配套的施工图。如基础平面图和基础详图、楼板及屋顶平面图和详图、结构构造节点详图等结构施工图,给水排水、电气照明以及采暖屏风或空气调节等设备施工图。

(6)建筑、结构及设备等说明书。

(7)结构及设备的计算书。

(8)工程预算书。

第二节 民用建筑设计

一、平面设计

从使用性质分析,建筑平面一般由使用部分和交通联系部分组成。

(1)使用部分是指组成建筑的各类房间,包括主要房间和辅助房间。主要房间是指在建筑平面整体构成中占主导地位,使用时间长的主要活动空间,如住宅中的起居室、卧室,学校的教室、实验室、办公室,幼儿园的活动室、寝室,商店中的营业厅,剧院中的观众厅等。辅助房间是指在建筑平面整体构成中围绕主要房间设置,是实现建筑功能不可缺少的附属用房,如住宅中的厨房、卫生间,学生宿舍楼中的盥洗室、厕所、储藏室等。

(2)交通联系部分是指在建筑平面整体构成中各个房间之间、楼层之间、室内与室外之间的联系、通行部分,如楼梯间、走道、门厅等。

建筑平面设计的主要内容包括:单个房间的平面设计,门厅、走道、楼梯等交通部分的设计,平面组合设计。

(一)主要房间的平面设计

1. 房间的面积、形状及尺寸

房间的面积由三部分组成,即家具、设备占用面积,人的使用、活动面积,室内交通面积。

以中学普通教室为例加以说明。

主要房间的面积可根据房间的使用功能和相应的建筑标准确定。如规范规定普通教室不应小于1.12 m^2/人,则每班50人的教室的使用面积不小于56 m^2。

房间的使用人数决定着室内家具设备的数量,决定着交通面积的大小。教室中主要家具是课桌椅、讲台和黑板,学生听课时使用的桌椅和教师授课时使用的讲台及黑板以及教室中的纵、横向走道要占用足够的面积。它们各自所需的面积可由建筑规范或通过调查研究确定。中学单人课桌尺寸一般为550 mm×400 mm,课桌椅的排距不小于900 mm。纵向走道宽度均不小于550 mm。课桌端部与墙面(或突出墙面的内壁柱及设备管道)的净距均不小于120 mm。

房间的形状和尺寸应考虑使用特点、家具的布置方式、采光、通风、音响、结构形式及平面组合方式等。

在一般功能房间中,矩形平面采用较多,开间与进深尺寸以1:1.2~1:1.5为宜。特定功能的房间因有视听要求及结构、造型等影响,平面形状有正方形、扇形、多边形、圆形等多种类型。

教室的主要功能是教学,并保证学生的视听质量及教师授课与学生的活动空间。教室的平面形状一般为矩形,在满足视听要求的条件下还可以选用六边形、正方形等几何形状(见图5-1)。教室的尺寸应满足建筑设计规范中的规定:中学普通教室前排边座的学生与黑板远端形成的水平视角不应小于30°。教室第一排课桌前沿与黑板的水平距离不宜小于2 000 mm,教室最后一排课桌后沿与黑板的水平距离不宜大于8 500 mm,教室后面应设置不小于600 mm的横向走道。根据教室的面积指标及上述各项要求,并考虑建筑结构及模数协调要求,中学普通教室平面尺寸的开间和进深多采用6 600 mm×9 000 mm或6 300 mm×9 300 mm。图5-2为某中学矩形教室的尺寸和桌椅布置。

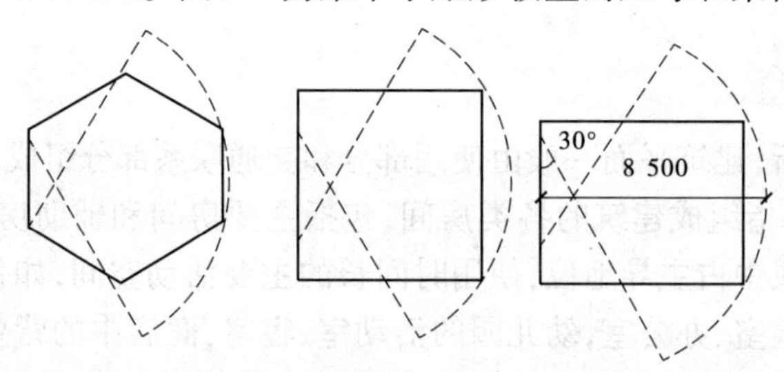

图5-1 满足视听要求的教室形状

有的公共建筑由于结构、功能、视线、音质、建筑艺术等要求,把房间设计成各种形状,如图5-3所示的哈尔滨黑天鹅电影院和北京地坛体育馆。

确定房间的形状和尺寸还应考虑各个房间的关系,尽量减少开间和进深的参数,为实现建筑构配件标准化创造条件。

2. 房间的门窗设置

1)门的设置

门的设置包括确定房间门的宽度、数量、位置与开启方向等。

(1)门的宽度由房间的用途、安全疏散及搬运家具或设备的需要决定。其形式有单

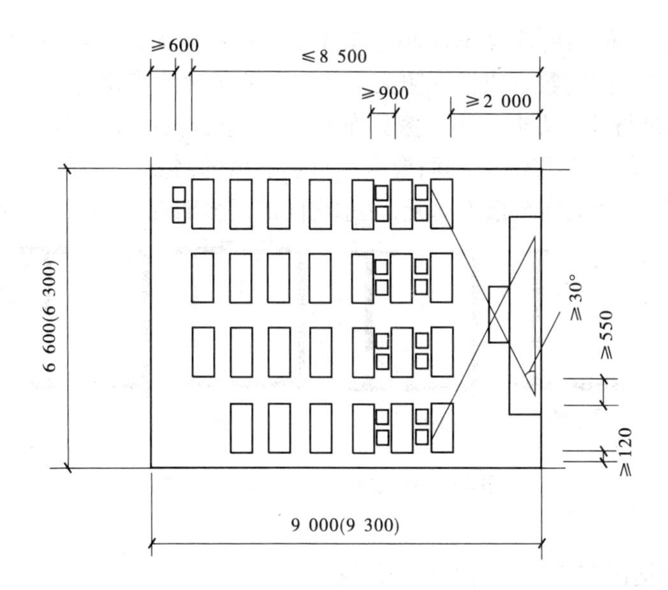

图 5-2　某中学矩形教室的尺寸和桌椅布置

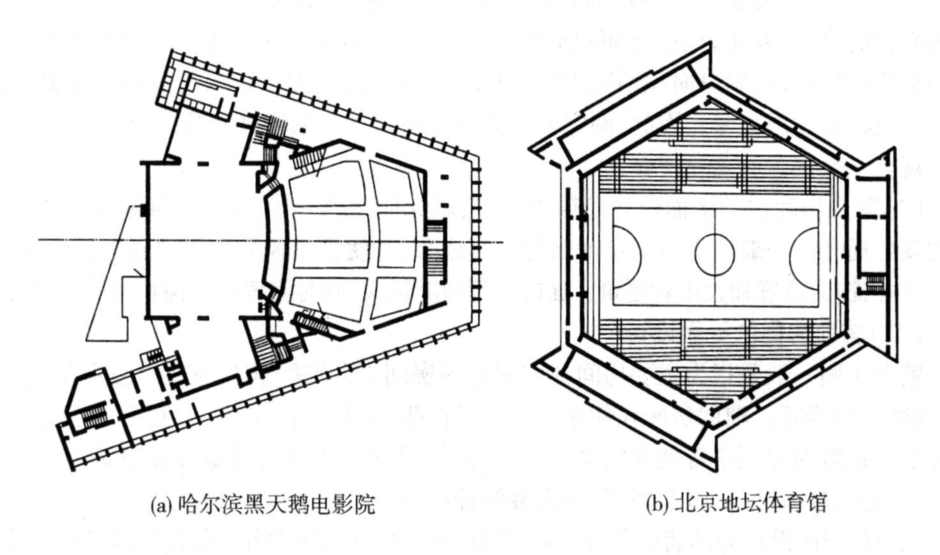

(a) 哈尔滨黑天鹅电影院　　(b) 北京地坛体育馆

图 5-3　特殊平面形状的房间

扇、双扇和多扇组合。门洞口最小宽度一般取 650 ~ 700 mm，常用于厕所、专用卫生间的单扇门；住宅中厨房及阳台门多采用洞口宽度为 800 mm 的单扇门；供少数人出入的房间门（如居室、办公室、客房）通常采用洞口宽度为 900 ~ 1 000 mm 的单扇门；公共建筑的外门及使用人数多的房间门（如会议室、展览厅、餐厅）一般采用 1 200 ~ 1 800 mm 的双扇门或由几组双扇门组合在一起；有特殊功能要求的门宽应根据实际需要确定。设计中应尽量符合基数为 3M 的标准洞口系列，也可以 1M 为基数。

（2）门的数量是由房间的面积和使用人数决定的。按防火规定，当房间的面积大于 60 m^2，或使用人数多于 50 人时，门的数量不少于 2 个。位于走道尽端的房间（托儿所，幼儿园除外）内由最远一点到房门口的直线距离不超过 14 m，且人数不超过 80 人时，可设一个向外开启的门,但门的净宽不应小于1.4 m。有大量人流集散的房间(如车站候车室、商场营业厅等),门的数量应根据防火疏散的要求通过计算确定。

(3)门的位置与开启方向应便于家具布置、房间组合及使交通路线短捷;要有利于保留较完整的墙面,充分利用室内空间;要考虑自然通风的需要。一般房间门的开启方向为向里开,人数多的房间应向疏散方向开,注意房间的门多时相互的关系(见图5-4)。

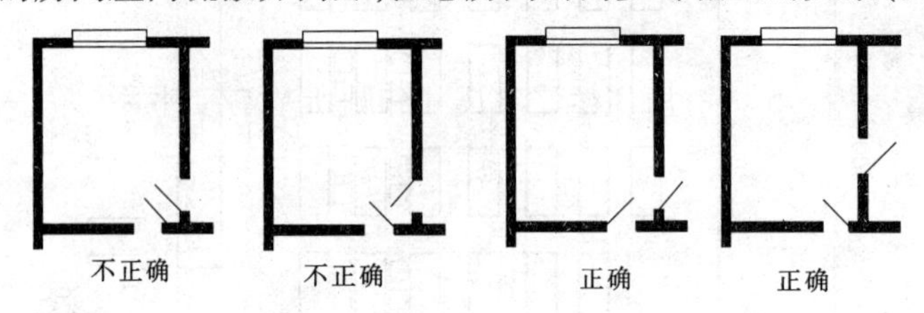

图5-4　房间相套时门的开启方向

2)窗的设置

窗的设置包括确定房间窗的大小和位置。

(1)窗的大小指房间窗洞口面积的大小。可按相应的窗地比(房间窗洞口总面积与地板面积的比值)要求,根据已知的室内地面面积,求出采光所需要的窗洞口面积。从节能与建筑造价看,窗洞口面积不宜太大,但在工程实践中,为了建筑美观或满足其他方面的要求也经常采用大窗。因此,确定窗的大小应根据具体条件进行综合分析,做到既合理又美观。

(2)窗在房间内的平面位置以居中为宜,以保证室内光线的均匀,同时要利于组织室内的良好通风。一般应将窗与窗或窗与门直通布置,使穿堂风顺利通过室内的使用空间。

此外,窗的位置和大小对建筑立面的处理影响很大,同时应考虑结构和构造的可行性。

(二)辅助房间的平面设计

辅助房间一般是指为主要房间提供服务的房间,如厕所、盥洗室、卫生间、厨房、储藏室、水暖电用房等。辅助房间在使用过程中易产生不良气味、噪声,会对附近使用房间造成影响。通常在保证正常使用的情况下,辅助使用房间的朝向尽量设在建筑物中较差的位置,并合理控制建筑面积、高度、室内装修标准等。

以下以厕所设计为例简单介留。厕所的面积应根据厕所内各种设备的规格尺寸以及人们使用时所需的基本尺度确定。厕所内主要卫生设备有大便器、小便器、洗手盆、污水池等。卫生设备数量取决于使用人数的多少。表5-1为部分民用建筑厕所需设备数量指标。

表5-1　部分民用建筑厕所需设备数量指标

建筑类型	男大便器(人/个)	男小便器(人/个)	女大便器(人/个)	洗手盆或龙头	男女比例	说明
旅馆	20	20	12			男女比例按设计要求
宿舍	20	20	15	15		男女比例按实际使用情况
中小学	40	40	25	100	1:1	小学数量应稍多

厕所设计的要求是在满足使用功能的前提下力求经济、节约面积；厕所应有自然采光和通风；其位置在整个建筑平面中应布置均匀，上下对齐，既要隐蔽又要便于寻找、使用方便。因此，厕所常设在走道的两端、中部或转角处朝向较差的位置。住宅的厕所宜与厨房毗邻，以利于节约管道；为利于防水、消声、检修等，不宜直接设置在卧室、起居室和厨房上层。公共厕所的位置应有良好的自然采光和通风，并设有前室，尽量将男女厕所组合在一起。公共厕所前室的进深通常为1.5～2 m，以利于防止气味扩散并遮挡视线，通常设置洗手盆、污水池等。图5-5为厕所卫生设备尺寸和厕所基本尺寸。

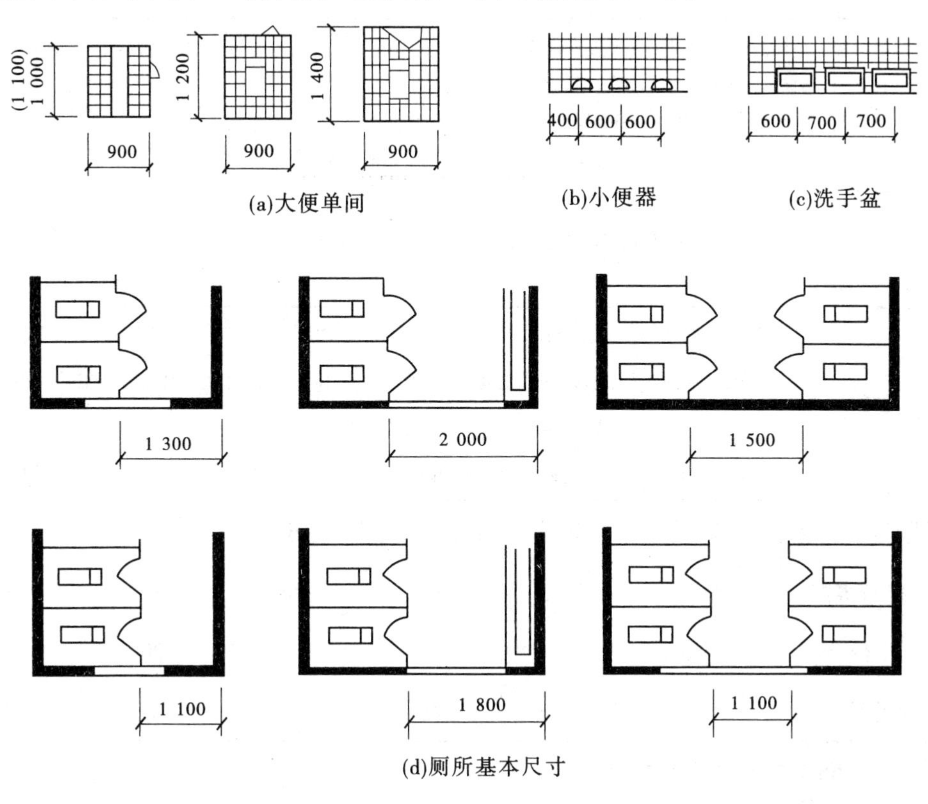

图5-5　厕所卫生设备尺寸和厕所基本尺寸

（三）交通系统的设计

建筑物的各个使用部分，需要通过交通联系部分来加以连通。交通系统包括门厅、门廊、过厅、走道、楼梯、电梯、坡道等。交通系统的设计应满足路线短捷、明确、方便、适用、安全疏散及有利于建筑造型等要求。

1. 走道

走道是连接各个房间、门厅及楼梯的水平交通设施。走道的设计主要是确定其宽度、长度等问题。

走道宽度的确定应按建筑物的耐火等级、层数和使用人数、安全疏散和空间感受等因素综合考虑。楼梯门和走道总宽度应根据疏散人数按表5-2的净宽指标计算。

表5-2 楼梯门和走道的净宽指标 (单位:m/百人)

层数	耐火等级		
	一、二级	三级	四级
一、二层	0.65	0.75	1.00
三层	0.75	1.00	—
≥四层	1.00	1.25	—

注:1. 每层疏散楼梯的总宽度应按本表规定计算,当每层人数不等时,其总宽度可分层计算,下层楼梯的总宽度按其上层人数最多一层的人数计算。

2. 每层疏散门和走道的总宽度应按本表规定计算。

3. 底层外门的总宽度应按该层或该层以上人数最多的一层人数计算,不供楼上人员疏散的外门,可按本层人数计算。

走道长度根据组合房间的实际需要确定,同时应满足安全疏散距离的要求(见表5-3)。

表5-3 安全疏散距离

名称	直接通向公共走道的房间至最近的外部出口或封闭楼梯间的最大距离(m)					
	位于两个外出口或楼梯间之间的房间(1)			位于袋形走道两侧或尽端的房间(2)		
	耐火等级			耐火等级		
	一、二级	三级	四级	一、二级	三级	四级
托儿所、幼儿园	25	20	—	20	15	—
医院、疗养院	35	30	—	20	15	—
学校	35	30	—	22	20	—
其他民用建筑	40	35	25	22	20	15

注:(1)非封闭楼梯间时,按本表减少5 m;

(2)非封闭楼梯间时,按本表减少2 m。

2. 楼梯

楼梯和电梯是建筑物中起垂直交通枢纽作用的重要部分。楼梯平面设计的主要任务是依据房屋的使用要求和建筑防火、安全疏散的要求,选择楼梯形式,确定楼梯位置、数量及梯段宽度。

(1)楼梯的位置应根据人流组织、防火疏散等要求确定。主要楼梯应位于主要出入口附近或直接布置在主门厅内,成为视线的焦点,烘托大厅气氛。配合主要楼梯的次要楼梯常布置在建筑物的次要入口,按照防火规范要求与主要楼梯之间的距离不宜大于35 m。

(2)楼梯的数量应根据使用要求和防火规范确定。通常公共建筑至少设两部或两部以上楼梯。安全疏散距离应符合表5-3的规定,当符合表5-4的规定时,可设一部楼梯。

表 5-4 设置一个疏散楼梯的条件

耐火等级	层数	每层最大建筑面积(m^2)	人数
一、二级	二、三层	400	第二、三层人数之和不超过 100 人
三级	二、三层	200	第二、三层人数之和不超过 50 人
四级	二层	200	第二层人数不超过 30 人

注:本表不适用于医院、疗养院、托儿所、幼儿园。

3. 门厅、过厅

门厅是建筑物主要出入口处的室内外过渡空间,同时是水平、垂直交通的枢纽。门厅主要起接纳和分配人流的作用,在水平方向与走道相连,在垂直方向与楼梯、电梯有便捷的联系,同时兼有服务、等候、展览、陈列等功能。门厅往往也是建筑艺术设计的重点部位,在某些公共建筑中常被看作是“建筑物的序言”。

门厅的面积要根据各类民用建筑的使用性质、规模以及质量标准等确定。一般民用建筑的门厅面积由定额指标查得(见表 5-5),同时要满足防火规范的要求,即门厅的出入口的宽度不得小于通向该门厅走道、楼梯等疏散通道宽度的总和。门厅平面布置形式有对称式和非对称式两种。对称式门厅有明确的轴线,导向性较强。非对称式门厅没有明确的轴线,布置灵活,室内空间富有变化(见图 5-6)。

表 5-5 部分建筑门厅面积设计参考指标

建筑名称	面积定额	说明
中小学校	0.06 ~ 0.08 m^2/每人	
食堂	0.08 ~ 0.18 m^2/每座	包括洗手间和小卖部
城市综合医院	11 m^2/(日 · 百人次)	包括衣帽间和询问处
旅馆	0.2 ~ 0.5 m^2/床	
电影院	0.13 m^2/位观众	

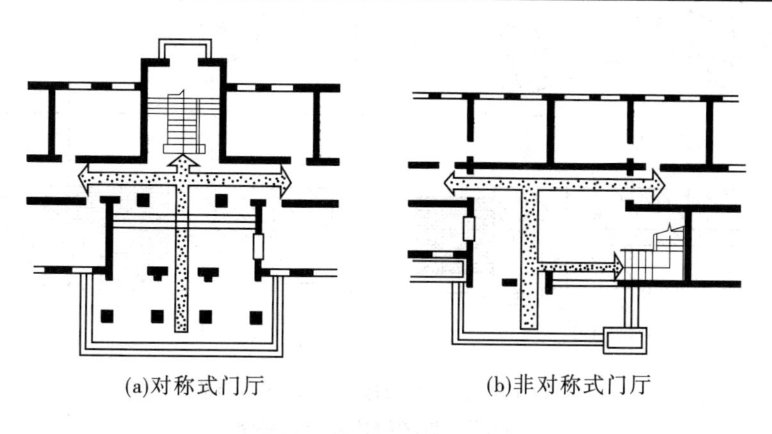
(a)对称式门厅　(b)非对称式门厅

图 5-6 门厅的平面布置形式

门厅的设计要求是:位置应明显、突出;交通路线的组织要简明醒目,避免或减少人流路线的交叉;应拥有合适的尺寸和良好的采光及空间比例;门厅入口处应设过渡空间,如雨篷、门廊或门斗(见图5-7)。

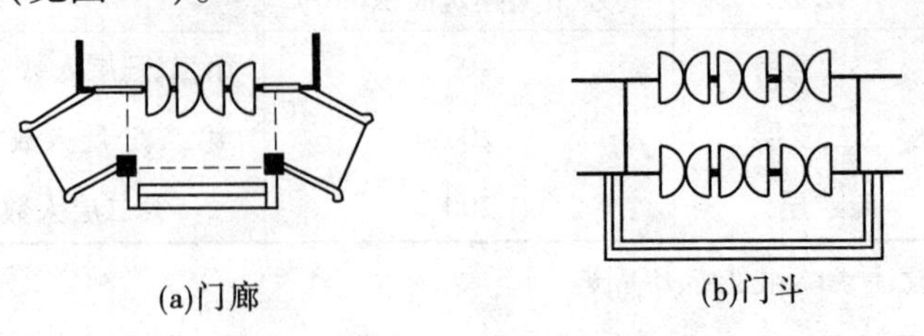
(a)门廊　　(b)门斗

图5-7　出入口处设门廊或门斗

过厅是建筑内部的交通枢纽,同时联系几个走道和楼梯,有时兼有其他功能,设计要求与门厅相似。

(四)建筑的平面组合设计

建筑平面组合就是将建筑平面中的使用部分、交通联系部分有机地联系起来,组合成建筑平面图。建筑平面组合设计涉及的因素很多,主要有建筑功能、基地环境、物质技术、建筑美观及经济条件等。组合时要综合分析各因素,反复思考,多次修改,才能做出合理、完善的平面组合设计。

1. 建筑平面组合的任务

(1)根据建筑功能和业主要求,合理安排平面中各组成部分的位置,必须注意以下三个方面:

①功能分区要明确。将使用性质相同或相近的房间组合在一起,形成若干功能区段,再将有密切联系的区段靠近布置(见图5-8)。

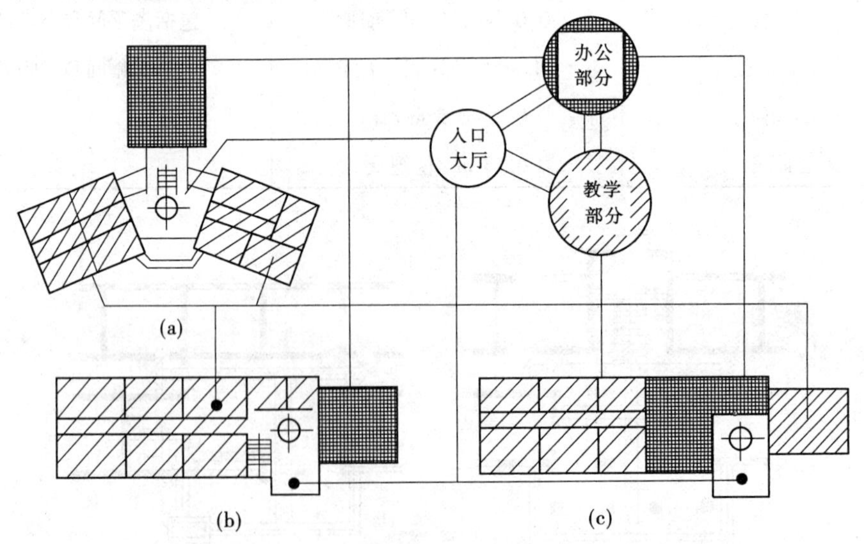

(a)、(b)功能分区合理;(c)功能分区紊乱

图5-8　教学楼功能分区举例

②主次部分要明确。组成建筑物使用部分的各个房间,由于其使用性质的不同,必须有主次之分,如商业建筑中营业大厅为主要房间、教学楼中教室是主要房间、住宅楼中居

室是主要房间等。对于主要房间的位置、朝向、交通、景观以及空间构图等方面应优先考虑。

③各功能分区之间的分隔、联系、先后顺序关系要明确。将性质不同的房间特别是相互之间有干扰的房间分隔开来，将有运动、剧烈活动、较大音响的“闹区”与要求安静的“静区”分隔开来，将清洁的区域与会产生烟、灰、气味、噪声、放射性污染的污浊区分隔开来，以满足人们在使用功能和心理上的要求，同时要恰当地处理好相互之间的联系。例如在医院建筑中，传染病人与一般病人之间、成人与儿童之间、急诊与一般门诊之间都有严格的隔离要求，以防止交叉感染，但它们之间又要有一定的联系，如药房、化验室、X光室等最好能公用，以方便就诊和便于工作。有些建筑各区之间的联系还要符合一定的顺序，以满足人们的行为心理规律，满足由此而生成的时空秩序。例如在车站建筑中，旅客从问讯、买票、托运行李、候车，最后通过站台上车就是一种使用顺序的联系关系(见图5-9)。

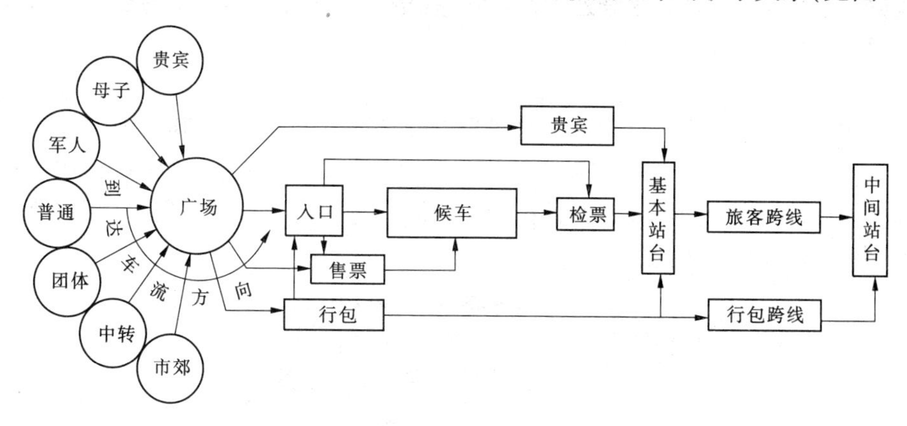

图5-9 火车站进站功能顺序

(2)组织好建筑物内部和内外之间方便、安全的交通联系，保证各交通空间通行方便，简捷明确。各种房间联系方便，通达性好，各种流线之间避免互相交叉干扰，主楼梯位置明显，交通面积要集中紧凑。

(3)要考虑结构选型、施工和所用材料的可行性、经济性和建筑安全性。尽量把开间、进深和高度相同或相近的房间组合在一起，加以协调统一，减少轴线参数，简化构件类型，方便施工。根据梁、板的经济跨度和建筑的刚度要求选择合适的承重方案。在满足使用要求的前提下，应把面积大的房间设在上层，把使用荷载大的房间尽量设在底层，把层高相同的房间布置在同一层。

(4)为建筑立面和体型设计创造有利条件，打下良好基础。

(5)与环境有机结合，注意节约用地。

2. 建筑平面组合的几种方式

1)走廊式

走廊式是利用走廊将房间连接起来，各房间沿走廊一侧或两侧布置。走廊式组合的特点是能使各种房间保持相对的独立，同时能使房间通过走廊进行方便的联系。走廊两侧布置房间的称为中间走廊式。走廊一侧布置房间的称为单面走廊式，单面走廊式又分为单内廊式和单外廊式。图5-10为走廊式组合平面。这种组合方式适用于房间面积小、

同类型房间数量较多的建筑，如学校、医院、宿舍、旅馆、办公楼等。

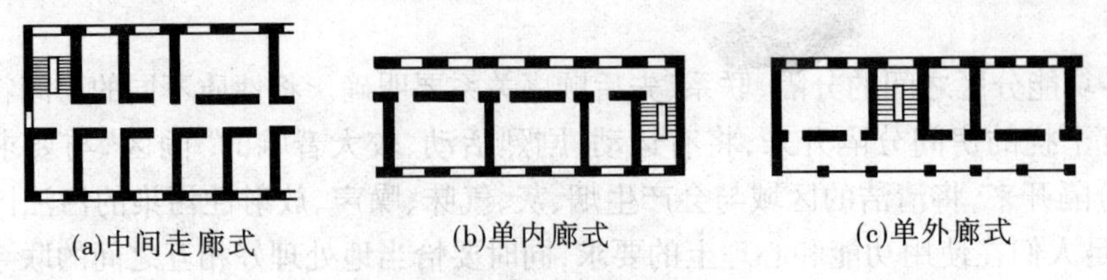

图5-10　走廊式组合平面

2)套间式

套间式是房间与房间相互贯通的组合方式。这种组合方式的特点是交通空间和使用空间合并在一起，节约了交通面积，房间之间联系更加紧密，但相互之间有干扰。这种组合方式适用于房间的使用顺序和连续性较强、各房间之间有密切联系的建筑，如展览馆、博物馆、纪念馆等。

3)大厅式

大厅式是以一个高大的公共活动空间为中心，环绕这个中心在其周围布置其他附属用房的组合方式(见图5-11)。其特点是中心大厅空间高大，使用人数多且集中，辅助用房与大厅相比，尺寸相差悬殊，常布置在大厅四周。这种组合方式的适用范围有影剧院、体育馆、火车站、菜市场等建筑。

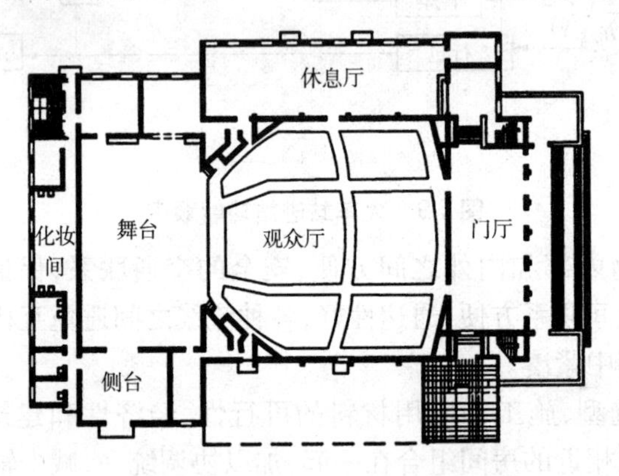

图5-11　大厅式平面组合(影剧院)

4)单元式

单元式是将关系密切的房间组合成一个相对独立的整体单元，再将几个单元按功能及环境要求沿水平或竖直方向重复组合成为一幢建筑物的组合方式(见图5-12)。

其特点是功能分区明确，单元之间互不干扰，简化了设计与施工。这种组合方式的适用范围有住宅、幼儿园、学校等建筑。

5)综合式

综合式是同时采用两种或两种以上的平面组合方式，适用于多功能要求的建筑，如文化中心、商贸中心等。随着建筑使用功能的变化，人们观念的更新，以及新技术、新设备的应用，平面组合方式将会产生新的、更多的组合方式。

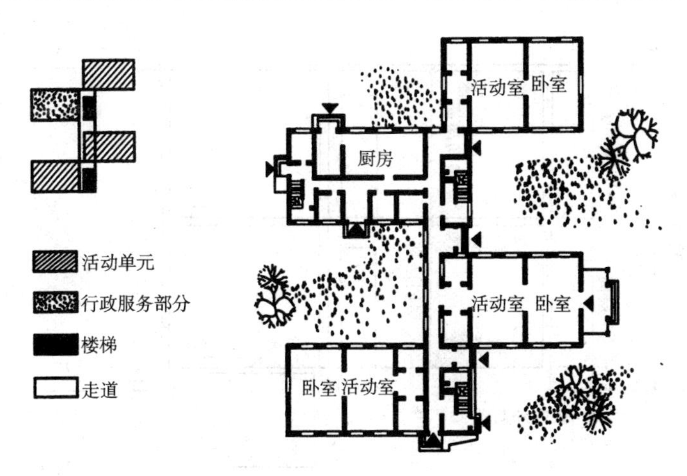

图 5-12 单元式平面组合（幼儿园）

二、建筑剖面设计

建筑剖面设计的具体内容包括：确定建筑物的层数，确定建筑各部分在高度方向上的尺寸，进行建筑空间组合，处理室内空间并加以利用，分析建筑剖面中的结构、构造关系等。由于设计中有些问题需要平、立、剖面结合在一起才能解决，在剖面设计中还应同时考虑平面和立面设计，这样才能使设计更加完善合理。

（一）房间的剖面形状和建筑各部分高度的确定

1. 房间的剖面形状确定

房间的剖面形状主要是根据房间的使用要求、经济技术条件及特定的艺术构思确定的，既要适合使用，又要达到一定的艺术效果。同时，要考虑结构、材料、施工、采光通风、空间的艺术效果等因素。

不同用途的房间，剖面形状相差较大。例如，学校的教室、办公室、住宅的居室等剖面形状多为矩形，而影剧院的观众厅、体育馆的比赛大厅，对剖面形状有特殊要求，如地面要有一定的坡度，顶棚常做成反射声音的折面。

结构形式以及所采用的材料影响建筑剖面形状。例如，矩形剖面形式具有结构布置简单、施工方便的特点。有些大跨度建筑屋顶结构多采用空间网架，形成特殊的剖面形状。

当房间的进深较大或使用上有特殊要求时，仅靠侧窗采光和通风不能满足要求时，常需设置各种形式的天窗，形成了不同形状的剖面。

2. 建筑各部分高度的确定

建筑各部分高度主要指房间的净高、层高、窗台高度和室内外地面高差等，为建筑各部分高度，如图 5-13 所示。

1）房间净高和层高

房间净高是指从楼地面面层（完成面）至吊顶或楼盖、屋盖底面之间的有效使用空间的垂直距离。房间层高是指建筑物各层之间以楼地面面层（完成面）计算的垂直距离，屋顶层由该层楼地面面层（完成面）至平屋面的结构面层或至坡顶的结构面层与外墙外皮

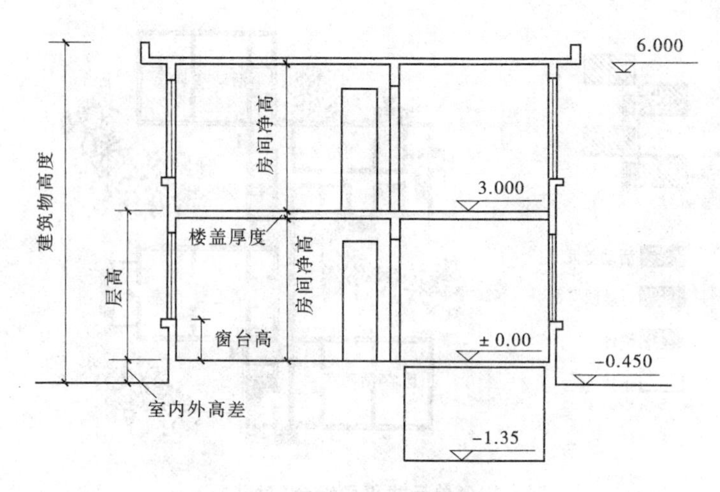

图5-13 建筑各部分高度

延长线的交点计算的垂直距离。建筑层高应结合建筑使用功能、工艺要求和技术经济条件综合确定,并符合专用建筑设计规范的要求。室内净高应按楼地面面层(完成面)至吊顶、楼板或梁底面之间的垂直距离计算;当楼盖、屋盖的下悬构件或管道底面影响有效使用空间时,应按楼地面面层(完成面)至下悬构件下缘或管道底面之间的垂直距离计算。建筑用房的室内净高应符合专用建筑设计规范的相关规定;地下室、局部夹层、走道等有人员正常活动的最低处净高不应小于2 m。

总之,房间的高度是根据使用性质、人体的活动特点、采光、通风、结构层的高度、构造方式、室内空间比例、经济要求等因素确定的。

房间的净高与人体的活动尺度有关,一般室内最小净高应使人举手接触不到顶棚为宜,应不小于2.2 m。不同使用性质的房间净高也不同,住宅净高不小于2.4 m,层高在2.8 m左右;公共房间如教室、办公室等,室内净高常为3.0~3.4 m,层高为3.6~3.9 m。

为满足采光要求,进深大的房间常提高侧窗的上沿高度而导致房间的高度增加;结构层的高度越大层高越大。另外,房间的高度与宽度的比例是否合适,给人的感觉也是不同的。高而窄的空间具有严肃性,过高则会使人感到不亲切;矮而宽的房间使人感觉开阔,过低则会使人感到压抑。

2)窗台高度

窗台高度主要根据房间的使用要求、人体尺度和家具设备的高度来确定。一般窗台高度定为900~1 000 mm;幼儿园活动室的窗台高度常采用700 mm左右;展览建筑中的展室,为沿墙布置展板,避免眩光,常设高窗。

3)室内外地面高差

为了防止室外雨水流入室内及室内防潮要求,底层室内地面应高于室外地面。室内外地面高差不小于150 mm,常取450~600 mm。

(二)建筑层数的确定

建筑层数的确定应根据建筑使用性质、基地环境、城市规划、结构类型和材料、建筑防火、经济条件等要求。

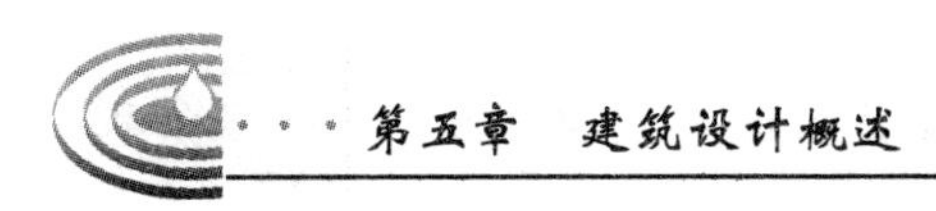

1. 建筑使用性质的要求

建筑物的使用性质不同,其对房屋的层数要求也不相同。例如,医院门诊楼、幼儿园、疗养院等建筑物,因为使用者活动不便,为安全及方便使用,一般以建1~3层为宜;中小学教学楼不宜超过4层;大量建设的住宅、办公楼、旅馆等宜建成多层或高层。

2. 结构类型和材料的要求

建筑物的结构类型不同,使用的主要建材不同,其合理的层数也不同。例如,砖混结构常用于1~6层以下的民用建筑;钢筋混凝土框架结构、剪力墙结构或框架-剪力墙结构常用于多层或高层建筑;筒体结构常用于超高层建筑;空间结构常用于单层、低层的大跨度建筑,如体育馆、影剧院等。

3. 建筑防火的要求

建筑物的耐火等级不同,允许的建筑层数也不同。根据《建筑设计防火规范》(GB 50016—2014)的规定,一、二级耐火等级的多层房屋,层数原则上不受限制;三级耐火等级应建五层及五层以下;四级耐火等级的房屋应建二层及二层以下。

4. 基地环境与城市规划的要求

房屋的层数与所在地段的大小、高低起伏变化有关,同时不能脱离一定的环境条件。特别是位于城市街道两侧、广场周围、风景园林区等,必须重视建筑与环境的关系,做到与周围建筑物、道路、绿化等协调一致。另外,要符合当地城市规划部门对整个城市面貌的统一要求。

(三)建筑剖面空间组合设计

一幢建筑物包括许多空间,它们的用途、面积和高度各有不同,在垂直方向上应当考虑各种不同高度房间合理的空间组合,以取得协调统一的效果。

建筑剖面的组合方式主要是由建筑物中各类房间的高度和剖面形状、房屋的使用要求、结构布置特点等因素决定的。

1. 建筑剖面空间组合设计应遵循的原则

首先,根据功能和使用要求进行剖面组合,一般把对外联系较密切、人员出入多或室内有大型设备的房间放在底层,把对外联系不多、人员出入少、要求安静的房间放在上部。其次,根据建筑各部分高度进行剖面组合,高度相同或相近的房间,如果使用关系密切(如普通教室和实验室、卧室和起居室等),调整高度相同后布置在同一层上;如果调整成相同高度困难,可根据各个房间实际的高度进行组合,形成高度变化的剖面形式。

2. 建筑剖面空间组合设计的形式

1)单层组合

当人流、货流进出较多时,多采用单层的组合形式,如车站、展览大厅等。

2)多层和高层组合

根据节约用地、城市规划布局及使用要求,建筑设计中多采用多层或高层的组合形式。这种组合交通联系比较紧凑,适应于有较多相同高度房间的组合,垂直交通通过楼梯联系。

3)错层组合

当建筑物内部出现高低差或受地形条件限制时,可采用错层组合。

三、建筑体型和立面设计

建筑体型和立面设计主要是对建筑外形总的体量、形状、比例、尺度等方面的确定,并针对不同类型建筑采用相应的体型组合方式。立面设计主要是对建筑的各个立面进行深入刻画和处理,使整个建筑形象趋于完善。

(一)建筑体型和立面设计的原则

1. 要反映建筑功能要求

建筑体型和立面设计应是建筑功能在建筑外观的具体反映,因此不同类型的建筑其外观形象也不同。例如,住宅建筑开窗面积小、间距小,而且阳台及楼梯间数量多,建筑进深不大;而剧院建筑占地面积大、入口尺寸大、标志性强,经常设有吊景楼。

2. 要反映物质技术条件

结构形式、材料性能、施工方法的不同,建筑会产生不同的外部形象。在设计中,应将结构体系与建筑造型有机地结合起来,使建筑造型体现建筑结构特点。

3. 要符合规划和环境的要求

任何单体建筑或建筑群都是城市及自然景观的一部分,应当在规划要求的制约下,使建筑成为周围环境的有机组成部分,充分体现地区的建筑特色,反映出建筑文化和历史沉淀的背景。

4. 要符合建筑美的构图规律

建筑的外观形象应当符合美学的基本规律,通过运用比例、尺度、对比、均衡、色彩等美学手法,使建筑的形象更加完美。

(二)建筑体型的组合

建筑体型是建筑内部功能的具体体现,也是建筑外观形象优劣的基础条件,美的建筑立面必须有好的建筑体型做保障。

1. 体型组合的方式

建筑体型的变化较多,从简单六面体、圆柱体到复杂的多面体,在建筑的体型上都有体现。总地来说,建筑的体型可以分为对称体型和非对称体型两类。对称体型具有明确的中轴线,组合体的主次关系明确。非对称体型没有明显的中轴线,组合灵活自由,易于与使用功能紧密结合。体型组合如图 5-14 所示。

2. 体型组合的基本要求

(1)比例适当、整体均衡。组合体各部分的比例是否适当是决定建筑效果的重要因素。非对称体型在控制好各部分比例的基础上,还要处理好整体均衡的问题。

(2)主次分明、交接明确。当主体由若干个基本体型构成时,解决好体型之间的相互关系对组合体的整体效果影响较大。应当本着主次分明、交接明确的基本原则,使基本体型之间形成明确的主次关系,相互之间紧密连接,构成一个整体。

(三)建筑立面设计

墙面、外露构件、门窗、阳台、檐口、勒脚、台阶及装饰线脚是建筑立面的主要组成部分。立面设计的任务是合理选择它们的形状、色彩、尺度、排列方式、比例和质感,并使之协调统一。

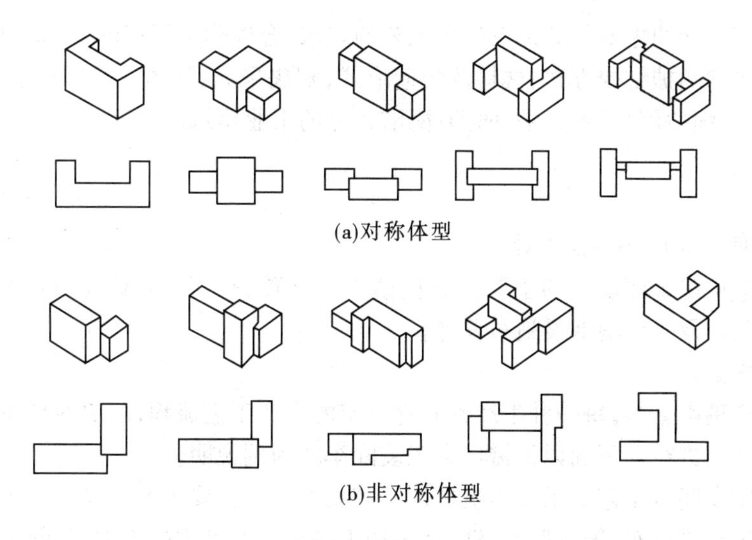
(a)对称体型
(b)非对称体型

图5-14　体型组合

1. 立面的尺度和比例

立面设计中合适的比例关系是立面设计成功的先决条件,恰当的尺度能反映出建筑的真实情况。

2. 节奏感和虚实对比

节奏感和虚实对比是建筑立面设计的重要表现手法,通过构件或门窗有规律地排列和变化,可以体现出不同的韵律和节奏,使立面外观既不琐碎零乱,又不至于单调呆板。通常可以结合房屋内部多个相同的使用空间,对窗户进行分组排列,立面上反映了室内使用空间的内容和分间情况。

3. 立面线条的组织

任何线条本身都具有一种特殊的表现力和多种造型的功能。例如,竖向划分使建筑立面具有挺拔、严肃的特点;横向划分则会给人以亲切、舒展、宁静的感觉;斜线具有动态的感觉;网格线有丰富的图案效果,给人以生动、活泼而有秩序的感觉。

4. 材料质感和色彩搭配

质感和色彩都是材料的某种属性,合理地选择和搭配材料的质感和色彩,使建筑立面更加丰富多彩。浅色使人感到清晰、宁静,暖色使人感到热烈兴奋。光滑的表面使人感到轻巧,粗糙的表面使人感到厚重。

5. 重点部位的细部处理

在立面处理中,对重点部位进行细部处理,可以突出主体,打破单调感,对建筑立面形象起到画龙点睛的作用。建筑物的重点部位有主要出入口、台阶、檐口、窗洞、阳台、勒脚、雨篷等。

第三节　工业建筑设计

工业建筑是为工业生产需要而建造的各种不同用途的建筑物和构筑物的总称。

工业建筑设计的主要任务是按生产工艺的要求,合理确定厂房的平、立、剖面的形式;选择承重结构和围护结构方案、材料及构造形式;解决采光、通风、生产环境、卫生条件等问题;创造出坚固适用、技术先进、明朗、简洁大方的工业建筑。

一、单层工业厂房设计

(一)单层工业厂房平面设计

单层工业厂房平面设计的主要任务包括工段布置、平面形式确定,内部交通运输组织、柱网选择,以及生活辅助设施布置等。

1. 工段布置

工业生产种类繁多,每一种生产都有它一定的生产工艺流程,厂房的平面布置应按生产工艺流程要求进行。下面以机械厂金工装配车间为例说明。

金工装配车间按工艺要求分为机械加工和装配两个主要生产工段。机械加工工段主要是对金属毛坯进行车、铣、刨、镗、钻、磨等加工成机械产品中的零件;装配工段主要是将加工好的零件进行总装配使之成为机械产品。它们的平面布置一般有直线布置、平行布置、垂直布置三种形式。

1)直线布置

直线布置即装配工段布置在机械加工工段的延伸部位,如图 5-15(a)所示。毛坯由厂房一端进入,成品则由另一端运出,生产线为直线形。这种布置使生产线简洁,连续性好。

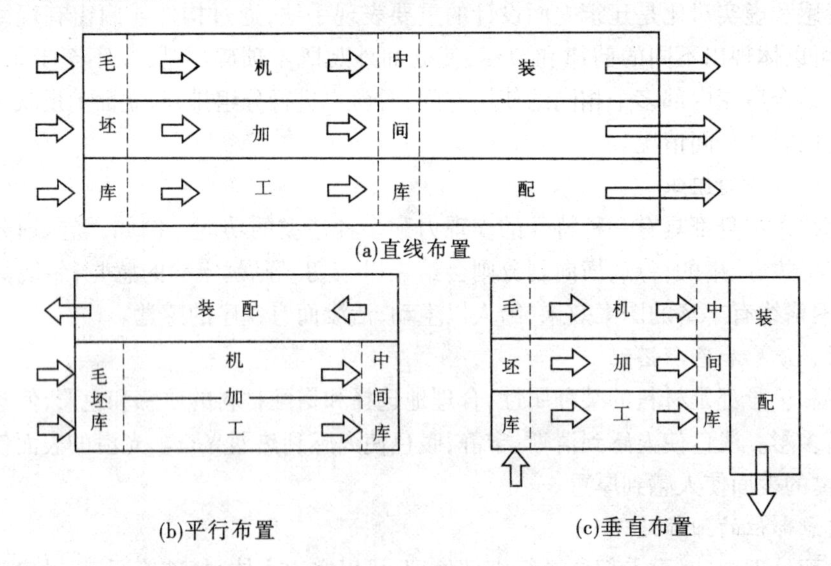

图 5-15 金工装配车间平面组合形式示例

2)平行布置

平行布置即机械加工与装配两工段互相平行布置,如图 5-15(b)所示。从零件加工到装配的生产线是马蹄形。这种布置结构简单,便于扩建,但生产线路长。

3)垂直布置

垂直布置即装配工段布置在与机械加工工段相垂直的横向跨间,如图 5-15(c)所示。

零件从加工到装配的运输路线较短捷，但须设越跨运输设备。

2. 平面形式确定

单层厂房的平面轮廓形式常见的有矩形、方形、L 形、T 形和山形等。厂房平面形式的确定应满足生产工艺流程、工段组合、采光通风等要求。

3. 柱网选择

单层厂房柱网尺寸主要包括跨度、柱距。柱网尺寸的确定应根据生产设备大小、设备布置方式、加工部件运输、生产操作所需的空间等要求选择，并应符合《厂房建筑模数协调标准》(GB/T 50006—2010)的规定。

4. 厂房生活间设计

为满足工人在生产过程中的生产卫生及生活需要，厂房还需设有生活福利用房，一般称为生活间。厂房生活间主要由生产卫生用房和生活用房组成。生产卫生用房包括存衣室、浴室、盥洗室、洗衣房等，生活用房包括厕所、休息室、进餐室等。

生活间的布置方式根据地区气候条件、工厂规模、性质、总体布置和车间的卫生特征，以及使用方便、经济合理等因素来确定。常用的有内部式、独立式和毗连式布置。毗连式布置是指生活间贴建在厂房一侧或一端。

(二)单层工业厂房剖面设计

单层工业厂房剖面设计的具体内容是合理选择剖面形式和确定厂房的高度，解决厂房的采光和自然通风等问题。

1. 厂房的剖面形式

厂房的剖面形式与生产工艺车间的采光通风要求、屋面排水方式及厂房的结构形式有关。如图 5-16 是几种常见的单层厂房的剖面形式。

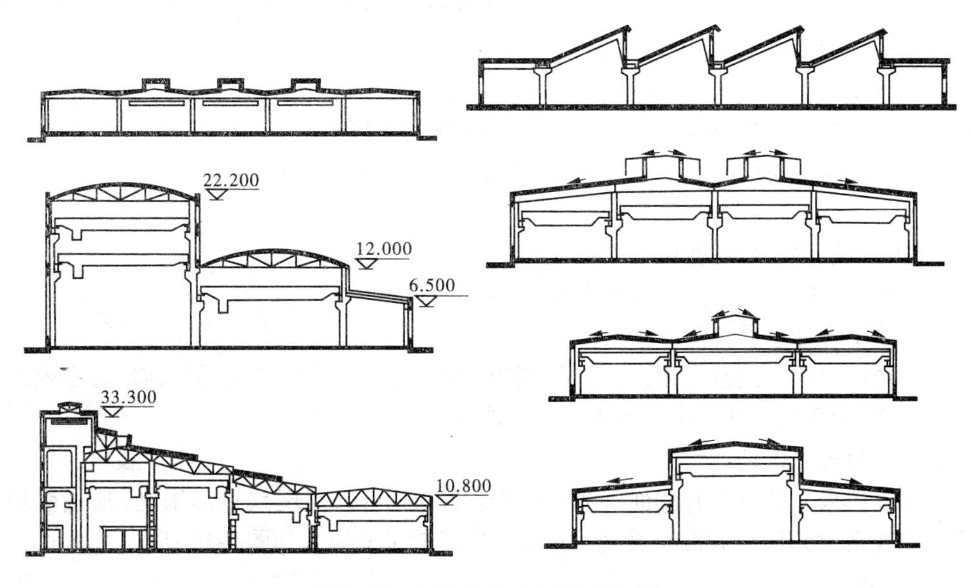

图 5-16 几种单层厂房的剖面形式

2. 厂房高度的确定

单层厂房的高度是指厂房室内地面至屋架或屋面梁下表面的垂直距离。厂房高度的

确定应满足生产和运输设备的布置、安装、操作和检修所需的净高,以及满足采光和通风所需的高度。此外,还应符合我国现行标准《厂房建筑模数协调标准》(GB/T 50006—2010)的规定,即柱顶标高、牛腿标高按3M数列确定,当牛腿顶面标高大于7.2 m时按6M数列考虑。

在无吊车的厂房中,厂房的高度主要取决于厂房内最高的生产设备及其安装、检修所需的净高,一般不低于4 m。

在有吊车的厂房中,厂房的高度包括轨顶高度(轨顶尺寸 H_1)、轨顶到小车顶面的距离(轨上尺寸 H_2)和小车顶面到屋架下弦的距离(上方间隙 $C_h \geqslant 200$ mm)三部分之和。图5-17为厂房高度的确定。

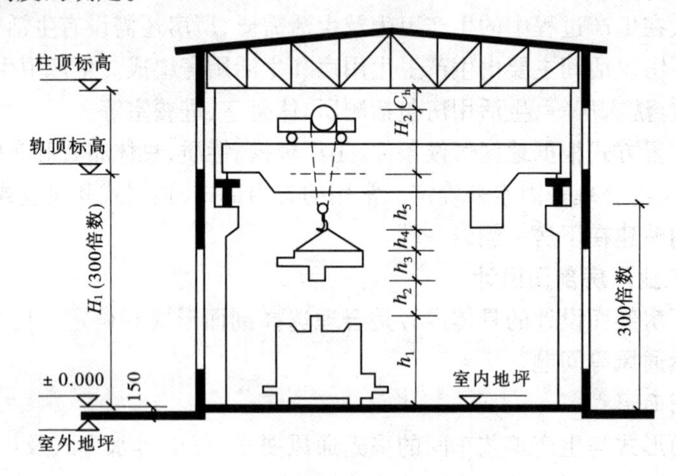

图5-17　厂房高度的确定

轨顶尺寸 H_1 是根据生产工艺提出的,用公式表示为

$$H_1 = h_1 + h_2 + h_3 + h_4 + h_5$$

式中　h_1——生产设备、室内分隔墙或检修时所需的高度;

h_2——吊车与越过设备之间的安全距离,一般为400~500 mm;

h_3——吊车的最大高度;

h_4——吊索最小高度;

h_5——吊钩至轨顶面的最小距离。

3.厂房室内外地面标高的确定

为了使厂房内外运输方便,应使厂房室内外高差较小,但为防止雨水侵入,室内外高差常为100~150 mm,并在室内外入口处设坡道。

4.厂房的天然采光

厂房天然采光的方式有侧面采光(通过外墙上的窗口实现)、顶部采光(通过屋顶上的采光口实现,如天窗)和混合采光。单层厂房天然采光方式如图5-18所示。

二、多层工业厂房设计

(一)多层工业厂房平面设计

多层工业厂房平面设计首先应满足生产工艺的要求,并综合考虑与生产相关的各项

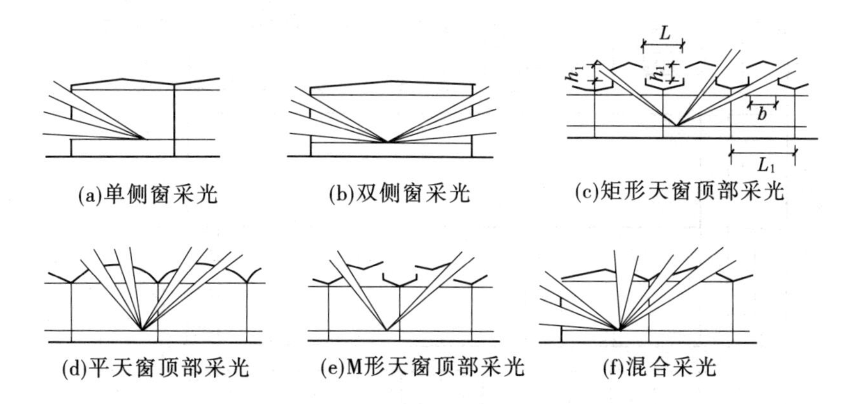

图 5-18 单层厂房天然采光方式

技术要求(如荷载、采光、通风、恒温、恒湿、防震等)。合理确定厂房的平面布置形式、柱网布置以及各种生产、生活及交通枢纽用房的位置。

1. 平面布置形式

根据生产性质、特点、要求,一般有以下几种平面形式。

1) 统间式

统间式布置是厂房内只设承重柱,不设隔墙。其适用于各生产工段面积大、联系紧密的车间。统间式的平面布置如图 5-19 所示。

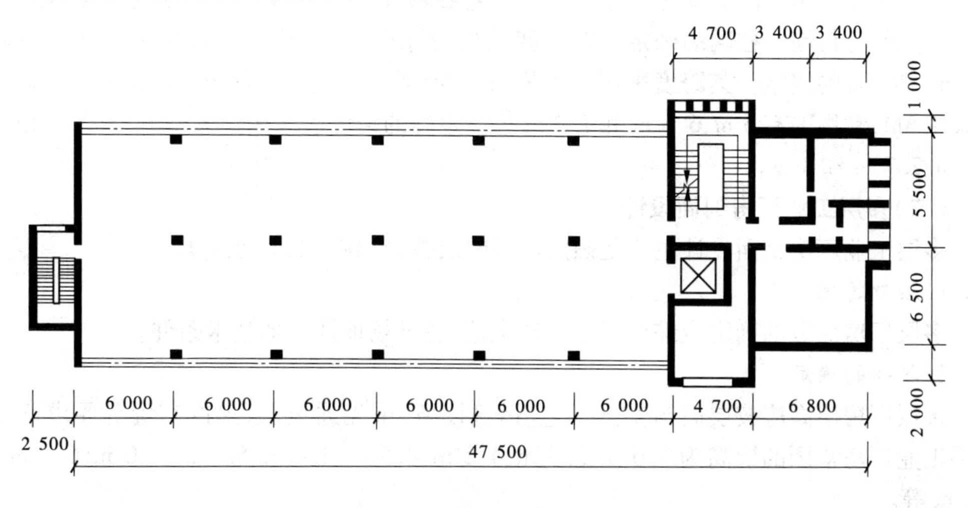

图 5-19 统间式的平面布置

2) 内廊式

内廊式布置是厂房每层的中间为走廊,在走廊两侧布置并用隔墙分隔出各种大小不同的房间。其适用于各工段面积不大、联系不多、避免干扰的车间。

3) 大宽度式

对生产工段面积大、大空间的车间常采用大宽度式布置。其适用于恒温、防尘等技术要求高的车间。大宽度式的平面布置如图 5-20 所示。

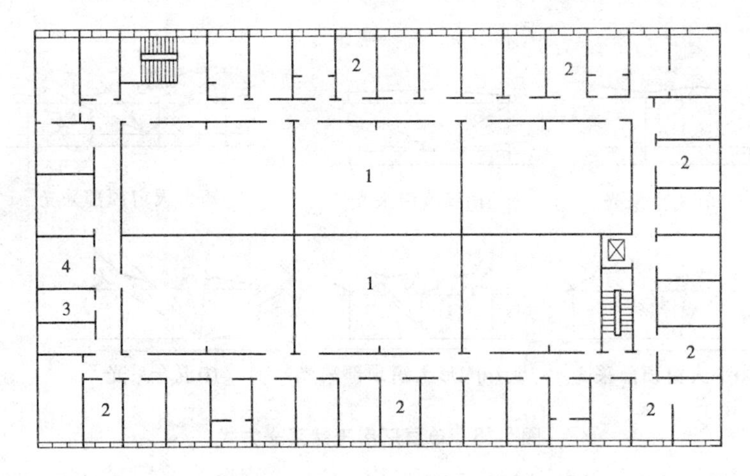

图5-20　大宽度式的平面布置

4)混合式

根据不同生产要求,采用上述各种平面形式的混合布置,称为混合式。它的优点是能满足不同生产工艺流程的要求;缺点是平、剖面形式较复杂,结构类型较难统一,施工较麻烦,对抗震不利。

2. 柱网布置

多层工业厂房柱网的确定应考虑生产工艺要求、厂房的平面形状、结构类型、建筑材料及施工的可行性。柱网的确定应符合我国现行标准《厂房建筑模数协调标准》(GB/T 50006—2010)的规定。其跨度采用扩大模数15M,常用的有6 m、9 m、10.5 m、12 m。柱距采用6M,常用的有6 m、6.6 m和7.2 m等。走廊的跨度应采用扩大模数3M,常用的有2.4 m、2.7 m和3 m。

(二)多层工业厂房剖面设计

多层工业厂房剖面设计主要是确定厂房的层数、层高和剖面形式等。

1. 层数的确定

多层厂房层数的确定应综合考虑生产工艺、建设场地及其他技术条件。

2. 层高的确定

多层厂房层高应按层高与生产工艺、运输设备、采光通风、管道的布置等要求确定。多层工业厂房常用的层高为3.6 m、3.9 m、4.2 m、4.5 m、4.8 m、5.4 m、6.0 m、6.6 m和7.2 m等。

本章小结

建筑设计是指建筑、结构、设备等方面的综合性设计工作,它包括建筑设计、结构设计和设备设计等内容,对房屋建造具有十分重要的影响,从事设计、施工的专业技术人员都应掌握或了解建筑设计的相关知识和规定。

建筑设计程序首先要做好设计之前的准备工作,然后才能进入设计阶段。建筑设计一般分为方案设计、初步设计和施工图设计三个阶段。

建筑平面设计主要是确定单个房间的面积、形状，门窗的大小、位置及各部位的尺寸，确保平面组合合理，功能分区明确；建筑剖面设计主要是确定房间的剖面形状、高度、建筑层数；建筑体型和立面设计是对建筑物外形总的体量、形状、比例、尺度等方面确定，使整个建筑形象趋于完善，给人以美的感受。

工业建筑设计主要讲述单层工业厂房和多层工业厂房。设计是按照生产工艺的要求，合理确定厂房的平、剖、立面形式，选择承重结构和围护结构方案，解决采光、通风、生产环境、卫生环境等问题。

复习思考与练习题

一、名词解释

1. 层高　2. 净高　3. 工业建筑　4. 生产工艺流程

二、填空题

1. 建筑设计内容包括：________、________、________三个方面。

2. 民用建筑设计一般分为________、__________和________三个阶段。

3. 建筑平面组合的主要形式有：______、______、______、______和______五种。

4. 单层工业厂房设计，平面布置形式一般有______、______、______、______四种。

三、问答题

1. 建筑平面设计的内容有哪些？

2. 建筑施工图设计包括哪些内容？

3. 主要使用房间平面设计的主要内容是什么？

4. 辅助房间设计应考虑哪些问题？

5. 对称体型和非对称体型的特点是什么？

6. 建筑剖面设计的主要内容是什么？

7. 影响建筑体型和立面设计的因素有哪些？

8. 确定建筑物的层数时，应考虑哪些因素？

9. 如何进行剖面的空间组合？

10. 如何确定单层厂房的高度？

11. 多层工业厂房的特点和适用范围是什么？

四、实训练习题

1. 根据普通教室的使用人数，采用排列计算的方法，确定教室的平面尺寸。

2. 结合建筑实例分析卫生间设计是否合理。

3. 结合建筑实例谈一谈重点及细部的处理。

第六章　高层建筑及新型建筑

学习目标

了解高层建筑的发展、特点,理解高层建筑结构体系的类型和特点,理解高层建筑的垂直交通设施,理解高层建筑的耐火等级、防火分区及疏散设施的设置。了解生态建筑的概念及特点,理解建筑节能的措施与构造,了解智能建筑的基本概念。

第一节　概　述

高层建筑是经济发展到一定阶段,城市人口逐渐密集的条件下的产物。高层建筑不是一个很精密的概念,各国根据不同的国情有不同的规定,但多数国家和地区对高层建筑的界定多在10层以上。我国不同标准也有不同的定义,在我国的《高层建筑混凝土结构技术规程》(JGJ 3—2010)中规定:高层建筑指10层及10层以上或房屋高度大于28 m的住宅建筑和房屋高度大于24 m的其他高层民用建筑;《建筑设计防火规范》(GB 50016—2014)规定:高层建筑指建筑高度大于27 m的住宅建筑和建筑高度大于24 m的非单层厂房、仓库和其他民用建筑。

一、高层建筑的发展概况

现代高层建筑兴起于美国,1884~1885年,在芝加哥建起第一幢10层高55 m的保险公司大楼,是世界上第一幢高层钢结构建筑,也是用现代高层建筑设计手法设计的第一例。此后,混凝土开始作为一种普遍采用的结构材料而进入高层建筑领域。1902年,在美国的辛辛那提市建造的16层高64 m的英格尔斯大楼是世界上第一座钢筋混凝土高层建筑。1931年,102层高381 m的帝国大厦在纽约落成,标志着现代高层建筑技术的成熟。1974年,在芝加哥建成的110层的西尔斯大厦,采用钢成束筒结构,以443 m的高度成为世界之冠,直至1996年才被马来西亚吉隆坡佩重纳斯88层高452 m的“孪生”塔楼打破了这一纪录。现在世界最高的建筑是于2010年1月完工的162层818 m高的阿拉伯联合酋长国的迪拜塔。

我国现代高层建筑起源于20世纪初的上海,1934年建成的上海国际饭店为地下2层、地上22层、高82.5 m的钢结构。20世纪50年代,在北京、广州等地建成一批8~13层的饭店、办公楼和大型公共建筑。1959年建成的首都十大建筑中,包括12层的民族饭店(采用预制装配钢筋混凝土框架结构)和13层的民族文化宫(现浇框架)。随着改革开放的需求,我国高层建筑如雨后春笋般在全国各地兴建起来,到2008年,我国共有高层建筑近10万幢,其中100 m以上的超高层建筑1 154幢。2008年8月30日,492 m高的101层上海环球金融中心(见图6-1)建成使用,这是国内已建成的高度最高的建筑物。同年11月29日,总高度达632 m的上海中心大厦正式破土动工,2017年4月26日,位于大楼第118层的"上海之巅"观光厅正式向公众开放。

图6-1　上海环球金融中心

二、高层建筑的特点

高层建筑的发展是建筑综合技术的产物,其发展不但要满足高层建筑需要的结构材料和结构体系支持,而且需要其他相适应的配套技术的发展。

高层建筑具有节约用地的优点,可以部分解决城市用地紧张和地价高涨的问题。在建筑容积率相同的情况下,建造高层建筑比多层建筑能够提供更多的空闲地面,这些空闲地面用作绿化和休息场地,有利于美化环境,并带来更充足的日照、采光和通风效果。但同时也要严格控制容积率,在城市建造高层建筑时,应有足够的距离来保证周围的低层建筑的采光。

高层建筑的结构受力特点有别于中低层建筑,中低层建筑几乎不受水平荷载的影响,而高层建筑必须把水平荷载的影响作为重点设计课题。

高层建筑的供水和供暖系统与低层建筑很不相同。高层建筑层数多,为避免位于低楼层的管道中静水压力过大,高层建筑必须在垂直方向分成几个区,采用分区供水的系统,并在底层或地下室设置水泵房,用水泵将水送到建筑上部的水箱。当使用自动水压控制水泵时,每个区都按不同的压力供水,在各楼层的用户端,出水的压力基本同低层建筑。当采用热水供暖时,不能直接由常压锅炉供暖,其间必须设置热交换器。由热交换器输出的热水,也要按压力分区,对每一分区采用不同输出压力的循环水泵送热水,使用户端的管路和散热器都承受能安全使用的水压力。

为解决垂直交通问题,高层建筑必须安装运行可靠的电梯,电梯的输送能力要与使用人数相适应。另外,高层建筑的防火也有严格的要求,不但要配备必需的灭火器材,还需要有可靠的人员疏散通道,并有在电路中断后仍能正常使用的人流导向设施。

高层建筑虽然体现了繁荣、活力与发展,但也有许多弊病。许多高楼都是集宾馆、办公、购物中心、餐饮和娱乐为一体的综合建筑,在城市道路、水电、排污等基础设施尚不完善的情况下,会给市政带来巨大的压力。因此,必须科学、合理地发展高层建筑。

第二节　高层建筑的结构体系

由于高层建筑结构要同时承受垂直荷载和水平荷载,所以对结构类型和结构体系都有严格要求。高层建筑的结构形式繁多,以材料来分有配筋砌体结构、钢筋混凝土结构、钢结构和钢－混凝土组合结构等,国内较多采用钢筋混凝土结构。从承重方式来看,高层建筑的结构体系通常采用框架结构(见图6-2(a))、剪力墙结构(见图6-2(b))、框架－剪

力墙结构(简称框剪结构)(见图 6-2(c))、框支剪力墙结构(见图 6-2(d))和筒体结构(见图 6-2(e)、(f))等,下面对这几种结构体系进行简要的介绍。

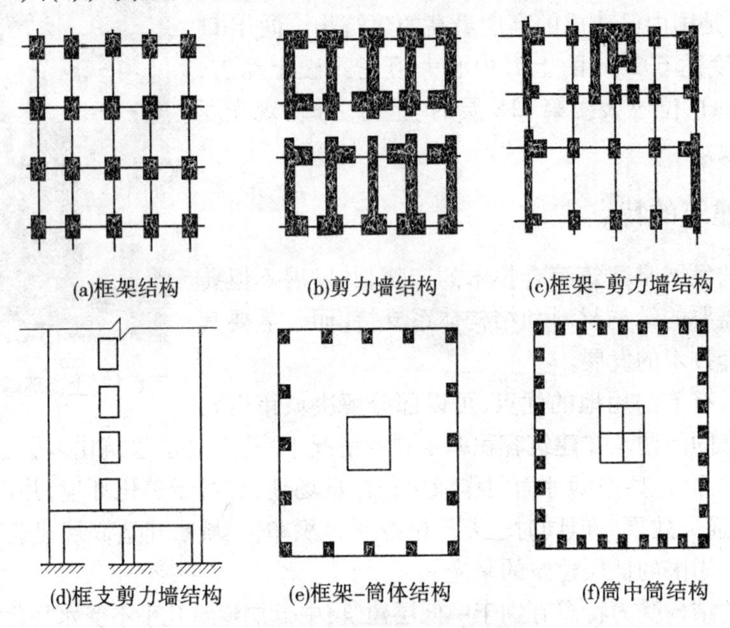

图 6-2 高层建筑结构体系示意图

一、框架结构体系

框架结构是由梁和柱形成的框架承受竖向荷载和水平荷载的结构,梁和柱之间的连接为刚结点。这种结构体系的优点是建筑平面布置灵活,可以布置较大的使用空间,因此在宾馆、写字楼等高层建筑中得到较多应用。框架结构的竖向荷载和水平荷载都通过楼板传递给梁,由梁传递到柱,再由柱传递到基础。框架结构的柱因为板所承受的荷载并不均匀,再加上水平荷载的作用,所以同时要承担弯矩,且弯矩的方向也是可变动的。框架结构在水平荷载作用下的变形示意图见图 6-3。由于框架结构中梁、柱构件截面较小,而框架中的墙体全部为填充墙,只起分隔和围护作用,因此结构的整体刚度较小,抗震性能较差。这就限制了它的使用高度,所以框架结构一般不适宜超过 20 层或建筑高度超过 60 m 的高层建筑。

二、剪力墙结构体系

剪力墙结构是指由剪力墙(一般为钢筋混凝土墙)作为承重骨架,承受竖向荷载和水平荷载,墙体同时作为围护和分隔构件的结构体系。当墙体承受平面内的水平荷载时,因其抗弯刚度很大,所以弯矩所产生的应力很小,墙体主要承受剪力,所以称之为剪力墙。剪力墙结构在水平荷载作用下的变形示意图见图 6-4。由于剪力墙结构的整体刚度大,具有良好的抗震性能,加之在泵送混凝土技术和机械化模板技术普及的条件下,剪力墙结构的施工速度很快,所以这种高层建筑的结构形式得到了广泛应用。但这种结构的缺点是由于剪力墙的间距不能太大,所以建筑平面布置不灵活,难以满足大面积公共房间的需求，同时剪力墙结构的自重也较大。因此，它主要用于住宅和旅馆等建筑，我国10～30层的高层住宅大多采用这种结构。

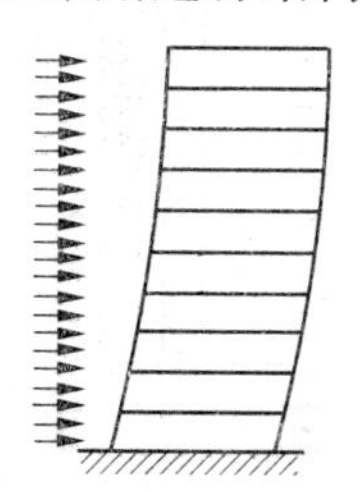

图6-3　框架结构变形示意图

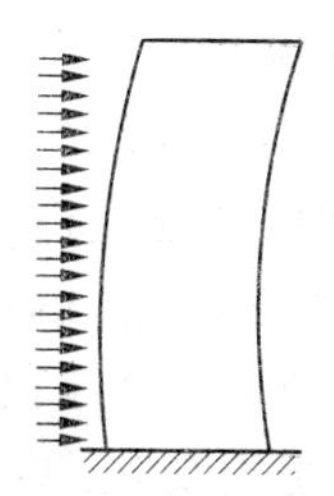

图6-4　剪力墙结构变形示意图

实际工程中剪力墙分为整体墙和联肢墙。整体墙如一般房屋端部的山墙、鱼骨式结构片墙及小开洞墙，整体墙受力如同竖向悬臂梁。洞口大的内外墙体的受力状态可看作联肢墙，联肢墙是由连梁连接起来的剪力墙。因为上下洞口之间部位的刚度比左右洞口之间的墙肢刚度小得多，墙肢的单独作用显著，上下洞口之间部位的受力状态接近梁，所以称为连梁。

三、框架－剪力墙结构体系

框架－剪力墙结构是在框架结构中布置一定数量剪力墙的结构。框剪结构是由框架结构和剪力墙结构两种不同的抗侧力结构组成的新的受力形式，由于两种结构在水平荷载作用下的变形具有互补性，所以这种体系的受力性能较好。在剪力墙和框架协同工作的条件下，框剪结构的上部由框架来承担大部分水平力，下部则由剪力墙承担大部分水平力。由于在水平荷载作用下底层的内力都是最大的，顶层的内力是最小的，所以说剪力墙承受了建筑物大部分的水平力。

由于框架结构能满足大空间的房屋，房间布置灵活，而剪力墙结构侧向刚度大，可减小侧移，因此框架－剪力墙结构既能灵活布置各种空间的房屋，又具有较大的侧向刚度，在我国框剪结构广泛用于15～30层的高层建筑中。

四、筒体结构体系

筒体结构是由以竖向筒体为主组成的承受竖向和水平作用的高层建筑结构。筒体是指由剪力墙围成的薄壁筒和由密柱框架或壁式框架围成的框筒等。把剪力墙围成筒形后，使结构整体成为一个固定于基础上的箱形悬臂构件，具有很高的抗弯和抗扭刚度，大大提高了抗水平荷载的能力，所以通常使用在30层以上的高层建筑。筒体结构目前可分为框筒、筒中筒、桁架筒、成束筒等结构体系。

（一）框筒结构

在框架－剪力墙结构体系中，如果把剪力墙围成筒体，可称为框架－筒体结构，简称为框筒结构。框筒结构可看成是箱形截面的悬臂构件，在弯矩作用下各柱轴力分布规律如图6-5所示。各柱的轴力分布不是直线规律，如能减少这种现象，使各柱受力尽量均匀，则可大大增加框筒的侧向刚度及承载能力。在建筑布置时，框筒结构主要由外墙筒体来承担水平荷载，内部的柱仅仅承受竖向荷载，所以筒体结构的内部空间可以做到灵活布局。此外,还可以用筒体做电梯间、楼梯间和竖向管道井,也很合理。

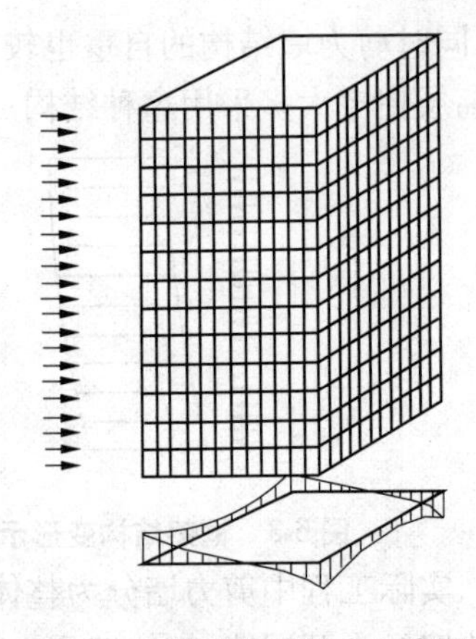

图 6-5　框筒结构柱轴力示意图

(二)筒中筒结构

在上述框筒结构核心部位中布置一个实腹筒内核,就叫筒中筒结构(见图 6-6)。在这种结构中,内外筒体之间用平面内刚度很大的楼板形成肋,使内外筒协同工作,从而形成了一个比仅有外框筒刚度更大的空间结构。同时,由于取消了内柱,在内外筒之间形成了更加使用灵活的宽阔空间,而电梯、管道设施都可以布置在内筒中。筒中筒结构受力明确,侧向刚度很大,平面布局灵活,因此在多功能的高层建筑中获得了广泛应用。

(三)成束筒结构

由若干个筒体并列连接为整体的结构叫成束筒结构或多筒结构。这种结构可以用于侧向刚度需要很大、总体高度很高、平面布局很复杂的高层建筑。美国 443 m 高的芝加哥西尔斯大厦就采用了 9 个 30 m×30 m 的框筒集束而成。

由于以上几种结构的受力特点不同,因此各自的适用层数也不同。各种钢筋混凝土结构体系的适用层数见图 6-7。

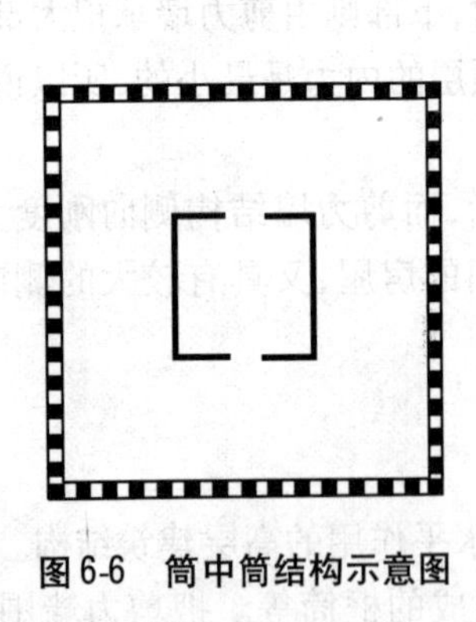

图 6-6　筒中筒结构示意图

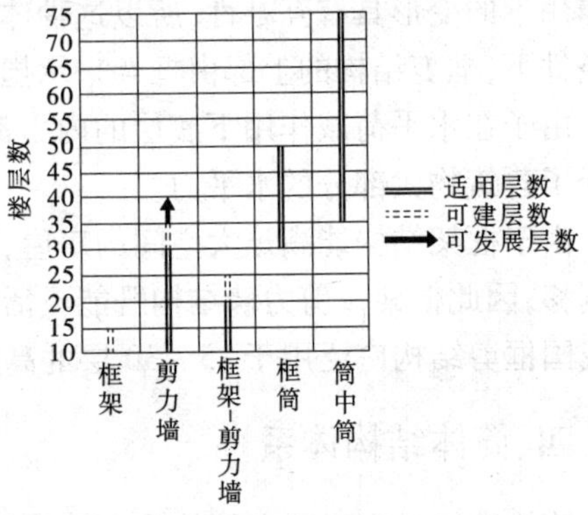

楼层数
75 70 65 60 55 50 45 40 35 30 25 20 15 10
框架　剪力墙　框架-剪力墙　框筒　筒中筒
适用层数
可建层数
可发展层数

图 6-7　几种结构的适用层数

五、结构体系的混合应用

为合理利用基地,建筑商常常采用上部为住宅楼或办公楼,而下部开设商店。由于上部住宅楼和办公楼需要小开间,适合采用剪力墙结构,而下部的商店则需要大空间,适合采用框架结构,因此将这两种结构组合在一起,就形成了框支剪力墙结构,或者使用底层框剪结构。为完成这两种体系的转换,需在其交界位置设置巨型的转换大梁,将上部剪力墙的力传至下部柱子上。由于转换大梁一般高度较高,常接近于一个层高,因此就形成了结构转换层,也常作为设备层。这就是结构体系的混合,这种情况要特别注意结构转换层的应用。

在不同情况下,结构转换层可有以下三种形式:

(1)上层和下层结构类型转换:多用于剪力墙结构和框剪结构,它将上部剪力墙转换为下部的框架,以创造一个较大的内部自由空间。

(2)上下层的柱网、轴线改变:转换层上下的结构形式没有改变,但是通过转换层使下层柱的柱距扩大,形成大柱网。这种形式常用于外框筒,使其下层形成较大的入口。

(3)同时转换结构形式和结构轴线布置:把上部楼层剪力墙结构通过转换层改变为下部楼层框架的同时,柱网轴线也与上部楼层的轴线错开,形成上下结构不对齐的布置。

当内部要形成大空间,包括结构类型转变和轴线转变时,转换层可采用梁式、桁架式、空腹桁架式、箱形和板式结构。目前,国内用得最多的是梁式转换层,它设计和施工简单,受力明确,常用于底部大空间剪力墙结构。

第三节　高层建筑的垂直交通

高层建筑的日常垂直交通设施主要是电梯。同时,在高层建筑中楼梯也是不可缺少的,它与电梯形成一个交通中心,共同组成高层建筑的垂直交通。本节主要讲述电梯的设置与构造。

依据我国现行规范《民用建筑设计通则》(GB 50352—2005),电梯设置应符合下列规定:电梯不得计作安全出口;以电梯为主要垂直交通的高层公共建筑和 12 层及 12 层以上的高层住宅,每幢楼设置电梯的台数不应少于 2 台;建筑物每个服务区单侧排列的电梯不宜超过 4 台,双侧排列的电梯不宜超过 2 ×4 台;电梯不应在转角处贴邻布置;电梯厅的深度应符合规范中相应的规定,一般不小于轿厢深度,并不得小于 1. 50 m;电梯井道和机房不宜与有安静要求的用房贴邻布置,否则应采取隔振、隔音措施;机房应为专用的房间,其围护结构应保温隔热,室内应有良好通风、防尘,宜有自然采光,不得将机房顶板做水箱底板以及在机房内直接穿越水管或蒸汽管;消防电梯的布置应符合防火规范的有关规定。

一、电梯的类型及组成

电梯分为垂直升降的箱式电梯和外形同普通楼梯接近的自动电梯,后者主要用于商场、车站、空港、医院等人流密集的公共场所,而垂直升降的箱式电梯是各种高层建筑必须常备的设施,以下重点介绍这种电梯的基本知识。

箱式电梯通常由电梯轿厢、电梯井道及运载设备三部分组成。电梯轿厢供载人或载货之用,要求造型美观、经久耐用,轿厢沿导轨滑行。电梯井道内的平衡锤由金属块叠合而成,用吊索与轿厢相连保持轿厢平衡。运载设备包括动力、传动及控制系统三部分。

箱式电梯按用途分类有乘客电梯、载货电梯和专用电梯等。按速度一般可分为低速电梯(速度在 2. 5 m/s 以下)、中速电梯(速度为 2. 5 ~ 5 m/s)、高速电梯(速度为 5 ~ 10 m/s)三类。按机房位置分类有机房在井道顶部的(上机房)电梯、机房在井道底部旁侧的(下机房)电梯、机房在井道内部的“无机房”电梯。按驱动方式分类有液压式电梯、缆索曳引式电梯、齿轮齿条式电梯、螺杆式电梯等几种。常用的有机房的缆索曳引式电梯构成如图 6-8 所示。它由曳引系统、导向系统、轿厢、门系统、重量平衡系统、电力拖动系统、电气控制系统和安全保护系统组成。

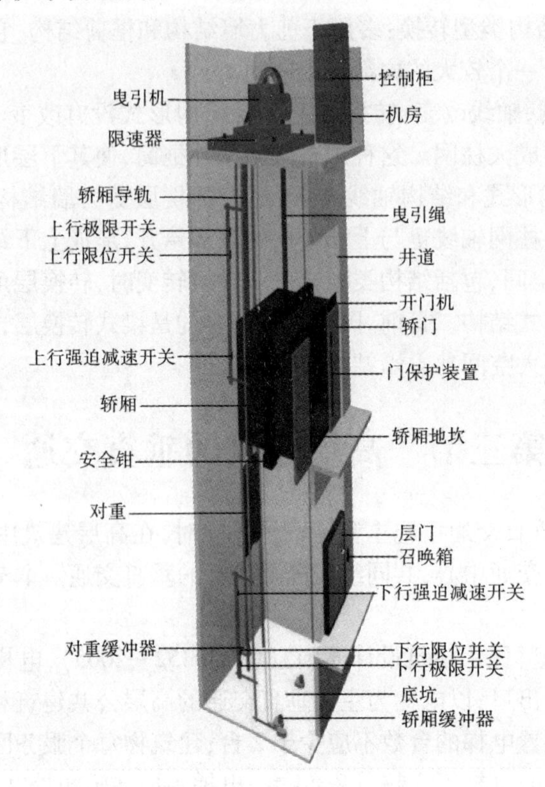

图6-8 电梯构造示意图

二、与电梯相关的建筑构造

根据电梯的运行特点,要求建筑中设有井道、机房和底坑三部分。

(一)井道

井道是电梯运行的通道。井道内包括出入口、电梯轿厢、导轨、导轨撑架、平衡锤和缓冲器等。井道的平面净尺寸应当满足电梯生产厂家提出的安装要求。

井道的构造设计应满足防火、防振、隔音、通风、防水、防潮等要求。井道和机房四周的围护结构必须具备足够的防火性能,其耐火极限不低于该建筑物的耐火等级的规定。当井道内超过两部电梯时,需用防火结构隔开。井道壁多为钢筋混凝土或砖墙,观光电梯可采用玻璃幕墙。当采用钢筋混凝土井壁时,应预留150 mm×150 mm×150 mm的孔洞,垂直中距2 m,以便安装支架。井道的墙、底面和顶板应有足够的强度和刚度,不但能承受各种作用力,而且不能产生妨碍电梯运行的变形。为使电梯井道内空气流通,火警时能迅速排除烟和热气,应在井道底部和中部适当位置及底坑等处设置不小于300 mm×600 mm的通风口,通风管道可在井道顶板上或井道壁上直接通往室外,上部也可以和排烟口结合,排烟口面积不小于井道面积的3.5%,通风口总面积的1/3应经常开启。

(二)机房

机房是安装电梯驱动主机设备(如电动机、曳引机)及滑轮组、控制柜等附属设备的专用房间。该房间一般设在井道的顶部,其平面及剖面尺寸均应满足设备的布置、操作和维修要求,并具有良好的采光和通风。

机房的结构应能承受预定的荷载,要用经久耐用和不易产生灰尘的材料建造。机房地面应采用防滑材料,如抹平混凝土、波纹钢板等。为了减少电梯运行时产生的振动和噪声,一般要在机房机座下设弹性垫层隔振,或在机房与井道间设高 1.5 m 左右的隔音层(见图 6-9)。机房的通道门的宽度不应小于 0.6 m,高度不应小于 1.8 m。

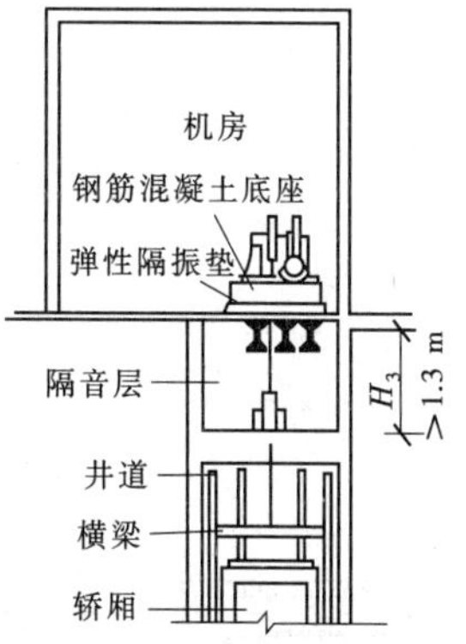

图 6-9　电梯的隔振与隔音

(三)底坑

底坑也叫地坑,特指井道下部低于轿厢停留的最低楼层的地面以下的部分,在这里设置电梯轿厢和对重的缓冲器座、导轨座等设施。底坑在底层室内地面以下应不小于 1.4 m,作为轿厢下降时所需缓冲器的安装空间。因为底坑低于室内地面,所以底坑中还应设置排水及防水防潮措施,坑壁应设爬梯和检修灯槽。如果底坑深度大于 2.5 m 且建筑物的布置允许,应设置进底坑的门。

三、电梯门套等细部构造

从某一楼层的电梯前室进入电梯的门称为层门。这里是人流、货流频繁经过之处,应坚固、美观,所以应在门洞的上部和两侧安装门套。门套的装修构造与电梯厅的装修统一考虑,可采用大理石、花岗石等装饰石材门套、木板门套、钢板门套等(见图 6-10)。无论采用何种门套,都必须保证层门入口的高度和宽度,层门入口的最小净高度为 2 m。层门净入口宽度比轿厢净入口宽度在任一侧的超出部分均不应大于 50 mm。

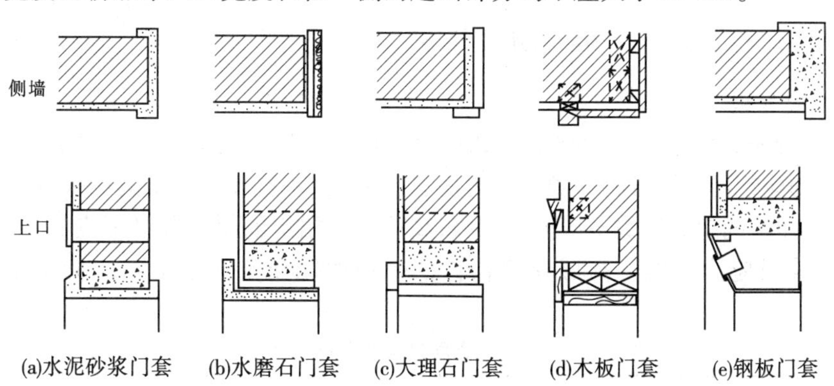

(a)水泥砂浆门套　(b)水磨石门套　(c)大理石门套　(d)木板门套　(e)钢板门套

图 6-10　电梯厅门套构造

另外,在层门出入口处的地面应向井道内挑出一牛腿(见图 6-11)。牛腿的出挑长度视电梯规格变化,由电梯厂提供数据。导轨撑架与井道内壁的连接构造可采用锚接、栓接和焊接(见图 6-12)。

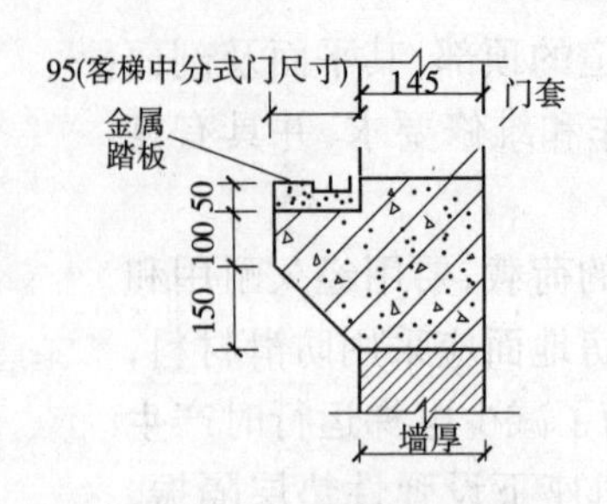

图6-11　电梯厅牛腿构造

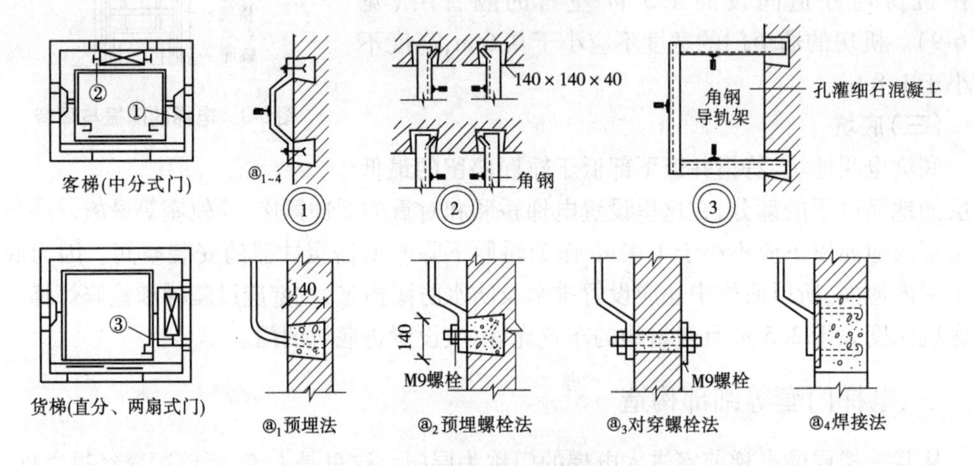

图6-12　导轨撑架的固定

第四节　高层建筑的防火

一、高层建筑的耐火等级与防火分区

(一)耐火等级

《建筑设计防火规范》(GB 50016—2014)中规定,高层建筑应根据其建筑高度、使用功能和楼层的建筑面积可分为一类和二类(见表6-1)。一类高层建筑的耐火等级应为一级;二类高层建筑的耐火等级不应低于二级;高层建筑裙房的耐火等级不应低于二级;地下室的耐火等级应为一级。高层建筑构件的燃烧性能和耐火极限不应低于表6-2的规定。

表6-1　高层建筑的分类

名称	一类	二类
住宅建筑	建筑高度大于54 m的住宅建筑(包括设置商业服务网点的住宅建筑)	建筑高度大于27 m但不大于54 m的住宅建筑(包括设置商业服务网点的住宅建筑)

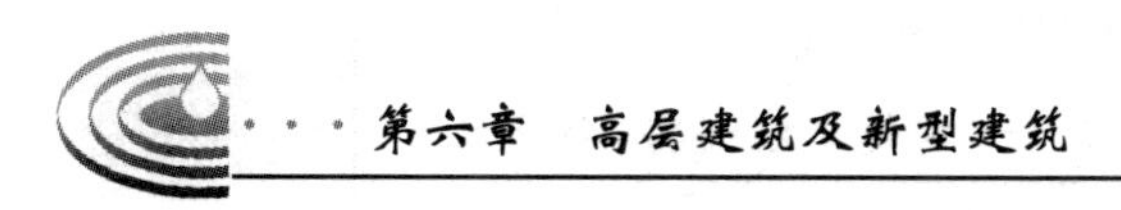

续表 6-1

名称	一类	二类
公共建筑	1. 建筑高度大于 50 m 的公共建筑； 2. 任一楼层建筑面积超过 1 000 m^2 的商店、展览、电信、邮政、财贸金融建筑和其他多种功能组合的建筑； 3. 医疗建筑、重要公共建筑； 4. 省级及以上的广播电视和防灾指挥调度建筑、网局级和省级电力调度； 5. 藏书超过 100 万册的图书馆	除住宅建筑和一类高层公共建筑外的其他高层民用建筑

表 6-2　高层建筑构件的燃烧性能和耐火极限

构件名称		耐火等级			
		一级	二级	三级	四级
墙	防火墙	不燃性 3.00	不燃性 3.00	不燃性 3.00	不燃性 3.00
	承重墙	不燃性 3.00	不燃性 2.50	不燃性 2.00	难燃性 0.50
	非承重外墙	不燃性 1.00	不燃性 1.00	不燃性 0.50	可燃性
	楼梯间、前室的墙 电梯井的墙	不燃性 2.00	不燃性 2.00	不燃性 1.50	难燃性 0.50
	疏散走道两侧的隔墙	不燃性 1.00	不燃性 1.00	不燃性 0.50	难燃性 0.25
	非承重外墙、房间隔墙	不燃性 0.75	不燃性 0.50	难燃性 0.50	难燃性 0.25
柱		不燃性 3.00	不燃性 2.50	不燃性 2.00	难燃性 0.50
梁		不燃性 2.00	不燃性 1.50	不燃性 1.00	难燃性 0.50
楼板		不燃性 1.50	不燃性 1.00	不燃性 0.50	可燃性
屋顶承重构件		不燃性 1.50	不燃性 1.00	可燃性 0.50	可燃性
疏散楼梯		不燃性 1.50	不燃性 1.00	不燃性 0.50	可燃性
吊顶(包括吊顶隔栅)		不燃性 0.25	难燃性 0.25	难燃性 0.15	可燃性

注：二级耐火等级建筑采用不燃烧材料的吊顶，其耐火极限不限。

（二）防火、防烟分区

1. 分区原则

防火分区是指利用具有一定耐火能力的防火分隔构件（防火墙、隔墙或楼板），作为一个区域的边界构件，能够在一定时间内把火灾控制在限定范围内的基本空间。建筑防火分区分为水平防火分区和垂直防火分区。

在高层建筑内用防火墙等构件来划分防火分区,每个防火分区的最大允许建筑面积不应超过表6-3的规定。

表6-3　不同耐火等级建筑允许建筑高度或层数、防火分区最大允许建筑面积

<table>
<tr><th>名称</th><th>耐火等级</th><th>允许建筑高度或层数</th><th>防火分区最大允许建筑面积(m^2)</th><th>说明</th></tr>
<tr><td>高层民用建筑</td><td>一、二级</td><td>按《建筑设计防火规范》(GB 50016—2014)第5.1.1条确定</td><td>1 500</td><td rowspan="2">对于体育馆、剧场的观众厅,防火分区的最大允许建筑面积可适当增加</td></tr>
<tr><td rowspan="3">单、多层民用建筑</td><td>一、二级</td><td>按《建筑设计防火规范》(GB 50016—2014)第5.1.1条确定</td><td>2 500</td></tr>
<tr><td>三级</td><td>5层</td><td>1 200</td><td>—</td></tr>
<tr><td>四级</td><td>2层</td><td>600</td><td>—</td></tr>
<tr><td>地下或半地下建筑(室)</td><td></td><td>—</td><td>500</td><td>设备用房的防火分区最大允许建筑面积不应大于1 000 m^2</td></tr>
</table>

当建筑物内发生火灾时,烟气对人产生的危害比火更为严重。因此,在高层建筑中应有效迅速地排除烟气,这就需要进行防烟、排烟分区。根据高层建筑防火规范的规定,应采用挡烟垂壁、隔墙或从顶棚下突出不小于0.50 m的挡烟梁等划分防烟分区,每个防烟分区的建筑面积不宜超过500 m^2,且不应跨越防火分区。高层建筑的排烟设施分为机械排烟和可开启外窗的自然排烟。比较理想的是设置烟塔,采用机械排烟的方式。

2. 防火分隔构件

对高层建筑的防火分隔构件,规范中做了相应的规定:防火墙不宜设在U形、L形等高层建筑的内转角处。紧靠防火墙两侧的门、窗、洞口之间最近边缘的水平距离不应小于2 m。防火墙上不应开设门、窗、洞口。输送可燃气体和甲、乙、丙类液体的管道,严禁穿过防火墙。其他管道不宜穿过防火墙,当必须穿过时,应采用不燃烧材料将其周围的空隙填塞密实。高层建筑内的隔墙应砌至梁板底部,且不宜留有缝隙。有管道穿过隔墙、楼板时,应采用不燃烧材料将其周围的缝隙填塞密实。

二、安全疏散

高层建筑的安全疏散是个重要课题,因此在高层建筑中要精心策划安全疏散的路线和保证安全疏散的设施。

(一)疏散路线

高层建筑发生火灾时,烟和火通过垂直通道或各种管井向上蔓延的速度很快。又由于垂直疏散距离长且人流密集,所以造成人员疏散的困难。为此,高层建筑要合理规划安全疏散路线。在布置疏散路线时,原则上应该使疏散路线简捷,并尽可能使建筑物内的每一房间都能向两个方向疏散，避免出现袋形走道，同时应尽量满足下列要求：

(1)应在靠近防火分区的两端设置疏散楼梯，便于进行双向疏散。

(2)将经常使用的路线与火灾时紧急使用的路线有机地结合起来，有利于尽快疏散，故靠近电梯间布置疏散楼梯较为有利。

(3)靠近外墙设置安全性最大的带开敞前室的疏散楼梯间。

(4)避免火灾时疏散人员与消防人员的流线交叉和相互干扰，有碍于疏散与扑救，疏散楼梯不宜与消防电梯共用一个凹廊做前室。

(5)走道是第一安全区域，应简捷通畅并有事故照明、方向指示、排烟、灭火等措施；走道平面应尽量布置环形、双向走道等形式，也不要出现宽度变化的部位。

(二)疏散设施

1.疏散楼梯

疏散楼梯间在高层建筑中是安全疏散的重要通道，按其使用特点及防火要求分别采用开敞式楼梯间(见图6-13)与封闭式楼梯间(见图6-14)两种，在高层建筑中以封闭式为主。在《建筑设计防火规范》(GB 50016—2014)中对疏散楼梯的设置做了相应的规定。11层及11层以下的单元式住宅可设开敞楼梯间，但开向楼梯间的户门应为乙级防火门，且楼梯间应靠外墙，直接天然采光和自然通风。开敞楼梯的防烟效果较好，也较经济。12层至18层的单元式住宅、11层及11层以下的通廊式住宅、裙房和建筑高度不超过32 m(单元式和通廊式住宅除外)的二类建筑应设封闭式楼梯间(见图6-14(a))。封闭式楼梯间应靠外墙，直接天然采光和自然通风。楼梯间应设防火墙和防火门与走道分开，防火门应向疏散方向开启。19层及19层以上的单元式住宅、超过11层的通廊式住宅、一类建筑和建筑高度超过32 m的二类建筑(单元式和通廊式住宅除外)以及塔式住宅应设防烟楼梯间。楼梯间不仅要设防火墙和防火门与走道分开，而且在入口处必须设置排烟的封闭前室、阳台或凹廊(见图6-14(b)~(d))。公共建筑的前室的面积不应小于6 m^2，居住建筑的前室的面积不应小于4.5 m^2。前室和楼梯间的门均应为防火门，并应向疏散方向开启。

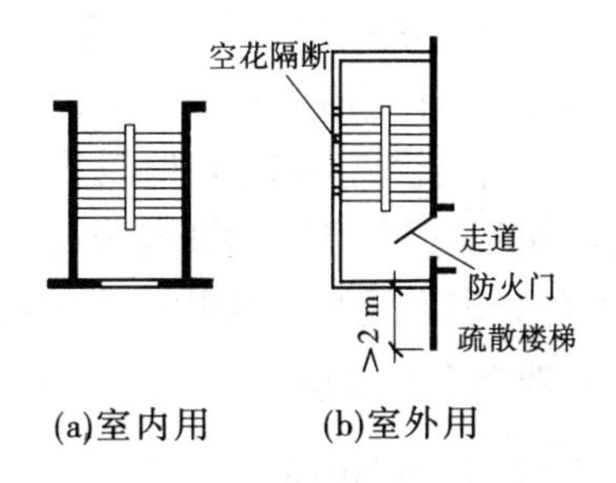

图6-13 开敞式楼梯间

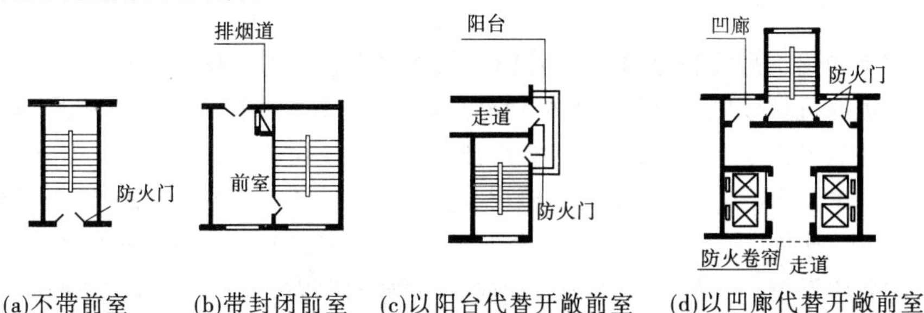

图6-14 封闭式楼梯间

商住楼中住宅的疏散楼梯应独立设置。18层及18层以下的单元式住宅,每个单元应设有一座通向屋顶的疏散楼梯,单元之间的楼梯应通过屋顶连通。超过18层的单元式住宅,每个单元都设有一座通向屋顶的疏散楼梯。除通向避难层的错位楼梯外,疏散楼梯间在各层的。位置不应改变,首层应有直通室外的出口。

2.安全出口

在一般的高层建筑,每个防火分区的安全出口不应少于两个,并要分散布置,两个安全出口之间的距离不应小于5 m。公共疏散门均应向疏散方向开启,且不应采用侧拉门、吊门和转门。在人员密集场所设置的疏散用门,应防止外部人员随意进入,同时应设置火灾时不需使用钥匙等任何器具即能迅速开启的装置,并应在明显部位设置使用提示。在建筑物直通室外的安全出口上方,应设置宽度不小于1 m的防火挑檐。

公共建筑中位于两个安全出口之间的房间,当其建筑面积不超过60 m^2时,可设置一个门,门的净宽不应小于0.9 m。公共建筑中位于走道尽端的房间,当其建筑面积不超过75 m^2时,可设置一个门,但门的净宽不应小于1.4 m。室内任何一点至最近的疏散出口的直线距离,在高层建筑内的观众厅、展览厅、多功能厅、餐厅、营业厅和阅览室内,不宜超过30 m,其他房间内最远一点至房门的直线距离不宜超过15 m。注意高层建筑的疏散出口内外1.4 m范围内不应设踏步和门槛。

三、消防电梯

高层建筑因其高度高,火灾扑救时难点多、困难大,因此根据《建筑设计防火规范》(GB 50016—2014)的要求,必须设置消防电梯。其设置范围是:一类公共建筑、塔式住宅、12层及12层以上的单元式住宅和通廊式住宅、高度超过32 m的其他二类公共建筑,当每层建筑面积不大于1 500 m^2时,应至少设1台消防电梯;当大于1 500 m^2但不大于4 500 m^2时,应设2台;当大于4 500 m^2时,应设3台。

消防电梯可与客梯或工作电梯兼用,但应符合消防电梯的功能要求。消防电梯宜分别设在不同的防火分区内。消防电梯间应设与防烟楼梯间一样的防火、防烟前室,其面积在居住建筑中不应小于4.5 m^2;公共建筑中不应小于6 m^2。当与防烟楼梯间合用前室时,其面积在居住建筑中不应小于6 m^2;公共建筑中不应小于10 m^2。

四、直升机停机坪

高层建筑的建筑高度超过100 m,且标准层建筑面积超过1 000 m^2的公共建筑,宜设置屋顶直升机停机坪或供直升机救助的设施,这样可以保障楼内人员安全撤离,争取外部援助。停机坪的平面形状可以是圆形、方形或矩形,其大小应该不小于直升飞机所需的尺寸。设在屋顶平台上的停机坪,距设备机房、电梯机房、水箱间、共用天线等突出物的距离不应小于5 m。通向停机坪的出口不应少于两个,每个出口宽度不宜小于0.9 m。在停机坪的适当位置应设置消火栓。停机坪四周应设置航空障碍灯,并应设置应急照明。

五、避难层

避难层是供人员临时避难使用的楼层,避难间是为避难时使用的若干个房间。建筑高度超过 100 m 的高层公共建筑,应设置避难层(间),作为火灾紧急情况下的安全疏散设施之一。在设置避难层时,自高层建筑底层至第一个避难层,或两个避难层之间,不宜超过 15 层。通向避难层的防烟楼梯应在避难层分隔,同层错位或上下层断开,但人员均必须经避难层方能上下。避难层的净面积应能满足设计避难人员避难的要求,并宜按 5 人/m^2计算。避难层可兼做设备层,但设备管道宜集中布置;避难层应设消防电梯出口、消防专线电话、应急广播和应急照明,并设消火栓和消防卷盘。封闭式避难层还应设独立的防烟设施。

第五节　现代新型建筑简介

一、生态建筑

(一)生态建筑的概念和特点

所谓生态建筑,是指根据当地的自然生态环境,以生态学为基本理念,以人类居住区的可持续发展为指南,运用建筑技术和现代科学技术等,合理安排并组织建筑与其他相关因素之间的关系,使建筑和环境之间成为一个有机的结合体,同时具有良好的室内气候条件和较强的生物气候调节能力,以满足人们居住生活的环境舒适,使人、建筑与自然生态环境之间形成良性循环的系统。

1992 年,《里约热内卢宣言》提出了"可持续发展" 的基本思想,提出在城市发展和建设过程中,必须优先考虑生态问题,并将其置于与经济和社会发展同等重要的地位上,同时要进一步高瞻远瞩,通盘考虑有限资源的合理利用,即我们今天的发展应该是"满足当前的需要又不削弱子孙后代的需要能力的发展"。生态建筑的理论,就是以自然生态原则为依据,探索人、建筑、自然三者之间的和谐关系,为人类塑造一个最为舒适合理且可持续发展的环境理论。生态建筑是 21 世纪建筑设计发展的方向。

当代生态建筑也被称作绿色建筑,涉及面很广,是多学科、多技术的交叉,是一门综合性的系统工程。当然,无论使用何种技术,生态建筑总是立足于对资源的节约(reduce)、再利用(reuse)、循环生产(recycle)等几个方面。因此,生态建筑具有节约能源、节约资源、改善生态环境、减少污染和健康舒适等特点,从而使经济效益、环境效益和社会效益得到较好的统一。同时,生态建筑又是地方性十足的建筑,因为它不仅表现在形式上,而且应符合地方的自然、社会、经济、资源等条件所构成的发展可能性。

(二)生态建筑的设计

生态建筑的实现首先依赖于成功的生态环境设计。只有我们生存的环境实现了生态化,生态建筑的实现才有可能;反之,即使取得了局部的成功,也很难成为真正意义上的生态建筑。所以,建筑师们必须认识到生态建筑设计是一个庞大而复杂的系统工程,它涉及社会、经济、自然和人文等方面。目前,实现生态建筑较为共识的基本原则就是 3R 原则,即 Reduce:尽量减少各种对人体和环境不利的影响;Reuse:尽量重复使用一切资源或材料;Recycle:充分利用经过处理能循环使用的资源与材料。以下就建筑设计运用生态学原理的一些方面做简要介绍。

1. 合理的建筑用地规划

生态建筑规划主要是通过选址定位、规划设计,来营建包括建筑物在内的一系列低能耗、低维护成本费用的生态体系,既符合环保标准,又可以维持区域生态平衡,获取社会效益、环境效益、经济效益的综合成效,带给人们健康和谐的生活。这就应根据当地的自然环境,运用生态学、建筑规划学的基本原理,采用现代科学技术手段,尽量合理利用自然条件而减少对能源的消耗,合理地安排并组织建筑与其他领域相关因素之间的关系,使其与环境之间成为一个有机生态结合体。

2. 生态建筑造型和结构的协调

生态建筑独具风格的造型不能异想天开,必须是现代建筑结构技术能实现的艺术构造。以"鸟巢"为例,其鸟巢般的外形奇特新颖,得益于我国钢结构的技术创新。那些树枝般的钢网使用的 Q460 结构钢是一种低合金高强度钢,强度比普通碳素钢高,因此生产难度很大。这是国内在建筑结构上首次使用的钢材,其钢板厚度达到 110 mm,是之前绝无仅有的。鸟巢结构主要由巨大的门式钢架组成,在设计中,对结构布局、构件截面形式、材料利用率等问题也进行了精心调整与优化。在支撑着这一举世罕见的鸟巢钢结构中,大量采用了厚钢板焊接而成的箱形构件,交叉布置的主桁架与屋面及立面的次结构一起形成了"鸟巢"的特殊建筑造型(见图 6-15)。主看台部分的钢筋混凝土框架 - 剪力墙结构体系与大跨度钢结构完全脱开。

图 6-15 鸟巢

当然,从原则上说,生态建筑对结构类型没有特殊要求,只要结构技术能实现的,都可采用。但生态建筑优先推崇对能源消耗低的材料,或者使用天然建筑材料,如木材、竹材、石材等。

3. 合理的内部生态环境

良好的室内生态环境第一要求是有良好的空气质量。生态设计应充分使用"绿色装修材料",尽量减少有害化学物质的释放。同时,在生态建筑中,推崇利用自然通风和天然采光来改善生活工作环境和舒适度。

4. 充分利用生态建筑材料

生态建筑材料也称绿色建筑材料,目前还没有严格的定义,其主要特征首先是节约资源和能源;其次是减少环境污染,避免温室效应对臭氧层的破坏;再次是容易回收和循环利用。在材料的生产、使用、废弃和再生循环过程中与生态环境相协调,在材料生产中消耗最少的资源和能源,最小甚至无环境污染,在使用过程中有最佳使用性能、最高循环再利用率。显然,材料的这种环境协调性是一个相对和发展的概念。

5. 创建同自然协调的环境

人、建筑和环境所组成的人工生态系统,是生态建筑环境首要关注的。生态建筑环境的设计可从以下几个方面考虑:

(1)配置适当的绿化景观环境。按各地不同的气候条件栽植乔木、灌木、花卉和草坪,使之搭配成景,在造园植物品种上要选择对生态环境改善贡献大的品种,能营造出富氧环境空间。

(2)建筑物的布局要有利于各建筑物的自然通风,要避免因高层建筑的布置不当形成风速过大的风口。

(3)积极推广水处理设施,生活排水"中水化",用作部分生活用水和园林的灌溉用水。

(4)固体垃圾的排放设施要注意不污染环境。

(5)水、电、气的输送管线要设置在地下。

(6)利用太阳能和风能做园区公共照明设施的动力源,照明灯具使用节能灯具。

二、建筑节能

(一)节能建筑

节能建筑亦称为适应气候条件的建筑,是指采取相应的措施利用当地有利的气象条件,避免不利的气象条件而设计的低能耗的建筑;或者说,使设计的建筑在少使用或不使用采暖、制冷设备的前提下,让一年四季的室内气温尽可能地维持或接近在舒适的范围内。

我国对建筑节能极其重视,2008 年 7 月 23 日国务院第 18 次常务会议通过了新的《民用建筑节能条例》和《公共机构节能条例》,并于当年 10 月 1 日实施。条令中规定,要积极培育民用建筑节能服务市场,健全民用建筑节能服务体系,推动民用建筑节能技术的开发应用,做好民用建筑节能知识的宣传教育工作。国家鼓励和扶持在新建建筑和既有建筑节能改造中采用太阳能、地热能等可再生能源。在具备太阳能利用条件的地区,有关地方人民政府及其部门应当采取有效措施,鼓励和扶持单位、个人安装使用太阳能热水系统、照明系统、供热系统、采暖制冷系统等太阳能利用系统。建筑的公共走廊、楼梯等部位,应当安装、使用节能灯具和电气控制装置。对具备可再生能源利用条件的建筑,建设单位应当选择合适的可再生能源,用于采暖、制冷、照明和热水供应等;设计单位应当按照有关可再生能源利用的标准进行设计。条例中特别强调,国家机关办公建筑和大型公共建筑的所有权人应当对建筑的能源利用效率进行测评和标识,并按照国家有关规定将测评结果予以公示,接受社会监督。国家机关办公建筑应当安装、使用节能设备。

《民用建筑节能条例》是具有强制性质的法规文件,对不执行条例的相关人员,不论是建设单位、房屋开发单位,还是设计、施工单位的相关责任人,直到各级政府的相关责任官员,都要给予处罚。

(二)建筑节能的措施与构造

实现建筑节能除对耗能设备进行改进外,最主要的就是改进围护结构的热工性能,下面分别对外墙、屋顶、门窗、遮阳构造进行介绍,另外再简要介绍利用天然能源的基本知识。

1. 外墙的节能构造

外墙的节能措施主要是利用绝热性能好的墙体材料,也就是保温材料。可以直接用绝热好的承重材料做外墙,也可以用承重外墙同轻质绝热材料形成保温层的复合墙体。后者又因绝热材料的位置分为内保温、外保温和夹心保温三种构造,绝热材料有无机材料和有机材料两大类。下面分别介绍几种常用的节能墙体构造。

1)内保温复合墙体构造

内保温复合墙体构造是在主墙体的室内一侧设置绝热层。主墙体可以是砖砌体、混凝土墙体或其他承重墙体，绝热材料若有一定的刚度和承担自重能力，可以在主墙体和绝热层之间做空气间层(见图6-16)。空气层可以防止保温层受潮，还可以提高外墙的保温能力。由于内保温复合墙体在丁字墙结点部位等处成为了热桥，因此在北方用得很少，但可以在冬暖夏热的南方地区适当做夏季节能墙体构造。

2)外保温复合墙体构造

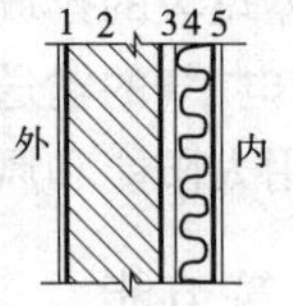

外保温复合墙体构造是在墙体的外侧设置保温层。使用膨胀珍珠岩保温砂浆时可直接抹在主体墙上；使用聚苯板等有机材料时，必须先用砂浆把主墙面抹平，再用专用黏结剂把聚苯板粘贴在主墙体上。为防止聚苯板意外脱落，还需要用尼龙锚栓适当把聚苯板固定在主体墙上，然后在保温层外抹聚合物水泥砂浆保护层，为了防止面层出现裂纹，应压入耐碱涂塑玻纤网格布或钢丝网等材料，最外层用抗裂腻子和涂料找平和装饰(见图6-17)。外保温复合墙体构造的节能效果明显，以采暖期间室外平均气温为-6 ℃的纬度区为例，不管是混凝土墙还是砖砌体墙，使用60 mm的高效聚苯保温板可以达到50%的节能效果，同时可以避免内保温墙体结构所产生的热桥现象。外保温节能墙体的施工工艺简单，使用范围广泛，既适用于多层建筑，又适用于高层建筑；既能满足新建筑物的节能要求，也能满足旧建筑物的墙体改造。

1—外墙抹灰；2—砖砌体；3—空气间层；
4—矿棉保温板；5—室内装饰层

图6-16 内保温复合墙体构造示意图

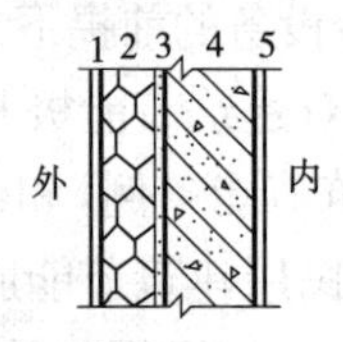

1—外装饰层；2—聚苯板；3—黏结层；
4—混凝土墙体；5—室内装饰层

图6-17 外保温复合墙体构造示意图

3)夹心保温复合墙体构造

夹心保温复合墙体构造的保温层设置在主墙体的中间，一般多用在砌筑结构上，主墙体可使用普通砖、空心砖或混凝土空心砌块。例如，墙体若是一砖半墙(370 mm厚)，可以采用240 mm厚承重砖墙+50 mm厚苯板+120 mm厚砖墙。这种墙体结构形式在北京、大连地区的纬度上，能满足节能50%的要求。夹心保温复合墙体构造见图6-18。

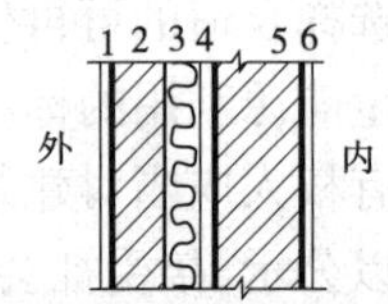

1—外装饰层；2—外砌块墙叶；3—保温层；
4—空气间层；5—内砌块墙叶；6—内装饰层

图6-18 夹心保温复合墙体构造示意图

4)单一材料墙体构造

这种墙体既有较好的绝热性能，又有一定的承重能力，具有构造简单的优点。但是要实现节能50%的目标，在单一材料墙体构造中，只有加气混凝土墙体才能满足要求，且由于要求材料具有较高的强度，绝热能力受到限制，所以一般用在低层建筑中。

2.屋顶的节能构造

平屋顶的绝热材料有无机和有机的两种，无机材料常用的主要为加气混凝土块、矿棉板和膨胀珍珠岩，有机材料常用的是聚苯板。一般采用在防水层下做绝热层，也有把绝热层放置到防水层之上的做法，这种做法可以不用在屋面板上做隔汽层，还能延长沥青类防水层寿命。

坡面屋顶可以顺着坡面在防水材料下铺玻璃棉毡、矿棉毡（或板）、聚苯板等绝热层，当坡屋顶不设置望板时，可以把绝热层放置在吊顶构造层的上面。

3. 门窗的节能构造

门窗的节能措施一般有如下几种。

1）采用合理的窗墙面积比

对于住宅来说，可以适当控制窗墙面积比，尤其是北方建筑物的北朝向，可以在满足通风和采光的前提下，尽量缩小窗口的尺寸。

2）改善门窗的热工性能

门窗的节能效果取决于自身的保温或绝热性能和气密性能。从门窗材料来看，组装塑钢窗具有较好的强度和刚度，并且容易在构造上减轻空气渗透性，所以使用较广。在北方寒冷地区，多采用双层玻璃、双层窗或四层玻璃来减少窗的热传导损失，还可以采用中空玻璃、镀膜玻璃（包括低辐射玻璃、吸热玻璃）等节能材料。

3）提高外门的保温性能

当户门直接对外或面对通向室外的不采暖通道时（走廊或楼梯间），所使用的户门应是保温门。一般北方的防盗户门，在两层薄钢板之间多填充玻璃棉或矿棉，具有较好的绝热性能和防火性能。通向阳台的门，一般采用同窗构造相同的双层玻璃塑钢门。

4）门窗口不能有热桥

无论是外保温墙体还是内保温墙体，都不能在门窗口四周出现热桥。外保温的窗口和窗台隔断热桥的构造见图 6-19。

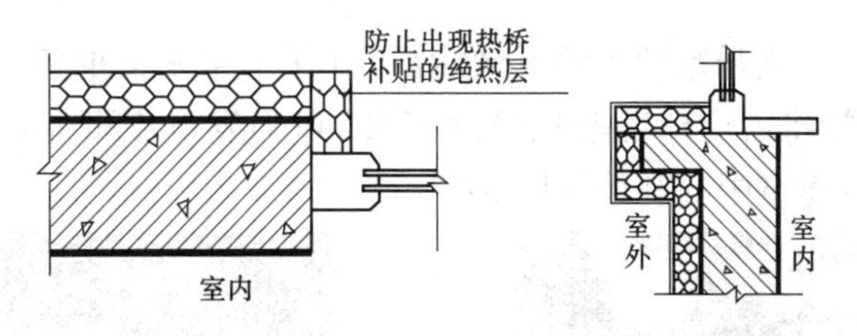

图 6-19 外保温窗口和窗台隔断热桥构造示意图

4. 遮阳设施

通过适当的遮阳措施，降低太阳对建筑的热辐射与室内环境温度，对于降低建筑空调能耗具有重要作用。建筑的遮阳可分为两个部分：一是对建筑外墙、屋顶的遮阳，二是对窗户的遮阳。

遮阳方式一般有水平遮阳、垂直遮阳和格栅式遮阳三种。根据当地的纬度，可以很容易求得遮阳构件在冬夏两季的阴影覆盖长度，从而可以合理地确定檐的挑出距离，使得挑檐在遮挡住夏季灼热阳光的同时又不会阻隔冬季温暖的阳光。

5. 利用天然能源

1）太阳能

太阳能是一种可循环利用、可再生的能源。在建筑设计中应尽可能利用太阳能来代替传统能源。根据太阳能的特点和应用的需要，目前在建筑方面的应用可分为光电转换和光热转换两种形式。

太阳能光电转换是指利用太阳能电池将白天的太阳能转化为电能由蓄电池储存起

来,晚上在放电控制器的控制下释放出来,供室内照明和其他需要。如图 6-20 所示为沈阳市长白岛公园中安装的太阳能电池板,可提供夜间照明用。

图 6-20　公园中安装的太阳能电池板

太阳能光热转换是指将太阳辐射能转化为热能进行利用。例如,利用太阳能空气集热器进行供暖或物料干燥、利用太阳能热水器提供生活热水(见图 6-21)、间接加热式被动太阳能房、利用太阳能加热空气产生的热压增强建筑通风等。

2)利用地热(冷)能

利用地热(冷)能就是以地热(冷)作为热泵装置的热(冷)源,对建筑进行供暖或制冷的技术。在冬季向室内供热,夏季则对室内制冷,从而对建筑物的空气进行了温度调节。这也是建筑节能的一种有效的尝试。

3)利用风能

风能是人类从古代就开始利用的天然能源,近几十年来又重新被国内外所重视。预计 2020 年风力发电量将占全球发电总量的 12%,风力发电很可能成为世界未来最重要的替代能源。风能在建筑中的利用见图 6-22。

图 6-21　屋面上的太阳能热水器

图 6-22　屋顶卧式风力发电机

三、智能建筑

(一)智能建筑的概念

智能建筑是一个发展中的概念,无法给予全面而准确的定义,但可以根据一定历史阶段的技术水平,给出相对能实现的技术范畴定义。国家标准《智能建筑设计标准》(GB 50314—2015)对智能建筑的定义为“以建筑物为平台,基于对各类智能化信息的综合应用,集架构、系统、应用、管理及优化组合为一体,具有感知、传输、记忆、推理、判断和决策的综合智慧能力，形成以人、建筑、环境互为协调的整合体，为人们提供安全、高效、便利及可持续发展功能环境的建筑”。目前，我国智能建筑体系应包括以下四个基本要素：

（1）结构：这一要素涵盖了建筑物内外的土建、装饰、建材、空间分割和承载能力。

（2）系统：实现建筑物功能所必需的机电设备，如给水排水、暖通、空调、电梯、照明、通信、办公自动化、综合布线等。

（3）管理：对人、财、物及信息资源的全面管理，体现高效、节能和环保的要求。

（4）服务：提供给客户或住户居住生活、娱乐、工作所需要的服务，使客户获得优良的生活和工作质量。

（二）智能建筑的产生和发展

“智能建筑”一词首次出现于1984年。当时，由美国联合技术公司的一家子公司——联合技术建筑系统公司在美国康涅狄格州的哈特福德市改建完成了一座名叫“都市大厦”的大楼，“智能建筑”出现在其宣传词中。该大楼以当时最先进的电子技术来控制空调设备、照明设备、防灾和防盗系统、电梯设备、通信和办公自动化设备等，除可实现舒适性、安全性的办公环境外，还具有高效、经济的特点，从此诞生了公认的第一座智能建筑。大楼用户可获得语音、文字、数据等各类信息服务，而大楼内的空调、供水、防火、防盗、供配电系统均为电脑控制，实现了自动化综合管理，使用户感到舒适、方便和安全，引起了世人的注目。

我国于1990年建成的北京发展大厦（18层）可认为是国内智能建筑的雏形，初步实现了建筑设备自动化系统、通信网络系统和办公自动化系统，但这三个系统还没有实现统一控制。此后，上海、广州、深圳等地相继建成了一批具有一定智能化水平的大厦。1993年以后，“智能建筑”的概念成为我国许多城市房地产开发商销售的热点。

我国建筑智能化已从最初独立的各子系统发展到系统集成，从准集成系统（BMS）发展到一体化集成（IBMS）。其技术与产品的应用都根据先进、实用、成熟、可靠和经济的原则，进行了智能化系统的设计。

进入21世纪后，我国成功开发了具有独立产权的计算机“龙芯”CPU系统，此后我国可以逐渐摆脱国外计算机技术控制的瓶颈，为形成具有我国特色的智能建筑体系打下了坚实的技术基础。

（三）智能建筑的功能

为了使智能建筑在环境方面做到舒适、高效、方便、适用、安全和可靠，应在建筑物内配备必要的设备。从自动化系统分类的角度来看，智能建筑的自动化系统包括建筑设备自动化系统、通信自动化系统、办公自动化系统、火灾报警自动化系统、安全防范自动化系统等。

1. 建筑设备自动化系统

建筑设备自动化系统是指将建筑物或建筑群的电力、照明、给水排水、防火、保安、车库管理等设备或系统，以集中监视、控制和管理为目的，确保各类设备系统运行稳定、安全和可靠，并达到节能和环保的管理要求。

2. 通信自动化系统

通信自动化系统是智能建筑重要的组成部分之一，它是楼内的语音、数据、图像传输的基础,同时与外部通信网络(如公用电话网、综合业务数字网、计算机互联网、数据通信网及卫星通信网等)相联,具有对来自建筑物内外的各种不同的信息予以收集、处理、存储、传输、检索和提供决策支持的能力,确保信息畅通。

智能化建筑通信网络系统的组成与功能比较复杂,一般包括程控电话系统、广播电视卫星系统、有线电视系统、视频会议系统、公共/紧急广播系统、VSAT卫星通信系统、计算机信息网络、计算机控制网络等。

3. 办公自动化系统

办公自动化系统是应用计算机技术、通信技术、多媒体技术和行为科学等先进技术,使人们的部分办公业务借助于各种办公设备,并由这些办公设备与办公人员构成服务于某种办公目标的人机信息系统。办公自动化的目的是尽可能充分地利用信息资源,提高工作效率和工作质量,辅助决策,并提高管理和决策的科学化水平。办公自动化系统具有交互性、协同性、多学科交叉、网络化、对象的多样性等特征。

根据各类建筑物的使用功能需求,建立通用办公自动化系统和专用办公自动化系统。通用办公自动化系统应具有以下功能:建筑物的物业管理营运信息、电子账务、电子邮件、信息发布、信息检索、导引、电子会议以及文字处理、文档等的管理。专业型办公自动化建筑,其办公自动化系统还应按其特定的业务需求,建立专用办公自动化系统。一个单位的办公自动化系统的硬件设施通常是由局域网组成的,局域网的主机是服务器,通过路由器与外部互联网连接,通过集线器或交换机把各终端的办公用电脑设备连接起来。办公自动化网络示意图见图6-23。

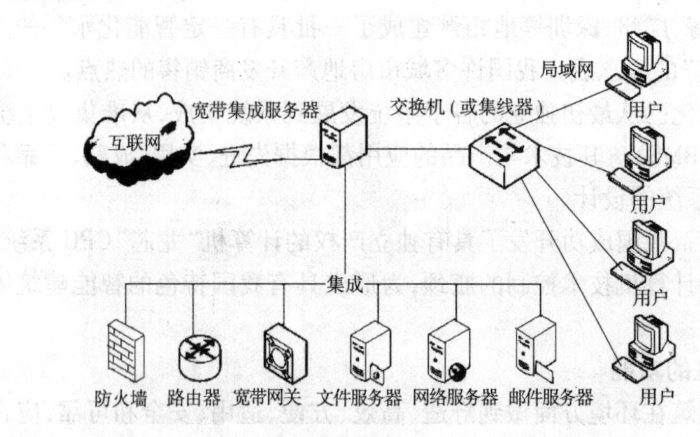

图6-23 由局域网组成的办公自动化网络示意图

4. 火灾报警自动化系统

为了使智能建筑中设置的自动喷水灭火系统、消火栓系统等自动消防设施及时发挥作用,建筑物内必须设置火灾自动报警系统。火灾自动报警系统能够在火灾初期,将燃烧产生的烟雾、热量和光辐射等物理量,通过感温、感烟和感光等火灾探测器变成电信号,传输到火灾报警控制器,并同时显示出火灾发生的部位,记录火灾发生的时间。一般火灾自动报警系统和自动喷水灭火系统、室内消火栓系统、防排烟系统、通风系统、空调系统、防火门、防火卷帘、挡烟垂壁等相关设备都是联动的,通过自动方式或手动方式发出指令,启动相应的防火灭火装置。

5. 安全防范自动化系统

安全防范自动化系统是以维护社会公共安全为目的所设置的设施,起到防入侵、防盗、防破坏和安全检查等安全防范作用。安全防范自动化系统主要包括以下四个子系统:

(1)防盗报警系统:由集中报警控制器、各单元大门的报警控制器、门磁开关、主要通道墙上的红外探测器、紧急呼救按钮、单元住户大门外的报警指示灯、报警扬声器和警铃等组成。

(2)巡更系统:能对巡更地点、巡更状态、巡更人员进行数字标识,可对任何巡更地点按需要定义不同的巡更路线和巡更内容、巡更次数和巡更时间,还可以在楼内的各层走廊设置巡更钮(站),能确保巡更人员巡到大楼的各个角落。

(3)闭路监视系统:主要功能是辅助保安系统对建筑物内的现场实况进行监视。

(4)出入口控制系统,也称为门禁管理系统:对建筑物正常的出入通道进行管理,控制人员出入,控制人员在楼内或相关区域的行动。

(四)住宅智能化

住宅智能化系统设计应体现"以人为本"的原则,做到安全、舒适、方便。在智能住宅中,应在卧室、客厅等房间设置有线电视插座;在卧室、书房、客厅等房间设置信息插座;应设置访客对讲和大楼出入口门锁控制装置;应在厨房内设置燃气报警装置;宜设置紧急呼叫求救按钮,设置水表、电表、燃气表、暖气的自动计量远传装置。

智能住宅区或智能楼宇住宅内的智能系统一般由物业管理、公共安防、信息服务三个子系统组成。在每个子系统中,可根据小区管理要求和规模等设置相关系统设备。

本章小结

高层建筑是指10层及10层以上或房屋高度大于28 m的住宅建筑和房屋高度大于24 m的其他高层民用建筑。

高层建筑具有节约用地、减少城市基础设施投资及美化环境等特点。

高层建筑的结构体系通常采用框架结构、剪力墙结构、框架－剪力墙结构、框支剪力墙结构和筒体结构等。

高层建筑的垂直交通由楼梯和电梯共同组成,电梯是其主要的垂直交通工具。根据电梯的运行特点,建筑中应设有井道、机房和底坑三部分。

高层建筑根据其建筑高度、使用功能和楼层的建筑面积可分为两类。一类高层建筑的耐火等级应为一级,二类高层建筑的耐火等级不应低于二级。在高层建筑内用防火墙等构件来划分防火分区,防火分区分为水平防火分区和垂直防火分区。在高层建筑中还要更进一步进行防烟、排烟分区。

在高层建筑中要精心策划安全疏散的路线和保证安全疏散的设施。在布置疏散路线时,原则上应该使疏散路线简捷,并尽可能使建筑物内的每一房间都能向两个方向疏散。

高层建筑因火灾扑救时困难大,必须按规范要求设置消防电梯。超高层建筑中还应按规范要求设置直升机停机坪和避难层。

生态建筑是根据当地的自然生态环境,以生态学为基本理念,运用建筑技术和现代科学技术使建筑和环境之间成为一个有机的结合体,以满足人们居住生活的环境舒适,使人、建筑与自然生态环境之间形成良性循环的系统。生态建筑具有节约能源、节约资源、改善生态环境、减少污染和健康舒适等特点,使经济效益、环境效益和社会效益得到较好的统一。

节能建筑是指采取相应的措施利用当地有利的气象条件,避免不利的气象条件而设计的低能耗的建筑。

实现建筑节能最主要的措施就是改进围护结构的热工性能,即对外墙、屋顶、门窗等部分进行保温设计。外墙的节能分为单一材料保温和复合保温外墙(内保温、外保温及夹心保温三种)两类。同时,节能建筑还提倡利用天然能源、可再生能源来代替传统能源。

智能建筑是以建筑物为平台,基于对各类智能化信息的综合应用,集架构、系统、应用、管理及优化组合为一体,具有感知、传输、记忆、推理、判断和决策的综合智慧能力,形成以人、建筑、环境互为协调的整合体,为人们提供安全、高效、便利及可持续发展功能环境的建筑。

复习思考与练习题

一、名词解释

1. 剪力墙结构　2. 框架－剪力墙结构　3. 防火分区　4. 避难层　5. 生态建筑　6. 节能建筑

二、填空题

1. 高层建筑是指______层及______以上或房屋高度大于______m的住宅建筑和房屋高度大于______m的其他高层民用建筑。

2. 高层建筑的结构体系通常采用______、______、______、______和______。

3. 根据电梯的运行特点,要求建筑中设有______、______和______三部分。

4. 高层建筑根据其建筑高度、使用功能和楼层的建筑面积可分为______类。高层建筑的耐火等级共有______级。

5. 疏散楼梯间按其使用特点及防火要求可采用______楼梯间与______楼梯间两种,19层及19层以上的单元式住宅还应设置防烟楼梯间。

6. 一般的高层建筑,每个防火分区的安全出口不应少于______个,并要分散布置,两个安全出口之间的距离不应小于______。

7. 有保温层的复合墙体又因绝热材料的位置分为______、______和______三种构造。

8. 智能建筑的自动化系统包括__________、__________、__________、________和__________等。

三、问答题

1. 高层建筑的主要结构体系包括哪些?说出各种结构的特点及适用范围。

2. 高层建筑如何进行防火分区?

3. 简述开敞式楼梯间与封闭式楼梯间的区别与在高层建筑中的应用。

4. 简述实现生态建筑的基本原则。

5. 简述墙体节能的构造。

参考文献

[1] 李万渠,陈卫东,何江. 建筑工程概论[M]. 郑州:黄河水利出版社,2010.

[2] 陈送财,刘保军. 房屋建筑学[M]. 北京:中国水利水电出版社,2007.

[3] 张天俊,刘天林. 建筑识图与构造[M]. 北京:中国水利水电出版社,2007.

[4] 周爱军. 房屋概论[M]. 北京:人民交通出版社,2008.

[5] 王付全. 建筑概论[M]. 北京:中国水利水电出版社,2007.

[6] 聂洪达,郄恩田. 房屋建筑学[M]. 北京:北京大学出版社,2007.

[7] 吴伟民. 建筑识图与构造[M]. 北京:中国水利水电出版社,2007.

[8] 陈志新. 智能建筑概论[M]. 北京:机械工业出版社,2007.

[9] 颜高峰. 建筑工程概论[M]. 北京:人民交通出版社,2008.

[10] 中华人民共和国建设部. GB 50352—2005 民用建筑设计通则[S]. 北京:中国建筑工业出版社,2005.

[11] 中华人民共和国公安部. GB 50016—2014 建筑设计防火规范[S]. 北京:中国建筑工业出版社,2014.

[12] 中华人民共和国住房和城乡建设部. GB/T 50002—2013 建筑模数协调标准[S]. 北京:中国建筑工业出版社,2013.

[13] 中华人民共和国住房和城乡建设部. GB 50096—2011 住宅设计规范[S]. 北京:中国建筑工业出版社,2011.

[14] 中华人民共和国住房和城乡建设部. GB 50001—2010 房屋建筑制图统一标准[S]. 北京:中国计划出版社,2010.

[15] 中华人民共和国住房和城乡建设部. GB/T 50103—2010 总图制图标准[S]. 北京:中国计划出版社,2010.

[16] 中华人民共和国住房和城乡建设部. GB 50104—2010 建筑制图标准[S]. 北京:中国计划出版社,2010.

[17] 中国建筑标准设计研究院. 混凝土结构施工图平面整体表示方法制图规则和构造详图(16G101-1)[M]. 北京:中国计划出版社,2016.